L'IMMENSE TRÉSOR

DES

SCIENCES ET DES ARTS

Cet ouvrage étant ma propriété, je poursuivrai le contre-
facteur, et seront réputés comme contrefaits tous les
exemplaires non revêtus de ma signature.

La vente de cet ouvrage a été autorisée par MM. les pré-
fets de tous les départements de la France.

Cette 12e édition est augmentée de 28 recettes nouvelles
et inédites, provenant des expériences de l'auteur, et toutes
de la plus grande nécessité.

Poitiers. — Imp. de A. DUPRÉ.

L'IMMENSE TRÉSOR

DES

SCIENCES ET DES ARTS

OU

LES SECRETS DE L'INDUSTRIE DÉVOILÉS

CONTENANT

868 Recettes et Procédés nouveaux inédits

DOUZIÈME ÉDITION

REVUE, CORRIGÉE ET CONSIDÉRABLEMENT AUGMENTÉE

PAR

M. CHEVALIER

Pharmacien-Chimiste

A AMIENS

ancien élève des écoles de Paris, des hôpitaux de première classe,
ex-professeur de géographie et de mathématiques, membre de l'Académie
nationale des sciences, inscriptions et belles-lettres du Gard, de la commission
permanente du Congrès médical de France, de la Société de géographie de Paris,
de celle d'encouragement pour l'industrie nationale, de la Société linnéenne de
Bordeaux , des sciences chimiques, physiques et arts agricoles et
industriels de France, et de plusieurs autres sociétés de
pharmacie, littéraires et scientifiques.

- PRIX : 5 FRANCS.

SAINTES,

CHEZ FONTANIER, ÉDITEUR.

1867

TRÉSOR

DES SCIENCES ET DES ARTS.

Panification des blés avariés.

Les substances alimentaires ayant toujours vivement préoccupé l'espèce humaine, de nombreux procédés ont été tentés pour rendre aux blés avariés leurs qualités panifiables. Aucun de ces procédés, jusqu'à ce qu'on eût pensé à la dessiccation, n'avait atteint ce but ; mais celui-ci, il paraît, a satisfait à tout ce qu'on pouvait désirer en pareil cas : aussi, est-ce à ce moyen que nous nous sommes arrêtés, quoiqu'il soit le plus simple et le plus facile.

On étend, à cet effet, les grains humides par couches de 10 à 15 centimètres dans un four, immédiatement après en avoir retiré le pain ; on les remue fréquemment avec des pelles et des râteaux. Au bout de 15 à 20 minutes, selon qu'ils sont plus ou moins chargés d'humidité, on les enlève pour les porter à l'air libre, jusqu'à ce qu'ils soient entièrement refroidis. De cette manière ils réacquièrent toutes les qualités qui les rendent propres à la mouture et à la panification.

1

Le levain et la manipulation jouent aussi un rôle trop important dans cette préparation pour ne point en parler, quand il s'agit surtout de blés avariés.

Il faut, avant tout, n'employer qu'un levain de bonne nature et nouvellement préparé, puis se servir d'eau moins chaude, tenir la pâte plus ferme et faire le pain moins épais ; on laisse aussi peu fermenter la pâte, et on l'enfourne à peine un quart d'heure après le pétrissage. Le four doit être chauffé d'avance et tenu plus chaud que de coutume, et le pain n'y doit séjourner qu'une demi-heure au plus.

Ce pain ne sera livré à la consommation que deux jours après sa cuisson.

Nous avons remarqué qu'en ajoutant 15 centigrammes de carbonate de magnésie par 500 grammes de pâte, le pain était plus léger, plus blanc, et d'une digestion plus facile.

Falsification des vins.

Nous sommes heureux de pouvoir indiquer des moyens simples et faciles pour constater dans les vins les altérations frauduleuses dont ils peuvent être l'objet.

On parvient à cette connaissance par la potasse ou l'ammoniaque, qui font passer au vert bouteille ou vert brunâtre la couleur des vins naturels, sans occasionner toutefois de précipité ; mais le vin coloré avec les baies d'hièble donne un précipité violâtre ; avec le bois d'Inde, rouge violacé ; avec le bois de Fernambouc et la betterave, rouge ; avec les mûres, violâtre ; avec le troène, violet, et avec le phytolocca, jaune.

On voit par là qu'il est très-facile de reconnaître un vin coloré artificiellement.

Miel. — Moyen pour le blanchir.

On prend une quantité de miel quelconque, on l'étend par couches dans un vase non conducteur du calorique, le fer-blanc par exemple ; on expose le miel ainsi disposé à la gelée pendant trois semaines à l'abri du soleil et de la neige, et, comme il ne gèle pas, il blanchit, devient clair et dur comme la pierre.

C'est avec ce miel que le fameux distillateur de la Galicie. (M. Leib Memlès) fait le rosoglio tant estimé des amateurs de ratafias.

Musc artificiel.

On le prépare en mêlant peu à peu 125 grammes d'acide nitreux avec 30 grammes d'huile de succin ; ensuite on laisse le mélange en repos jusqu'à ce qu'il se précipite une matière résineuse brunâtre, qui, séparée et lavée dans l'eau chaude pour la débarrasser de l'odeur des eaux mères dans lesquelles elle a séjourné, forme le musc artificiel.

En Prusse, les pharmaciens font de l'ambre artificiel par un procédé semblable, mais ils emploient de l'acide sulfurique concentré, au lieu d'acide nitreux. Cette substance est très-noire et n'a que la propriété et l'odeur de l'ambre ; cependant elle est recherchée des parfumeurs pour leurs objets de toilette, en raison de son bas prix.

Farine d'orge composée, ou ferculum Saxoniæ.

On met 500 grammes de farine d'orge, 30 grammes de sucre candi et de squine pulvérisés dans un vase de terre vernissé, bien couvert et bien luté avec de la pâte, pendant une heure et demie au moins, soit au four, soit sur un fourneau ; ensuite on laisse refroidir la masse, qui est pulvérisée et renfermée dans des flacons soigneusement bouchés.

On se sert de cette poudre comme de la semoule pour faire de la bouillie avec du lait. Elle est une nourriture saine qui convient aux personnes délicates, affectées de la poitrine, ou d'un estomac faible.

Falsification des huiles.

Les falsifications en général étant aujourd'hui, à juste raison, l'objet d'une étude spéciale de la part des hommes de science, nous ne voulons point rester en arrière sous ce rapport, pour que notre ouvrage, presque entièrement consacré aux premiers besoins de la vie, mérite toujours la faveur dont il est honoré du public depuis bon nombre d'années.

On emploie à la vérification des huiles la solution de soude caustique, d'une densité (1) de 1,340, qui, combinée avec les huiles, donne différentes colorations et fluidités permettant de distinguer certaines classes d'huile. Ainsi, en mélangeant exactement cinq volumes d'huile avec un volume de solution et laissant reposer quelques minutes, les huiles de poisson, à l'exception de toutes les autres, prennent une couleur rouge si nette, que l'on peut, dans toute autre huile, découvrir par ce moyen *un* pour *cent* d'huile de poisson ; mais l'huile de chènevis devient, ainsi traitée, assez solide pour qu'on puisse impunément renverser le vase qui la contient ; l'huile de lin, au contraire, reste fluide.

On se sert également de l'acide sulfurique étendu à trois degrés de densité différents :

(1) Quant à la densité proprement dite, l'eau sert de point de départ et est représentée par 1,000.

1º Densité, 1,475. — Les huiles de lin et de chènevis se colorent en vert par ce réactif et d'une manière assez sensible pour qu'on puisse en reconnaître 10 pour 100 dans toute autre huile. Les huiles de poisson se colorent en rouge : ce sont là les réactions les plus frappantes données par cet agent.

2º Densité, 1,530. — Les huiles de chènevis, de poisson, de Gallipoli et de noix, sont les seules qui donnent avec ce réactif des colorations distinctes, colorations qui, du reste, se rapprochent de celles obtenues avec la précédente.

3º Densité, 1,635. — Cet acide donne des colorations très-nettes qui peuvent être très-utiles ; les huiles de poisson et les huiles animales se colorent en brun ; il en est de même des huiles de Gallipoli, de colza, de noix, d'arachide, tandis que les huiles d'olive, de chènevis, de lin, se colorent en vert d'une intensité variable.

De semblables expériences ayant été faites avec l'acide nitrique étendu ont donné aussi d'excellents résultats.

1º Densité, 1,180. — On peut aisément, au moyen des colorations diverses données par cet essai, reconnaître 10 pour 100 d'huile de chènevis dans l'huile de lin ; cette dernière devient alors verte, au lieu de prendre une teinte jaune, ce qui arriverait si elle était pure.

2º Densité, 1,220. — Les caractères principaux que présente cet acide sont ceux relatifs aux huiles de noix et de sésame, dont la coloration est rouge ; de chènevis, verte ; d'œillet, jaune, et de dauphin, rouge clair.

3º Densité, 1,330. — Cet acide donne aussi des colorations très-marquées ; mais si l'on traite ensuite l'huile par la soude caustique, les deux actions réunies donnent des caractères très-nets : ainsi, par exemple, on peut reconnaître les falsifications suivantes, qui sont très-usitées :

L'huile de Gallipoli peut être falsifiée avec l'huile de poisson ; la première donne avec l'acide une coloration nulle, et avec la soude une masse de consistance fibreuse, quand celle de poisson se colore en rouge par l'acide, et devient mucilagineuse avec l'alcali ;

L'huile de ricin avec l'huile d'œillette : la première prend avec l'acide une teinte rougeâtre, et la masse avec l'alcali perd beaucoup de son apparence fibreuse ;

L'huile de colza avec l'huile de noix : la première prend avec l'acide nitrique une couleur plus ou moins rouge, que l'addition de l'alcali augmente encore, en même temps que la masse semi-saponifiée devient plus fibreuse.

Le daguerréotype.

Les alchimistes réussirent autrefois à unir l'argent à l'acide marin. Le produit de la combinaison était un sel blanc qu'ils appelèrent *lune* ou *argent corné*. Ce sel jouit de la propriété remarquable de noircir à la lumière, et de noircir d'autant plus vite, que les rayons qui le frappent sont plus vifs. C'est là le point de départ de la belle découverte de M. Daguerre, qui a trouvé le moyen d'obliger la lumière elle-même à se faire artiste, et à reproduire sur un fond donné les détails d'un vaste paysage, avec toute la merveilleuse délicatesse d'un tel pinceau. On prend une plaque de cuivre argenté, on la chauffe légèrement à l'aide d'un petit fourneau ; on la ponce, et on la lave plusieurs fois avec de l'acide nitrique étendu de seize parties d'eau qu'on étend avec du coton ; on ponce de nouveau, puis, la plaque étant parfaitement propre et brillante, on l'expose pendant quelques minutes à la vapeur d'iode, vapeur qui se produit à la température ordinaire. L'argent se recouvre d'une couche d'iodure qui n'a pas plus d'un millionième de millimètre d'épaisseur. On place la plaque ainsi préparée dans une chambre obscure, vis-à-vis des objets qu'il s'agit de dessiner. Au bout de quelques minutes, on la retire et on la pose sous un angle de 45 degrés dans une boîte au fond de laquelle il y a du mercure dans une capsule. On chauffe le mercure jusqu'à 55 ou 62 degrés. Le dessin, jusque-là invisible, apparaît peu à peu par suite de la volatilisation du métal. On retire la plaque, qu'on lave à froid avec une dissolution d'hyposulfate de soude, ou à chaud avec du sel marin ; enfin on lave avec de l'eau distillée chaude ; la plaque se sèche, et l'opération est finie.

Procédé pour blanchir les fils, toiles ou cotons.

On fait tremper dans l'eau chaude les fils, toiles et cotons, pour enlever l'apprêt et les parties colorantes qui sont déjà disposées à se dissoudre. Par cette première opération, on économise une portion de lessive et d'acide muriatique oxygéné qui serait employée en pure perte pour détacher ces matières étrangères que l'eau seule peut enlever.

On les fait bouillir ensuite dans une lessive préparée avec vingt parties d'eau et une partie de potasse ou de soude qu'on rend plus active en ajoutant un tiers de chaux. Lorsque les fils ou toiles ne colorent plus sensiblement les lessives, on les plonge dans de grandes cuves remplies d'acide muriatique oxygéné, étendu de deux fois son poids d'eau ; on agite de temps en temps pour que toutes les parties soient également baignées par la liqueur, et que le blanchiment soit uniforme. Au bout de trois ou quatre jours, lorsque la plus grande partie de l'action de l'acide muriatique est épuisée, on remet les fils ou autres tissus dans la lessive alcaline, et on opère comme la première fois, et ainsi de suite alternativement, jusqu'à ce qu'ils cessent de colorer les liqueurs.

Le nombre des immersions des toiles dans ces lessives varie suivant la grosseur des fils ou des toiles, suivant la nature des matières colorantes et la force des lessives alcalines et acides.

Les grosses toiles exigent plus de temps et des liqueurs plus concentrées ; mais elles se blanchissent plus facilement lorsque les filasses ont été rouies ou que le fil n'a pas été trop tordu et la toile trop serrée, parce que l'acide muriatique oxygéné les pénètre plus aisément. Cependant on peut les fixer à cinq ou six pour les grosses toiles, et à trois ou quatre pour les toiles fines, batistes ou cotonnadés.

Lorsque les toiles ne se colorent plus dans les lessives bouillantes, on les frotte avec du savon noir dans de l'eau chaude ; on les lave ensuite avec soin pour enlever toutes les parties du savon, et on les met dans un mélange de cinquante parties d'eau et d'une d'acide sulfurique.

Ce bain légèrement acide remplace le lait aigri qu'on a coutume d'employer dans les blanchisseries ordinaires ; il donne aux toiles un blanc très-éclatant qu'elles ne prendraient point sans cela, parce qu'il dissout une portion d'oxyde de fer et de terre calcaire contenus dans les végétaux. Il faut aussi bien laver les toiles, car, s'il y restait quelques portions d'acide sulfurique, elles brûleraient indubitablement les tissus lorsqu'ils seraient séchés.

Le savonnage a pour objet d'effacer la couleur noire de certains fils qui résistent plus fortement à l'action des lessives, et de donner conséquemment aux tissus une couleur blanche plus uniforme ; il a encore l'avantage de détruire l'odeur de l'acide muriatique oxygéné, qui, sans cette précaution, se conserve longtemps dans les toiles et leur donne, au bout d'un certain temps, une couleur rousse.

Les toiles, fils et cotons blanchis par ce procédé, ne le cèdent point en blancheur ni en qualité aux mêmes mar-

chandises blanchies sur le pré ; on a même remarqué
qu'elles avaient plus de force, mais qu'elles ne jouissaient
pas, à la vérité, de cette douceur et de ce moelleux qui
plaisent aux marchands, quoiqu'il suffise de les faire passer
plusieurs fois sur un cylindre ou sur un autre corps qui en
use la surface.

On a remarqué, en outre, que les toiles blanchies par
ce moyen prenaient encore plus d'éclat en les exposant
quelques jours sur le pré, et qu'elles perdaient complète-
ment l'odeur de chlore. Ce procédé est prompt et économique ; il n'altère point les toiles et peut être employé en
toute saison.

Peinture exotique nouvellement inventée, par laquelle on peint les
fleurs, fruits, oiseaux, poissons, insectes, etc.

MANIÈRE D'OPÉRER.

1º On se sert d'un modèle de fleurs ou de fruits litho-
graphiés ou gravés ; on attache une feuille de papier à
dessin de même grandeur, retenue par les coins avec des
épingles, pour ne pas avoir à craindre que le papier qui
doit servir à calquer ne se dérange et ne rende pas d'une
manière exacte les traits extérieurs du fruit ou de la
fleur. Ces traits, reproduits au crayon, doivent être repassés
à la plume, afin qu'aucun de ces traits n'échappe aux
yeux de celui qui doit peindre, puisque tout se doit faire
avec soin.

2º On prend un demi-kilog. de cire vierge, la plus
blanche et la meilleure : on la fait fondre, et lorsqu'elle
est fondue, on y ajoute pour 20 c. de térébenthine de
Venise et un gramme environ d'eau de rose ; on verse le
tout bien mêlé dans un plat jusqu'à ce qu'il soit refroidi de
manière à l'enlever comme un pain de cire ordinaire,

3° On prend un fer à repasser dont se servent les lingères ; à l'aide de ce fer bien chaud, on enduit de cette cire le papier que l'on vient de tracer et qui porte les traits de la fleur ; pour faire cela, on place sur une table ou planchette de sapin bien propre le papier que l'on veut enduire, et, sans épargner la cire, on en fait fondre une quantité suffisante pour que le papier soit des deux côtés parfaitement imprégné.

4° On attache sur la feuille de papier à dessin (vélin) cette feuille enduite de cire et portant le calque de la fleur ou du fruit que l'on veut faire.

5° On commence alors à découper ; on passe un morceau de verre entre le papier ciré et la feuille de papier blanc ; on coupe les pétales les plus ombrés les premiers, en tenant son canif un peu couché, afin de mieux couper le papier ; ayant découpé tout le contour d'une feuille seulement, on prend de la couleur avec le pinceau, en le mouillant le plus légèrement possible avec la langue, autrement on le mouillerait trop ; on passe le pinceau sur le papier ciré, afin de le sécher assez pour pouvoir peindre. On connaît qu'il est à son point d'humidité quand, en brossant sur le papier ciré, les poils n'y restent pas marqués, et que la couleur reste sur le papier ; quand il est trop mouillé, on n'a qu'à le passer sur le papier ordinaire, et il sèche promptement.

6° On tient son pinceau verticalement, et on décrit des cercles à l'aide desquels on obtient la couleur d'ombre et les teintes nécessaires à la fleur que l'on veut rendre. Toutes les feuilles qui devront être vertes doivent être peintes en jaune avant d'y mettre le vert.

Six pinceaux suffisent pour ce genre de peinture, et autant de couleurs, savoir : de la laque carminée, de la gomme-gutte, du vert de vessie, du bleu de Prusse, de la terre de Sienne naturelle, et du carmin fin pour toutes les couleurs roses.

Il faut se munir de pinceaux connus sous le nom de pinceaux brosses; ils sont gros, courts de poils, de 4 à 5 lignes, en crin, plats du bout et non pointus comme les autres, garnis d'une virole de fer-blanc pour les assujettir à leur manche. Les couleurs sont les mêmes que pour l'aquarelle fine et miellée de Lamberty ou de Chenel.

Procédé simple et économique pour se procurer de la glace en toutes saisons.

Ayez un pot de grès à large orifice, ou bien un grand bocal en verre et un cylindre en fer-blanc; prenez 2 kilos et demi d'hydrochlorate de soude (sel de cuisine), que vous pulvérisez très-fin; mettez ce sel dans votre pot ou bocal; versez dessus 2 kilos d'acide sulfurique à 36 degrés, et mettez de suite dans cette composition votre cylindre qui doit contenir l'eau que vous voulez congeler; ayez soin d'agiter le mélange, afin que l'action réciproque du sel et de l'acide sulfurique soit plus prompte et plus complète. Aussitôt que vous vous apercevrez que l'eau est congelée, retirez de suite votre cylindre, et plongez-le aussitôt dans l'eau tiède pour détacher plus facilement la glace qui s'est formée; la seule précaution à prendre dans cette opération, c'est de faire usage d'eau qui a bouilli..

Si l'on opère en été, il est utile de préparer les mélanges dans une cave où la température est constamment de 10 à 12 degrés. 40 à 50 minutes suffisent pour obtenir de la glace.

Manière de hâter le développement et la floraison des graines.

On fait tremper les graines que l'on veut semer dans de l'eau de rivière ou de fontaine pendant douze heures; on ajoute ensuite quelques gouttes d'acide muriatique par verre d'eau ; on mêle exactement, et, après six heures d'une nouvelle macération, on passe à travers un linge, on fait sécher au soleil ou sous une cloche de verre, et on mêle les graines à un peu de sable ou de terre sèche ; on sème ensuite et on répand sur la terre l'eau de macération.

On obtient par cette méthode des résultats qui tiennent du prodige, non-seulement parce que ces plantes se développent avec une promptitude extraordinaire, mais encore parce qu'elles parcourent sans obstacles toutes les périodes de leur existence.

Manière de corriger une mauvaise haleine.

Pour corriger une mauvaise haleine, prenez, le soir en vous couchant, un morceau de myrrhe gros comme une noisette, et laissez-le fondre dans la bouche.

Un morceau d'iris de Florence, ou d'alun fondu dans une cuiller, enfin un clou de girofle, du cachou, du macis, du tabac, etc., peuvent remplacer la myrrhe avec succès.

Si la mauvaise haleine provient des gencives, frottez-les avec de la quintefeuille que vous aurez pilée et dont vous aurez fait tiédir le jus. Si elle provient du nez, vous en paralyserez l'effet par des injections adoucissantes et aromatiques, ou bien en prenant une poudre composée de 30 grammes de suc de menthe et de 69 grammes de suc de rue que vous mêlerez ensemble ; ou bien encore des feuilles de marrube réduites en poudre, des bains fréquents, le changement réitéré de linge, enfin la plus grande propreté.

Si l'on soupçonne que l'odeur est due à des eaux retenues dans les glandes sublinguales et thyroïdes, on emploie la cannelle, l'iris ou le pyrèthre, que l'on mâche longtemps.

Enfin des pastilles de charbon font disparaître pour toujours des fétidités d'estomac qu'on regarde quelquefois comme incurables.

Des taches composées, ou de celles qui sont formées par l'action réunie de plusieurs substances.

Le cambouis, qui est composé de graisse et d'oxyde de fer, ne pourra être enlevé qu'en employant des substances qui enlèvent les corps gras. tels que le savon, les terres, le fiel de bœuf et la crème de tartre ou l'acide oxalique ; mais il faut d'abord commencer par enlever la graisse, puis l'oxyde de fer ; ensuite la boue sera enlevée en lavant d'abord à l'eau chaude ou en savonnant légèrement et en faisant ensuite usage de crème de tartre pulvérisée.

L'encre, lorsqu'elle est fraîche, s'enlève par un lavage simple à l'eau pure et ensuite à l'eau de savon ; le jus de citron détruit entièrement l'empreinte du fer ; mais, lorsque la tache a vieilli sur l'étoffe, non-seulement l'oxyde de fer, qui fait la base de l'encre. a pénétré plus avant dans le tissu, mais l'oxydation a fait des progrès ; dans ce nouvel état, l'acide oxalique seul peut l'enlever. Le chlore enlève également l'encre très-facilement ; mais il ne faut jamais employer cet agent sur des couleurs, car il les détruirait entièrement si elles étaient de nature végétale.

La tache de fumée ou la liqueur des poêles est enlevée en lavant d'abord à l'eau de savon, en faisant ensuite usage de l'essence de térébenthine, et en dernier ressort en employant l'acide oxalique.

Les taches de café nécessitent un lavage à l'eau et un savonnage soigné et chaud à une température de 30 à 40 degrés. Ensuite on expose la tache à l'action de la vapeur sulfureuse.

Les taches de chocolat se traitent comme celles de café, mais elles ne sont pas aussi tenaces ; elles disparaissent presque sans l'assistance de l'acide sulfureux.

Des taches simples ou de celles qui sont composées d'une seule substance.

Quoiqu'on ait donné plusieurs recettes pour enlever certaines taches, nous croyons devoir cependant publier l'article suivant, que nous devons à l'obligeance d'un de nos chimistes les plus distingués.

Les huiles et les graisses sont les substances qui forment la plus grande quantité de taches simples.

Les meilleures substances dont on peut faire usage pour les enlever sont le savon ; cette substance n'altère pas le tissu des étoffes et n'attaque pas les couleurs solides ;

La craie, les terres savonneuses, telle que la terre à foulon, et en général toutes les terres absorbantes qui contiennent beaucoup de magnésie. Il suffit de délayer ces terres dans de l'eau, d'en faire une bouillie épaisse qu'on étend sur la tache, et de laisser sécher ; on brosse ensuite, et la tache est enlevée. Le fiel de bœuf purifié et le jaune d'œuf peuvent être employés avec avantage dans tous les cas dont il s'agit. Le fiel de bœuf purifié est la plus précieuse de toutes les substances qu'on connaisse pour enlever ces sortes de taches, par la propriété qu'il possède de dissoudre les corps graisseux sans altérer les tissus ni la plupart des couleurs d'une manière sensible.

L'huile volatile de térébenthine bien distillée convient également, ainsi que l'essence de citron distillée ; mais il faut que les taches soient récentes. La cire, la résine, la térébenthine, la poix, et en général tous les corps résineux, forment des taches plus ou moins tenaces. L'alcool pur a la propriété de dissoudre toutes ces substances sans altérer les tissus, ni la plupart des couleurs. Les taches de vin, de mûres, de cassis, de mérises, de liqueurs et de gaude, ne cèdent qu'à un savonnage à la main suivi d'une fumigation à l'acide sulfureux ; mais ce dernier ne convient qu'aux couleurs solides.

Les taches de rouille sont enlevées presque subitement par l'acide oxalique (acide de sucre), qu'il ne faut pas confondre avec le sel d'oseille. Le fer, à l'état d'oxyde noir, s'enlève fort bien avec la crème de tartre réduite en poudre très-fine ; cette substance est préférable aux acides minéraux, parce qu'elle attaque bien moins les étoffes, et surtout parce qu'elle attaque bien moins les couleurs.

Pour se servir de l'acide oxalique, on le réduit en poudre ; on en couvre la tache, qu'on a préalablement imbibée d'eau chaude, et on laisse exposé à la vapeur d'eau bouillante pendant quelque temps ; on la lave ensuite en frottant avec le bout du doigt et avant que tout l'acide oxalique soit parti, et, pendant qu'il y en a encore d'imbibé dans l'étoffe, on passe un fer chaud sur l'envers de la tache ; on lave ensuite à l'eau chaude : les taches les plus anciennes disparaissent par ce moyen.

Remède pour guérir toutes sortes de brûlures.

Nous nous étendrons un peu sur le traitement de la brûlure, affection dans laquelle tout le monde est appelé à remplir pour soi ou pour autrui le rôle de médecin, et où les erreurs peuvent avoir de si fâcheuses conséquences.

Voici les principes généraux d'après lesquels il doit être établi :

1° Modérer et calmer la douleur et l'irritation qui se développent au moment même de l'accident ;

2° Prévenir et combattre l'inflammation secondaire ;

3° Favoriser et diriger la cicatrisation des plaies ;

4° Faire disparaître ou atténuer les difformités qui sont les suites de la brûlure.

Dès qu'une personne est brûlée, on doit s'empresser de la soustraire à l'action de la chaleur : ainsi supposez, qu'on se soit laissé tomber de l'eau bouillante sur le pied, ce qu'il y a de mieux à faire sera de plonger tout de suite la partie malade dans l'eau froide, sans se donner la peine d'ôter le bas ou même la chaussure en général ; c'est en effet perdre un temps précieux et pendant lequel le calorique continue ses ravages. Quand la partie ne peut être submergée, des effusions continuelles d'eau froide sont infiniment utiles, et on peut à loisir ôter les vêtements, qu'il faut couper plutôt que de rompre et de déchirer l'épiderme soulevé ; par ces moyens, et en continuant alors sans interruption les applications réfrigérantes, on est souvent parvenu à arrêter complétement les ravages de la brûlure ; mais il faut que ces applications ou immersions soient continuées sans relâche pendant plusieurs heures et même pendant plusieurs jours ; si l'on s'arrête, les symptômes inflammatoires se révèlent comme si l'on n'avait rien fait.

On a conseillé beaucoup de moyens comme jouissant d'une efficacité particulière : telles sont la pulpe de pomme de terre râpée, celle de carotte, et, dans ces derniers temps, la gelée de groseilles, et l'on n'a pas vu que ces différents corps agissaient autrement qu'en soustrayant le calorique, comme le fait l'eau froide, et que celle-ci a l'avantage d'être toujours sous la main. La glace, en abaissant la température même de l'eau, ajoute à ses bons effets ; mais on peut se contenter de l'immersion continuelle de l'eau. L'emploi de la chaleur, de la compression, de même que celui du coton cardé et autres substances végétales analogues, est bien loin de présenter une supériorité incontestable sur le moyen que la nature indique et qu'elle nous fournit libéralement.

Quand l'épiderme est soulevé par la sérosité, il est bon de vider les ampoules par des piqûres faites de place en place ; mais il faut se garder d'arracher l'épiderme, sous peine de faire éprouver tout à fait inutilement de vives douleurs aux malades ; au contraire, on doit le remplacer, autant que possible, dans les endroits où il a été enlevé, par des morceaux de papier brouillard enduits d'une légère couche de cérat. Les applications d'eau froide, continuellement renouvelées, ne sont pas moins salutaires dans le second degré que dans le premier, aussi bien que le traitement antiphlogistique est nécessaire pour prévenir et combattre les symptômes inflammatoires tant généraux que locaux.

Dans les brûlures qui ont intéressé une grande épaisseur de parties, et où des escarres se sont formées, il n'y a plus à espérer de borner le mal : il est fait, et désormais il ne s'agit plus, comme dans le cas de gangrène, que de faciliter la chute des escarres par des cataplasmes, et de favoriser, quand elles sont tombées, la cicatrisation par une solution de 15 grammes d'alun dans une chopine d'eau, dont on applique des compresses sur les parties malades. S'il y venait des points charnus, on y mettrait dessus de l'alun calciné pour les détruire.

Préparation du bois de charpente vert, de manière à ce qu'il puisse servir immédiatement.

Aussitôt que le bois de charpente a été séparé de la souche, enlevez sur-le-champ l'écorce extérieure jusqu'au bois ; sciez-le, pour les différents usages que vous en voulez faire, en morceaux pour couvertures de toits, solives, planches, ouvrages de menuiserie et autres.

Après les avoir ainsi préparés, faites-les tremper quelques jours dans de l'eau de chaux. L'inventeur de ce procédé rapporte qu'il s'en est servi depuis nombre d'années pour réparer les bâtiments antiques et modernes, pour lesquels le premier bois venu ainsi préparé peut remplacer le meilleur bois de menuiserie, le sapin d'Ecosse ; car il n'a jamais trouvé un pouce de ce bois pourri ou mangé des vers, pour peu qu'il soit imprégné de chaux et tenu sec ; il l'a au contraire trouvé plus dur et plus ferme que quand il l'avait employé pour la première fois.

Guérison de diverses maladies,

Telles que le scorbut opiniâtre, les ulcères aux poumons, la toux invétérée, les langueurs et les fièvres, les étourdissements et les vapeurs de toutes espèces, les douleurs d'estomac provenant de mauvaises digestions, les hydropisies causées par l'appauvrissement du sang, les glaires et le gravier des reins, les pertes et les flueurs blanches des femmes, les dispositions à l'apoplexie et à la paralysie, les maux de tête habituels, les cours de ventre entretenus par l'abondance des humeurs et le relâchement de l'estomac.

Le remède efficace contre toutes ces maladies, ce sont les bourgeons des sapins de Russie ; ils sont remplis d'une résine balsamique qui opère le plus grand bien. On les fait simplement infuser dans de l'eau bouillante, et on en prend une tasse de temps en temps dans la journée. En continuant cette boisson plus ou moins de temps, selon que les maladies sont invétérées, on en obtient sans contredit d'excellents effets.

Nous devons ce remède à M. Saint-Sauveur, ci-devant envoyé de France à Saint-Pétersbourg.

Remède contre les brûlures et les plaies en général.

On met de la chaux vive dans de l'eau, on l'agite fortement jusqu'à ce qu'elle soit délitée ; puis, lorsqu'elle est clarifiée par le repos, on prend 500 grammes de cette eau, dans laquelle on ajoute peu à peu quatre jaunes d'œufs délayés dans 60 grammes de térébenthine de Venise.

On panse les plaies avec ce mélange étendu sur de la charpie deux ou trois fois par jour, et, si elle adhère les premières fois, on a soin de l'enlever au moyen de l'eau tiède pour ne point déchirer la pellicule qui se forme, ce qui empêcherait la cicatrisation de se faire.

Remède fort simple contre les cors aux pieds.

Pour guérir les cors aux pieds, on fait tremper dans de l'acide acétique ou vinaigre distillé une feuille de sureau qu'on coupe juste de la grandeur du cor ; on l'applique dessus et on la laisse pendant vingt-quatre heures, en ayant soin de la recouvrir de toile gommée. On répète cette application trois ou quatre jours de suite, en changeant de feuille chaque fois. Nous savons que beaucoup de personnes ont obtenu de bons effets de ce remède.

Bon moyen pour chasser les fourmis.

Il suffit, pour se débarrasser de cet insecte incommode et désagréable, de mettre dans un coin de l'appartement des citrons pourris ; il paraît qu'il a une telle aversion pour cette odeur, qu'il n'ose plus, lorsqu'elle commence à se répandre, sortir de l'endroit qu'il habite.

Gargarisme ou gengivaire anglais.

On prend un kilo et demi d'eau de rose, un litre d'alcool et de vin blanc, 16 grammes de girofle, 12 grammes de cannelle, 8 grammes de sulfate d'alumine (ou alun), 12 grammes de cochenille, 125 grammes de miel blanc et 12 gouttes d'essence de menthe ; on fait macérer le tout pendant douze jours, et on filtre ensuite à travers un papier.

Ce gengivaire conserve les dents, fortifie les gencives et donne bonne haleine ; on s'en rince la bouche une ou deux fois par jour.

Huile acoustique contre la surdité.

On fait infuser forte dose de rue dans de l'huile d'olive, dont on prend 12 grammes ; baume tranquille, 4 grammes ; huile de térébenthine sulfurée, teinture d'assafœtida, d'ambre, de castoréum et d'huile de succin rectifiée, de chaque dix gouttes ; le tout étant bien mêlé, on le conserve dans un flacon bien bouché.

Cette huile fortifie l'organe de l'ouïe : on en introduit dans les oreilles en en imbibant un peu de coton qu'on enfonce au moyen du petit doigt.

Remède infaillible contre la teigne.

Voyant chaque jour les tristes et déplorables effets que la teigne laisse après elle, nous nous sommes mis à la recherche d'un remède capable de combattre sa terrible ténacité. Après de nombreuses tentatives, nous avons été assez heureux pour obtenir un succès tel, qu'il nous est permis de dire aux pères de famille dont les enfants sont atteints de cette hideuse affection : consolez-vous, car nous venons vous offrir un remède qui, malgré sa grande simplicité, ne faillira jamais.

Il suffit, pour parvenir à cette miraculeuse guérison, de couper les cheveux très-courts, et de les conserver dans

cet état pendant tout le temps du traitement. Cette première et principale indication remplie, on enduit bien la
tête, tous les soirs, d'huile à quinquet, et de préférence la
plus commune ; ensuite on applique par-dessus un cataplasme fait avec de la mie de pain ou de la farine de graine
de lin, dans lequel on ajoute trois cuillerées de vinaigre.

On doit répéter cette application tous les jours, jusqu'à
ce que la peau sur laquelle se trouvaient les gales soit
bien blanche ; il faut ordinairement trois semaines ou un
mois pour arriver à ce résultat satisfaisant ; enfin la guérison, en lavant la tête de temps en temps avec les lotions
indiquées ci-dessous, sera plus solide et plus certaine.
L'enfant, d'un autre côté, doit être purgé, tous les quinze
jours au moins, avec une décoction de séné et de rhubarbe
dont la force sera proportionnée à son âge.

Lotions contre la teigne.

On fait fondre dans 500 grammes d'eau de chaux et 24
grammes d'eau-de-vie 12 grammes de savon blanc à une
douce chaleur ; on ajoute ensuite 125 grammes de soude
sulfurée (autrement dit sulfure de soude) ; on entoure la
tête tous les deux jours d'un linge imbibé de cette lotion,
qui sert à entretenir la propreté de la tête et à donner de
l'activité au cuir chevelu.

Cette composition n'a aucun inconvénient et peut être
employée à tout âge ; elle a aussi l'avantage de rendre
les cheveux lisses et de leur donner une belle teinte. Or,
comme cette maladie s'est beaucoup propagée depuis
quelque temps, j'ai pensé que ce remède serait d'autant
plus utile qu'il est facile à faire et qu'il donne toujours de
bons résultats.

Nous doutons que les frères Mahon soient bien enchan-
tés de la découverte de ce nouveau moyen curatif, qui, il

faut bien en convenir, coûtera moins cher que le leur ;
mais nous avions à cœur de prouver à la médecine qu'elle
se déconsidérait en ne guérissant point elle-même les maladies, attendu qu'elle avoue par là son ignorance. Quelle
honte !!!

Argent mussif.

On fait fondre 24 grammes d'étain bien pur dans une
cuiller de fer ; on ajoute la même quantité de bismuth ;
on remue avec un fil de fer jusqu'à ce qu'il soit fondu ; on
retire le vase du feu ; on met encore 24 grammes de vif-
argent qu'on mêle bien exactement, et on jette ce mélange
sur une pierre pour qu'il refroidisse.

Lorsqu'on veut s'en servir, on en délaye dans des blancs
d'œufs, du vermillon des doreurs ou de l'alcool, auxquels
on ajoute un peu de gomme arabique ; — on l'applique,
ainsi préparé, sur les bois et les métaux, qu'on polit ensuite
avec une dent de loup.

Baume contre les rhumatismes.

Prenez savon animal, 30 grammes : alcool, 125 grammes ; camphre, 15 grammes ; éther acétique, 30 grammes ;
mettez toutes ces substances dans un matras à long col que
vous boucherez avec de la vessie mouillée, en ménageant
un petit trou d'épingle pour la sortie de l'air ; placez ce
matras à la chaleur du bain-marie, et, lorsque les substances sont bien fondues, filtrez à travers un papier le
mélange encore tiède, que vous conservez dans des flacons
bien bouchés.

Ce remède, employé en frictions sur les parties malades,
en enlève les douleurs comme par enchantement.

Bouillon d'écrevisses.

Faites bouillir dans une pinte et demie d'eau la moitié

d'un poulet maigre et six écrevisses écrasées, jusqu'à réduction d'un tiers ; ajoutez vers la fin une poignée de feuilles de bourrache et de cerfeuil ; ensuite coulez et filtrez.

On prend cette dose de bouillon tous les jours, en cinq ou six fois, dans les phlegmasies cutanées et les accès des premières voies.

Christofla des Russes.

On met dans un matras bien fermé et chauffé au bain-marie un litre et demi de vin blanc, 16 grammes de cannelle, 8 grammes de girofle et 60 grammes d'amandes amères ; on laisse macérer pendant six jours, puis on ajoute 250 grammes de sucre, et, lorsqu'il est fondu, 500 grammes d'alcool ; on mêle bien et on filtre à travers un papier.

Cette liqueur est un excellent tonique, stomachique, qui convient en général dans toutes les débilités d'estomac.

Collier contre le goitre.

On fait un mélange de muriate d'ammoniaque, de soude et d'éponges pulvérisées et non lavées dans des proportions égales, qu'on met dans une carde de coton à laquelle vous donnez la forme d'un coussinet que vous recouvrez d'un taffetas noir ; on applique cette espèce de tampon sur le goître, qu'on conserve jour et nuit, et qu'on renouvelle tous les mois jusqu'à son entière disparition, qui est toujours en rapport avec son volume.

Couleur verte résistant à l'action des acides et à l'influence de la lumière.

Prenez la quantité que vous voudrez de café non torréfié, l'avarié est le meilleur ; vous le ferez bouillir dans suffisante quantité d'eau ; vous passerez à travers un linge, et vous ajouterez de la soude purifiée autant qu'il en est besoin pour obtenir un précipité que vous ferez sécher sur du marbre, en ayant soin de remuer sans cesse, afin que toutes les parties soient en contact avec l'air atmosphérique.

Coloration en vert des liqueurs spiritueuses.

On fait d'une part une forte teinture alcoolique de curcuma, d'une autre part une dissolution de bel indigo dans l'acide sulfurique de la manière suivante : on prend de l'indigo en poudre, qu'on délaye dans une petite quantité d'eau dans un mortier de verre ; on y verse peu à peu l'acide sulfurique jusqu'à ce que l'indigo paraisse entièrement dissous ; on met ensuite dans cette solution du carbonate de chaux en poudre, qui s'empare de l'acide sulfurique pour former du sulfate de chaux qui se précipite. Alors on traite le tout par l'alcool, qui se charge de toute la matière colorante bleue : on filtre, et, en mêlant la teinture de curcuma à celle d'indigo, on obtient toutes les nuances du vert que l'on désire.

Cette préparation, qui n'a rien de nuisible pour la santé, ne change point la saveur des liqueurs.

On peut également colorer l'absinthe avec le suc exprimé de différentes plantes, telles que l'apium graveolens, l'épinard, dont on extrait le parenchyme par l'alcool ; mais ces couleurs ont l'inconvénient de se détruire à la lumière.

Moyen de conserver au corail sa belle couleur rouge.

En passant le corail dans l'huile de faine, dans laquelle on ajoute le quart environ de son poids d'essence de térébenthine, on le met par ce moyen à l'abri de l'action immédiate de la sueur, dont l'acidité en ternit le brillant et fait presque passer au blanc le corail le plus rouge, après l'avoir porté sur la peau deux ou trois fois, dans les bals ou réunions, et surtout quand il fait chaud ; tandis qu'en le plongeant dans cette huile, on évite cet inconvénient, parce que la sueur et la transpiration ne peuvent plus agir sur lui.

Poudre pour argenter.

Faites fondre 16 grammes d'étain auquel vous ajouterez même quantité de mercure purifié ; triturez bien et incorporez-y 125 grammes de corne de cerf préparée ; et quand vous voulez argenter quelque métal, vous n'avez qu'à le frotter avec cette poudre, qui lui en donne toute l'apparence et s'y attache très-solidement.

Teinture aromatique des Anglais.

Prenez 16 grammes de cannelle fine, 12 grammes de cardamome mineur, 8 grammes de poivre long et de gingembre, que vous faites infuser dans 500 grammes d'alcool à 32 degrés pendant huit jours, et filtrez à travers un papier dans un entonnoir fermé.

Cette teinture est très-stomachique, digestive, et convient surtout aux tempéraments humides ou flegmatiques, très-disposés aux scrofules ; on en prend dix à douze gouttes, plusieurs fois par jour, dans de l'eau sucrée ou dans une infusion de houblon, d'absinthe ou de fumeterre.

COULEURS NOUVELLES POUR TEINTURIER.

Vert bon teint. — Acides et alcalis.

Coton bleu à la nuance requise que vous passez au bain d'alumine de 8 à 10 degrés ; vous rincez et vous plongez ensuite la pièce dans une teinture de bois jaune.

Oxymuriate d'étain (préparation).

On fait un mélange de deux parties d'acide nitrique et une partie d'acide muriatique, dans lequel on met de l'étain tant qu'il peut en dissoudre , et on le conserve liquide ou cristallisé.

Acétate d'alumine (préparation).

Acétate de plomb cristallisé et sulfate d'alumine, de chaque 500 grammes , et eau un kilo ; faites fondre l'alun dans l'eau bouillante, jetez-y l'acétate de plomb, remuez et laissez déposer.

Vert céladon d'une beauté rare sur soie et sur coton.

On fait dissoudre dans du fort vinaigre 500 grammes de vert-de-gris qu'on conserve bien bouché dans une étuve chauffée à 30 degrés ; on ajoute à ce mélange une égale quantité en poids d'une dissolution de cendres gravelées, en conservant toujours le mélange à la même température ; on passe les soies ou cotons à l'alun, puis on se sert pour teindre de cette composition, encore chaude bien entendu.

Lapis d'application (secret inconnu).

Faites bouillir sur une très-forte décoction de campêche 48 grammes de noix de galle en poudre, 96 grammes d'alun de Rome et 48 grammes de vert-de-gris par chaque bouteille de décoctum, pendant une demi-heure ; tirez à clair, laissez refroidir et gommez en ajoutant la quantité d'oxymuriate d'étain, que vous augmentez ou diminuez selon que vous voulez foncer plus ou moins la nuance. Pour les lilas, vous faites un mélange des bois de Brésil et de campêche, au moyen desquels vous formez le rouge ou le bleu , suivant la quantité plus ou moins grande de l'un de ces bois.

Vert superbe d'impression qu'on peut appliquer au rouleau et à la
planche.

On fait une lessive caustique avec deux parties de potasse et une de chaux dans une suffisante quantité d'eau, en soumettant le tout à l'ébullition jusqu'à ce qu'elle porte 12 degrés Réaumur; on tire à clair, et sur chaque pot de lessive encore chaude on ajoute 250 grammes d'indigo en poudre et le même poids d'orpin jaune; on se sert ensuite de ce mélange encore chaud pour l'usage indiqué.

Jaune orange.

Prenez une lessive caustique portant 15 à 16 degrés Réaumur, mettez-la en ébullition et versez-y 250 grammes de réalgar; faites bouillir pendant une demi-heure, puis ajoutez, en remuant toujours, 125 grammes d'acétate de plomb; gommez à la gomme arabique, imprimez et séchez à une chaleur modérée. — *2ᵉ opération*. Faites ensuite une forte dissolution d'acétate de plomb, par exemple 64 grammes par bouteille d'eau tiède; promenez les pièces dedans pour dissoudre la gomme, rincez et séchez.

On obtient par ce moyen une couleur foncée qui, en la passant au chlorure de 4 à 5 degrés, prend une couleur plus claire.

Jaune orange pour impression sur étoffe de couleur.

On fait bouillir 45 grammes de potasse, 125 grammes d'orpin et 30 grammes de soufre dans une bouteille d'eau de chaux pendant une demi-heure; on laisse déposer, on tire à clair, on gomme et on imprime sur l'étoffe à la manière ordinaire; on rince ensuite dans une solution d'acétate de plomb, comme il est dit plus haut, pour enlever la gomme, et on obtient un jaune orange superbe.

Remonte du drap bleu solide teint au pastel.

Faites bouillir 190 grammes de bois de campêche par 500 grammes de drap dans suffisante quantité d'eau pendant une demi-heure ; ajoutez ensuite 15 grammes de composition d'étain, 125 grammes d'alun, 15 grammes de tartre et 15 grammes de sulfate de cuivre, que vous faites bouillir au moins pendant une heure ; puis mettez-y une bouteille de vieille urine toujours par 500 grammes de drap ; faites encore bouillir l'espace d'une demi-heure, et rincez.

Superbe rose d'application au carthame.

Prenez du safranum, renfermez-le dans un linge, lavez-le à plusieurs eaux jusqu'à ce qu'elle ne se colore plus ; étendez-le sur une toile ou sur un tamis, saupoudrez-le avec 90 grammes d'alcali à diverses reprises, et jetez de l'eau dessus tant qu'elle ne se charge plus de principes colorants ; puis saturez l'alcali par le vinaigre et l'acide citrique, et baignez les cotons dans ce bain jusqu'à ce qu'ils aient acquis la nuance que vous désirez.

Vert fugitif de toutes nuances sur soie et coton.

On dissout 3 kil. d'indigo dans 5 à 6 kil. d'acide sulfurique, et, lorsque la dissolution est complète, on ajoute en réalgar la quantité dont il est besoin pour obtenir la nuance qu'on désire, et on prépare un bain avec ce mélange, dans lequel on travaille les étoffes qu'on veut teindre.

Couleur d'or sur soie et coton.

Soie débouillie à l'alun, bien rincée et teinte en gaude, qu'on passe ensuite au roucou à chaud jusqu'à la nuance qu'on désire, et on a soin de bien rincer.

Noir écossais.

On fait un bain pour 25 kil. de drap avec 15 kil. de sulfate de fer, 1 kil. 250 gr. de sulfate de cuivre et 1 kil. de tartre, dans lequel il doit bouillir deux heures ; ensuite on l'expose à l'air pendant douze heures ; on fait bouillir de nouveau pendant deux heures dans un bain de 20 à 25 kil. de bois de campêche, on l'expose encore cinq à six heures à l'air, puis on le nettoie et on le bat bien.

Amarante sans laque ni cochenille sur laine et drap.

On fait bouillir 12 kil. de drap dans un bain fait avec 2 kil. de composition d'étain, 3 kil. d'alun et 1 kil. de tartre, pendant deux heures ; on. rince bien, puis on le passe dans un autre bain fait avec 15 kil. de bois de Brésil qu'on met dans un sac et qu'on soumet à une ébullition l'espace de trois heures ; ensuite on retire le sac, on le laisse égoutter, et on passe la pièce d'étoffe dedans jusqu'à ce qu'elle ait pris la couleur. On peut l'aviver à l'aide de l'eau chaude acidulée par l'acide sulfurique.

Ponceau à la cochenille sur soie.

Faites débouillir la soie et donnez-lui sans rincer un bon pied de roucou, à peu près la couleur chamois ; puis rincez bien et tordez bien avant de passer à la seconde opération, qui consiste à placer la soie sur des bâtons dans une tonne d'eau bouillante pendant une heure, et à y mettre ensuite du nitro-murio-ammoniaque d'étain, autant qu'il en faut pour donner à l'eau l'acidité de la limonade, et 64 gram. de crème de tartre par 500 grammes de soie, en ayant soin de tourner la masse avec un bâton, et de laisser reposer jusqu'à ce que l'eau soit tiède. Alors vous mettez dans un bain 90 grammes de cochenille bien pilée et tamisée, sur laquelle vous jetez de l'eau bouillante vous battez et couvrez, et, lorsqu'elle est descendue à la chaleur du sang environ, vous y placez l'étoffe, que vous y laissez pendant une bonne heure ; mais si la couleur n'est point assez foncée, vous la repassez dans le premier baquet, puis dans le second ; vous tordez et séchez sans rincer.

Vert sur laine soutenant les acides végétaux et même les acides sulfuriques.

1º Lorsque la laine est teinte en bleu au pastel, nuance des verts, on passe dans une eau tiède acidulée avec l'acide sulfurique, on la laisse pendant quelques minutes et on la rince ensuite ; puis on la fait bouillir dans un bain contenant 125 grammes de tartre par 500 grammes de laine ; 2º on fait bouillir dans un sac 500 grammes de bois jaune par 500 grammes de laine pendant deux heures ; on retire le sac, qu'on laisse égoutter ; on rafraîchit le bain et on y met la laine, qu'on fait bouillir une bonne heure, ensuite on rince et on sèche.

Cramoisi sur soie.

Mettez les soies dans l'eau d'alun que vous laissez pendant vingt-quatre ou quarante-huit heures, et rincez-les bien ; puis préparez un bain avec 64 grammes de noix de galle pilée que vous faites bouillir quelques minutes ; ajoutez-y 90 ou 125 grammes de tartre et 20 grammes de la composition nitro-muriate d'étain par 500 grammes de soie, et procédez ensuite comme pour teindre la laine, puis lavez et séchez.

Nitro-muriate d'étain (préparation).

Prenez 125 grammes d'étain, 125 grammes de sel ammoniac et 190 grammes d'acide nitrique; mêlez le tout, et, lorsque la combinaison est opérée, vous vous en servez pour l'usage.

Beau-jaune sur fil et coton.

On prend de l'acétate d'alumine à 10 ou 12 degrés, bien clair ; on le met dans un vase avec la même quantité de quercitron en poudre, que vous manipulez et passez à travers une toile de chanvre ou de fil, ou d'un tamis de soie ; puis ajoutez quelques gouttes de muriate d'étain et gommez. Pour teindre l'étoffe, procédez comme de coutume, ensuite dégommez et rincez avant de faire sécher.

Remède contre la gale.

On mêle avec soin dans 250 grammes de graisse à demi fondue 64 grammes de vinaigre et la même quantité de carbonate de soude en poudre, dont on se frotte, matin et soir, sur toutes les parties où il y a des boutons, avec gros comme une forte noisette. Ce remède, qui n'a aucune odeur, guérit en fort peu de temps et ne peut offrir aucun inconvénient, tandis que des sels métalliques sont moins sûrs et produisent quelquefois de nombreux accidents.

Recette pour faire la colle forte.

Pour préparer la colle forte, on prend des rognures de peaux, de gants, de parchemin, des sabots et des oreilles de chevaux, de bœufs, de veaux, de moutons, et l'on fait bouillir toutes ces matières dans l'eau. Il y a quelques précautions à prendre : il ne faut pas chercher à cuire au delà de la chaleur qui correspond à l'eau bouillante, sinon on aurait de mauvaise colle. Il est indispensable de n'employer que des matières non putréfiées ; c'est pourquoi, dans l'été, la colle tourne si l'on a employé des matières altérées ou corrompues. Il est à remarquer aussi qu'une ébullition trop prolongée donne une colle beaucoup moins épaisse.

Manière de fabriquer le stuc ou marbre artificiel.

On se procure du plâtre gâché serré, on l'introduit dans une dissolution de colle forte, et on forme avec ce mélange une bouillie très-épaisse ; cela fait, on incorpore dans sa masse les matières colorantes et les différents oxydes métalliques qui servent à donner les teintes variées du marbre. Par le refroidissement on a le stuc, auquel on donne la forme qu'on veut.

Ce stuc est presque aussi dur que le marbre naturel ; aussi est-il propre aux mêmes usages.

Procédé chimique pour se réveiller à l'heure que l'on désire ; la chandelle s'allume à l'heure demandée, et une sonnette vous réveille.

Prenez deux litres de vinaigre, 250 grammes de sel de Saturne ; plongez dedans une corde de la grosseur du petit doigt ; faites bouillir un quart d'heure, et laissez sécher la corde ; on place une sonnette avec un ressort attaché avec une ficelle bien tendue ; au-dessous on place une bougie, et l'on attache autant de pouces de cette corde préparée que l'on veut qu'elle dure d'heures.

L'extrémité de la corde doit donner sur la bougie, au bout de laquelle on a mis un peu de soufre. Quand la corde préparée est consumée, le soufre prend feu, la bougie allume la petite ficelle qui tient le ressort, laquelle, en se rompant, fait retentir la sonnette qui vous réveille.

Avant de se coucher, on met le feu à l'extrémité opposée de la corde préparée qui sert de mèche.

Préparation de l'encre double luisante.

On prend 500 grammes de sulfate de fer, un kilog. et

demi de noix de galle pilées grossièrement, 6 kilog. d'eau, 1 kilogr. de bois de campêche, 31 grammes de gomme arabique, 16 grammes indigo, 1 kilog. de vinaigre, le tout bouilli pendant deux heures ; pressez et filtrez au papier sans colle, que vous reconnaîtrez en mouillant avec la salive qui passera de l'autre côté. On met ensuite dans des bouteilles bien bouchées, afin d'en conserver le lustre.

Autre plus simple.

On prend 500 grammes de noix de galle, 250 grammes de vitriol vert et 166 grammes de bois d'Inde ; on met le tout dans cinq litres d'eau de fontaine froide ; on remue le mélange tous les jours pendant la première quinzaine : au bout de ce temps, on pourra se servir de l'encre en ajoutant à chaque litre, lorsqu'elle sera tirée à clair, 30 grammes de gomme arabique fondue dans un demi-verre de vinaigre. Il faut avoir soin de tenir l'encre toujours bien bouchée.

Encre rouge.

Bois de Brésil, 1,000 ; vinaigre, 4,000 ; laissez macérer pendant trois jours, puis faites bouillir, filtrez et ajoutez : gomme, alun, sucre, 125 grammes de chaque.

Autre.

Faites bouillir dans un poêlon en cuivre 120 grammes de bois de Brésil en poudre dans un litre d'eau, pendant un quart d'heure ; filtrez et ajoutez-y 5 grammes de gomme arabique en poudre, quelques pincées de sulfate d'alumine (alun) et une cuillerée à soupe de vinaigre.

Encre bleue.

Indigo Flore,   8 gr.; chaux vive, 16 ;

Carbonate de potasse , 8 ; eau, 400 ;
Sulfate d'arsenic, 8.

Faites bouillir jusqu'à solution complète , passez et ajoutez :

Gomme arabique en poudre , 16 grammes.

Autre.

On peut se la procurer en délayant du carmin d'indigo dans de l'eau gommée , à laquelle on ajoute une cuillerée à soupe de vinaigre par demi-bouteille d'encre.

Encre jaune.

Il suffit de prendre du safran , de la graine d'Avignon , où de la gomme-gutte , qu'on fait infuser dans l'eau bouillante et dans laquelle on fait fondre de la gomme dans la proportion indiquée pour l'encre bleue.

Encre verte.

Cette encre se fait avec de la graine de nerprun bouillie dans de l'eau , dans laquelle on fait dissoudre un peu de soude ou de potasse , et qu'il suffit ensuite de gommer.

Encre d'argent.

Prenez de l'étain de Malaca, 31 grammes ; mercure, le double de son poids. Mêlez bien ces deux matières pour que tout devienne coulant ; broyez-les ensuite sur le porphyre ou sur l'écaille de mer avec de l'eau gommée.

Encre d'or.

On broie des feuilles d'or en livret avec du miel de manière à en faire une pâte parfaitement liée ; on la met dans un verre d'eau pour faire dissoudre le miel ; on la change deux ou trois fois, jusqu'à ce qu'il n'en reste plus ; on dé-

cante alors l'eau, et l'or reste en poudre parfaitement pure ;
ensuite on fait fondre de la gomme arabique dans de l'eau,
environ 16 grammes par 400 grammes, pour lui donner
la consistance convenable , et on y met la poudre d'or, que
l'on mêle très-exactement.

Encre de Chine surfine.

On fait l'encre de Chine en broyant du noir dè fumée
avec de belle colle forte longtemps bouillie dans l'eau ; on
y mêle un peu de camphre où de musc , et l'on façonne
cette pâte dans de petits moules, puis on la fait sécher sur
la cendre chaude.

Encre pour marquer le linge.

Nitrate d'argent fondu. . . . . . 15 grammes.
Gomme arabique pulvérisée. . . . 20
Vert de vessie. 30
Eau distillée. 62

On dissout le nitrate d'argent et le vert de vessie dans
l'eau , et on y ajoute ensuite la gomme arabique en
poudre.

On conserve cette préparation dans des flacons bouchés
à l'émeri.

On se sert préalablement de la dissolution alcaline ci-
dessous pour mouiller la place sur laquelle on veut écrire ;
on laisse sécher, on écrit ensuite avec une plume trempée
dans l'encre dont nous venons de donner la composition.

Dissolution alcaline.

Sous-carbonate de soude. . . . . 62 grammes.
Eau distillée. 125
On fait dissoudre ce sel dans l'eau, on filtre , et on
conserve cette solution à part.

Faire revivre l'écriture ancienne ou effacée.

On met cinq ou six petites noix de galle réduites en poudre dans un quart de litre d'esprit-de-vin ; on laisse infuser pendant quelques jours , puis on filtre à travers un papier non collé. Quand on veut s'en servir, on trempe un petit pinceau ou du coton dans cette compostion , qu'on passe sur le papier ou parchemin, et l'écriture renaît immédiatement.

Encre de première qualité.

On prend 100 grammes de noix de galle concassées , 60 grammes de vitriol vert, 8 grammes de vitriol bleu, 60 grammes de bois de campêche , 45 grammes de gomme arabique , 30 grammes de sucre candi , et 250 grammes de vinaigre que vous laissez digérer pendant un mois dans deux kilogrammes d'eau de fontaine , ayant soin de remuer de temps en temps pour faciliter la pénétration des plantes.

Recette pour faire le cirage anglais.

Noir d'ivoire. . . . . 125 grammes.
Mélasse. 125
Acide sulfurique. 31
Huile d'olive. . . . . 2 cuillerées.
Vinaigre. . . . . . . , . . 1|4 de litre.

L'on remue bien dans un vase de faïence vernissé le noir d'ivoire et la mélasse ; l'on y ajoute l'acide sulfurique, en continuant d'agiter le mélange ; enfin l'on y verse l'huile , et l'on incorpore le vinaigre peu à peu.

Cirage Jacquand.

Noir d'os en poudre, 750 grammes ; huile d'olive, 500 grammes ; mêlez et ajoutez :

Acide muriatique,   250 ;
Bleu de Prusse, 30 ; mélasse,   1,000 ;
Laque d'Inde, 30.

Mêlez bien, et ajoutez encore : gomme arabique, 125 gr., fondue dans quantité suffisante d'eau. Pour obtenir le cirage liquide, on délaye cette pâte dans quantité suffisante de vin ou de bière.

Manière de rendre imperméables à l'eau les bottes et les souliers.

Huile d'œillette. . . . . . .   1 litre.
Suif de mouton. . . . . . .   250 grammes.
Cire jaune.   180
Résine.   31

L'on fait fondre le tout dans un vase de terre, et, lorsque cette préparation est à demi refroidie, on l'étend sur les bottes et les souliers avec une brosse, en ayant soin que le cuir soit sec.

Manière de blanchir la paille.

Comme elle est de diverses nuances plus ou moins foncées, on commence par la blanchir pour lui donner une couleur uniforme ; à cet effet, on l'étend dans un endroit soigneusement fermé, au milieu duquel on allume du soufre. Vingt-quatre heures suffisent pour la bien blanchir ; mais, pour la rendre souple sans la tacher, on la met pendant trois ou quatre heures dans de grosses toiles mouillées.

Taffetas anglais (préparation du).

On met 31 grammes de colle de poisson dans 62 grammes de vinaigre ; après que la colle est bien fondue, on la fait bouillir jusqu'à réduction de moitié ; ensuite on y met 30 gouttes d'essence de girofle ; on enduit le taffetas, avec un pinceau, de trois à quatre couches de ce mélange.

Vernis pour rendre les draps et les étoffes imperméables.

On prend de l'huile volatile, retirée de la distillation du goudron, que l'on obtient lors de la carbonisation du charbon de terre ; on fait dissoudre dans cette huile de la gomme élastique ou caoutchouc que l'on a divisé. Lorsque la dissolution est faite, on conserve ce vernis pour l'appliquer à plusieurs reprises avec un pinceau sur un des côtés d'une étoffe. On pose alors sur cette étoffe ainsi vernie une autre étoffe que l'on fait passer entre deux cylindres. Les étoffes, en se joignant, forment, au moyen du vernis, une étoffe double, imperméable à l'eau. Ce vernis peut être employé dans la confection des chapeaux imperméables.

Préparation pour les toiles imperméables.

Prenez un litre d'huile de lin cuite, 125 grammes de résine élastique ; on les fait bouillir doucement pendant deux heures ; quand la résine est fondue, on y ajoute trois autres litres d'huile cuite, un demi-kilog. de litharge, et on fait bouillir le tout ensemble jusqu'à ce que ce soit bien dissous et bien homogène. Cet enduit doit être mis encore chaud sur les toiles, qui restent flexibles, très-solides et imperméables.

Pâte minérale pour les rasoirs.

Graisse de mouton.	250 grammes.
Cire jaune.	125
Sanguine ou ardoise pulvérisée. .	250
Emeri.	125
Acide muriatique.	16

On fait fondre le suif dans une terrine vernissée, on l'écume et on y met la cire ; une fois que le tout est bien liquide, on y ajoute la sanguine ou l'ardoise pilée, broyée et passée au tamis de soie. Si vous mettez la sanguine, la pâte sera rouge ; l'ardoise la rendra noire ; ajoutez l'émeri bien pulvérisé et rendu en poudre impalpable, laissez bouillir quelques instants en remuant toujours, puis ajoutez l'acide muriatique et un peu d'essence de lavande, et versez, une fois en consistance de miel, dans un papier préparé d'avance et plié sur les bords. Lorsque la masse est bien figée, vous la coupez en tablettes et vous en étendez sur les cuirs qui sont trop secs.

Manière de dorer sur verre à camée.

Il fut un temps où l'on faisait sur verre des portraits à la silhouette avec de l'or. Voici comment on faisait l'application de cet or : après avoir bien nettoyé le verre, on hâlait dessus, puis on appliquait l'or. On a trouvé maintenant que l'on obtient plus de solidité et un plus beau bruni en passant avec un pinceau sur le verre un peu d'urine, que l'on laisse sécher avant d'y mettre l'or ; ensuite on fait un petit tampon de velours de soie qu'on passe légèrement dessus pour brunir la dorure ; puis, au moyen de vignettes, vous encadrez soit votre gravure ou votre portrait, même la peinture sur verre ; mais vous avez soin de passer une brosse sur votre vignette pour qu'il n'y reste rien, attendu que cela formerait sable en mettant un fond.

Procédé pour enlever au bois les vieilles peintures sèches et vernies.

On met dans un litre d'eau 31 grammes d'acide sulfurique ; on fait fondre dans l'eau 125 grammes de potasse rouge en pierre ; quand le tout est mélangé, on le passe à chaud avec une brosse un peu rude : il n'est aucune peinture qui résiste à ce liniment, et le bois n'en est nullement altéré.

Manière de faire le sirop d'orgeat.

Prenez amandes douces, récentes et mondées, un kilog. et demi ; amandes amères, un demi-kilog. ; eau ordinaire, 3 kil. ; sucre blanc, 5 kilog..; eau de fleur d'oranger, 125 gram., ou essence de citron, 5 grammes.

Après avoir mondé les amandes en les laissant tremper six ou huit heures dans l'eau fraîche, et non dans l'eau chaude, comme on le fait assez souvent, on les pile dans un mortier de marbre avec une partie du sucre, ce qui est avantageux pour empêcher ou au moins retarder la séparation de la partie émulsive ; et, lorsque les amandes sont réduites en pâte molle, fine et homogène, on la délaye dans l'eau en remuant toujours ; on fait bouillir le tout pendant cinq ou six minutes ; on ajoute l'essence de citron ou l'eau de fleur d'oranger, on passe à travers une toile, et, quand le sirop est froid, on le met en bouteilles.

Sirop de guimauve.

Prenez 92 grammes de racine de guimauve sèche, que vous laverez à plusieurs reprises pour bien emporter toute la terre ; ôtez-en la première écorce, en ratissant légèrement ; fendez-la et coupez-la par morceaux, et faites bouillir dans quatre litres d'eau pendant sept ou huit minutes seulement, parce que la racine de guimauve, en bouillant plus longtemps, formerait un mucilage capable de gâter votre sirop ; passez cette décoction dans un linge serré, et faites-y fondre deux kilog. de sucre par litre ; clarifiez ce mélange aux blancs d'œufs ; écumez-le avec soin ; faites-le cuire au petit perlé ; alors retirez promptement du feu le sirop, laissez-le refroidir et mettez-le en bouteilles.

Fait de cette manière, votre sirop aura la saveur de la

guimauve ; il en aura aussi les qualités émollientes. Le sirop de guimauve que l'on vend dans les boutiques est plus agréable, parce que les confiseurs n'emploient que les fleurs au lieu de la racine ; mais il n'a pas les mêmes propriétés.

Essence de savon pour la barbe.

On prend de l'eau-de-vie à 24 degrés Réaumur, qu'on met dans un matras avec une quantité suffisante de savon râpé pour saturer l'eau-de-vie ; on ajoute 4 grammes de carbonate de potasse par 500 grammes d'eau-de-vie ; on place le matras au bain-marie, et, lorsque le savon est fondu, on filtre et on aromatise avec l'essence de citron ou de bergamote.

Ce savon empêche la rudité de la peau, et ne laisse aucune cuisson produite souvent par l'âpreté du rasoir.

Manière de faire le savon fin pour la barbe.

On prend un demi-kilog. de savon blanc râpé ; on le met fondre sur le feu dans un demi-kilog. d'eau de pluie, ayant soin de le remuer continuellement jusqu'à ce qu'il soit fondu ; quand la masse est compacte, on met dans un peu d'esprit-de-vin de l'essence de bergamote que l'on mêle bien avec le savon liquide, puis on le verse dans des moules en plâtre dont on trouvera la recette ailleurs.

Faire du savon à la rose.

On procède comme ci-dessus, et l'on ajoute cinq à six gouttes d'essence de rose dans l'esprit-de-vin. On colore avec le cinabre, pour avoir la couleur rose, toute substance végétale pouvant virer au violet au moyen des alcalis qui se trouvent dans le savon. Le cinabre doit être en poudre très-fine, et on ne le met que quand le savon est bien fondu. On peut le colorer aussi avec le précipité pourpre de Cassius, mêlé avec de l'oxyde de manganèse en poudre fine ; et comme on trouve des oxydes métalliques de toutes les couleurs, on pourra les varier à l'infini.

Savon jaune.

On procède de la même manière que ci-dessus, et on ajoute le parfum que l'on veut ; on le colore en jaune avec l'oxyde de chrome ou du minium.

Savon vert.

Il ne diffère pas des autres ; seulement on le colore avec de l'oxyde de chrome et de l'oxyde de cobalt ; on lui donne le parfum que l'on veut.

Pâte économique pour blanchir les mains.

Faites bien cuire des pommes de terre, les plus blanches et les plus farineuses que vous pourrez trouver ; pelez-les, écrasez-les bien et délayez-les avec un peu de lait : la pâte d'amande n'est pas meilleure.

Pommade pour les lèvres.

Prenez 31 grammes d'huile d'amandes douces préparée sans feu, et 5 grammes de suif de mouton bien frais ; ajoutez-y un peu d'orcanette pour donner de la couleur ; soumettez le tout à une douce chaleur et passez à travers un linge. Au lieu d'huile d'amandes douces, on peut se servir d'huile au jasmin ou de toutes autres fleurs, qu'on prépare en faisant infuser ces fleurs dans une huile quelconque.

Pastilles à parfumer les appartements.

Prenez un demi-kilog. de charbon de boulanger bien

pilé et tamisé fin, 30 grammes de·benjoin, 10 grammes de storax, 10 grammes de baume du Pérou ; puis avec de l'eau de gomme faites une pâte du tout, que vous diviserez en petits morceaux auxquels vous donnerez la forme d'un cône.

Dépilatoires.

Les cheveux poussent quelquefois d'une manière bizarre : tantôt ils s'avancent sur le milieu du front en toupet, tantôt ils descendent le long des oreilles en manière de favoris comme aux hommes, tantôt aussi ils s'étendent sur la nuque, où ils forment une sorte de collet. Tous ces accidents ont un effet désagréable et ridicule. Couper ces cheveux les rend plus épais et plus forts, les arracher est impossible, les dépiler est quelquefois dangereux. Voici les dépilatoires le plus en usage.

L'eau de chaux vive distillée est un excellent dépilatoire. On imbibe une plume de cette eau, on la passe légèrement sur les endroits dont on veut faire tomber les cheveux, et on a soin ensuite de les frotter avec un peu de pommade pour· empêcher la trop grande action du caustique.

Autre.

On mêle 30 grammes d'orpiment rouge avec égale quantité de chaux vive ; quand on veut s'en servir, on en délaye dans un peu d'eau, et on l'applique sur la peau jusqu'à ce que le poil se détache : ce qu'on obtient bien plus vite en s'exposant à une température élevée.

Pour teindre en brun ou noir les cheveux roux.

Prenez 250 grammes de litharge d'or, 125 grammes de chaux vive, 62 grammes de charbon de bois ; mêlez ces poudres ensemble, et formez une pâte au moyen d'eau chaude quand vous voudrez vous en servir. Elle s'emploie de la même manière que celle ci-dessous. Pour que la pâte reste humide dans les cheveux, on les couvre avec une fine toile cirée, on les lie avec un mouchoir, et après deux heures on lave la tête avec de l'eau tiède au lieu de savon. On se sert aussi, pour nettoyer les cheveux, de quelques jaunes d'œufs qui produisent un excellent effet. Si les cheveux doivent être teints en noir, on ne les lave que trois heures après.

Poudre pour noircir les cheveux.

On mêle ensemble le plus exactement possible 30 grammes de céruse et 15 grammes de chaux vive pulvérisées ; on fait avec cette poudre une pâte qui doit avoir la consistance d'une bouillie épaisse, dont on frotte les cheveux jusqu'à ce qu'ils soient bien humectés ; on les couvre ensuite avec une feuille de chou et on met un bonnet par-dessus pour les préserver du contact de l'air.

On fait cette opération le soir, et le lendemain on secoue les cheveux pour en faire sortir la poussière qui les recouvre ; on se lave la tête avec de l'eau et une brosse, et, après l'avoir essuyée, on y passe un peu de pommade.

Ce procédé n'altère point les cheveux, qui sont toujours d'un fort beau noir. On n'a besoin de répéter cette opération que tous les trois ou quatre mois.

Remède contre les maux de dents.

Qu'on prenne du poivre pilé et qu'on l'éparpille entre un morceau de toile de la grandeur de quelques mains ; qu'on mouille avec de l'eau-de-vie forte, et qu'on place ensuite sur la joue du côté ou sont les douleurs.

Mais, si les dents sont creuses, on trempe un fil d'archal dans l'acide muriatique ; on laisse tomber la goutte qui y est suspendue dans la dent, ce qui aussitôt calme la douleur, et, en répétant l'opération plusieurs fois, on fait mourir le nerf souffrant.

Poudre dentifrice.

Mêlez ensemble 15 grammes de sucre tamisé, huit grammes de kina gris en poudre, 4 grammes de crème de tartre insoluble, 16 grammes de poudre de charbon tamisée, et 7 grammes de cannelle.

Cette poudre convient surtout aux gens dont les gencives sont molles et saignent facilement.

Poudre de corail pour les dents.

Prenez deux douzaines d'os de sèche, une de briques bien rouges et bien friables, un demi-kilog. de laque plate, 250 grammes de laque carminée, 62 gr. de girofle, 31 grammes de cannelle, 31 grammes de coriande et 31 grammes de bois de Rhodes. Pilez tous ces ingrédients, passez-les au tamis de soie, et servez-vous-en à la manière ordinaire.

Eau dentifrice.

Prenez : eau-de-vie à 21 degrés, 128 grammes; vinaigre de bois, 15 grammes ; potasse, 10 grammes ; teinture de girofle et de cannelle, de chacune 20 gouttes. Mêlez exactement, afin que la potasse forme une sorte de savonule avec les principes huileux volatils. Le repos rend cette liqueur claire. On la mêle à quatre fois son volume d'eau, pour se nettoyer la bouche et les dents ; elle prévient leur carie et enlève les douleurs.

La quintefeuille pilée, et dont vous faites tiédir le jus, est un excellent topique pour le mal des gencives.

Eau de Cologne de Jean-Marie Farina.

On met dans un litre d'esprit de-vin à **33 degrés** gros
comme une noisette de benjoin et 6 grammes de semence
de petit cardamme ; on les laisse infuser quarante-huit
heures ; ces matières étant susceptibles de troubler la liqueur, on la clarifie avec du noir d'ivoire, environ 15
grammes par litre ; on secoue bien la liqueur ; on la laisse
reposer, on la filtre dans un papier non collé sur un entonnoir, et on ajoute les essences suivantes :

Essence de bergamote.	. . . . .	6 grammes.
— de romarin.	. . . . . .	3
— de citron.	. . . . . .	8
— d'orange.	. . . . . .	3
— de néroli.	. . . . . .	12 gouttes.
— d'anis.	. . . . . .	2
— de lavande.	. . . . . .	3 grammes.
— de girofle	. . . . . .	2 gouttes.

On secoue le tout ensemble, et on filtre de nouveau.

Autre eau de Cologne plus simple.

Alcool à 32 degrés	. . . . . .	1 litre.
Essence de citron et de bergamote.	.	8 grammes.
— de cédrat.	. . . . .	4
— de lavande	. . . . .	2
— de fleur d'oranger.	. . .	10 gouttes.
— de benjoin.	. . . . .	12 grammes.

Moyen de guérir les cors.

Un médecin distingué de Paris, M. A. Donné, prenant souci des petits maux qui causent souvent de grandes
douleurs, indique pour guérir les cors aux pieds, dont

il a fait une étude spéciale, le procédé suivant, qui lui a, dit-il, réussi dans toutes ses expériences :

En frottant le cor avec une pierre ponce taillée en forme de lime et trempée dans de l'eau de potasse, l'on voit ses différentes couches se détacher successivement comme une bouillie ; on répète cette opération jusqu'à ce que l'on soit parvenu au point sensible par lequel il est uni à la peau, dont la sensation de picotement vous avertit qu'il faut s'arrêter. En répétant de temps en temps cette manœuvre parfaitement innocente, on ne laisse jamais venir la douleur que fait éprouver le cor, bien moins par lui-même que par la pression qu'il exerce sur les parties sensibles dans lesquelles il tend à s'enfermer. L'eau de potasse n'attaque pas les parties environnantes sur lesquelles on ne fait pas agir la lime.

Remède contre la goutte.

Le docteur Marc, médecin du roi, a communiqué à M. A. Chevalier, chimiste près de la préfecture de police, la méthode qu'il emploie contre la goutte. Il fait prendre à ses goutteux, comme préservatif, deux ou trois fois par mois, 15 grammes de magnésie calcinée dans un peu d'eau ; il fait boire par-dessus un demi-verre de limonade.

Cette médication est un très-doux purgatif qui, sans prévenir les accès d'une manière absolue, en diminue la fréquence et les rend fort bénins.

Lorsque les accès commencent à se déclarer, il fait prendre chaque jour 15 grammes de magnésie calcinée, et s'il y a douleur, rougeur ou tuméfaction, il fait envelopper la partie malade d'un morceau de flanelle saupoudrée de magnésie ou de carbonate de chaux enveloppé de taffetas gommé.

Topique contre la goutte.

Prenez un litre d'eau de chaux nouvellement préparée, et une teinture de safran gâtinais faite avec l'alcool à 34 degrés, 16 parties ; safran gâtinais, une partie.

Après une infusion de quinze jours, on filtre et on mêle à l'eau de chaux. Il se forme un dépôt en partie composé de chaux, dont l'excédant est desti.. à entretenir la saturation de l'eau, lorsque le contact de 'air la précipite à l'état de carbonate.

On conserve cette composition dans des bouteilles bien bouchées ; on l'applique, étendue sur un cataplasme de farine de lin, sur la partie malade.

Ce remède, expérimenté fort longtemps par l'auteur, est, il paraît, souverain contre cette pénible maladie.

Procédé pour dorer le fer, l'acier et le cuivre.

On frotte le fer ou le cuivre bien légèrement avec de la pierre ponce ; on le met chauffer jusqu'à ce qu'il soit d'un bleu bien léger ; on applique l'or en feuilles et on ravale légèrement avec un brunissoir ; on remet sur le feu, et l'on renouvelle cette opération trois ou quatre fois, suivant la dorure que l'on veut obtenir, et on brunit bien quand la pièce est froide.

Procédé pour dorer le plomb, l'étain et le fer-blanc.

Prenez : poix résine, 1 kilogr. ; huile de térébenthine, 125 grammes ; fondez le tout sur un feu doux pour en faire un vernis que vous appliquez avec un pinceau sur les plaques à dorer, puis étendez aussitôt par-dessus des feuilles d'or ou d'argent qui s'y adaptent très-solidement.

Blanchir les pièces de laiton sans argent.

On remplit un vase en fer aux trois quarts d'eau, et on ajoute 30 grammes de crème de tartre par 750 gram. (3[4 kilog.) d'eau ; quand le tout a bien bouilli, que le tartre est fondu, on y met de l'étain de Malaca, laminé ou en rubans, de manière à ce qu'il se dissolve promptement, et, au bout d'un quart d'heure d'ébullition, on y met les pièces à blanchir, que l'on a décapées à l'eau seconde et essuyées ; on laisse ces pièces jusqu'à ce qu'elles soient bien blanchies ; à mesure que l'eau s'évapore, on en remet d'autre avec de la crème de tartre, car le blanchiment cesserait de s'opérer sans cette précaution. On peut se servir très-longtemps de cette eau quand on a soin de l'alimenter.

Procédé pour bien argenter le cuivre.

On prend 10 grammes de précipité d'argent, 6 gram. de sel de tartre, 6 grammes de sel blanc, le tout en poudre fine ; on y ajoute une très-petite quantité de sulfate de fer, et on frotte avec ce mélange la pièce à argenter, que l'on humecte auparavant avec un peu d'eau ; puis on lave bien la pièce et on la sèche avec un morceau de laine.

Argenter l'ivoire.

On laisse tremper l'ivoire dans une dissolution faible de nitrate d'argent, qui colore peu à peu l'ivoire en jaune ; alors on le retire et on le plonge dans de l'eau bien pure, pour l'exposer au soleil, dont l'action le rend noir au bout de quelques heures ; en le frottant, il devient très-brillant. Il faut se servir du nitrate d'argent avec beaucoup de précaution, car c'est un violent poison. L'ivoire, par ce procédé, est argenté d'une manière très-solide.

Argenter les rubans.

On dessine le ruban en se servant de pinceau ou de plume neuve trempée dans du nitrate d'argent, dans lequel on a mis un peu de gomme arabique, afin que ce ne soit pas si coulant ; on laisse sécher quelques instants, et on place l'endroit où l'on a dessiné au-dessus d'un vase dans lequel on a mis du zinc et de l'acide sulfurique ; après quelques instants, l'argent se réduit et adhère fortement à l'étoffe.

Donner à l'étain l'apparence de l'argent.

On fait fondre parties égales de cuivre fin et d'étain doux ; on y ajoute égale partie de bismuth et d'antimoine, puis on broie le tout avec un peu de résine, de sel ammoniac et de térébenthine ; on le met en boules et on le fait sécher à l'air : la poudre de ces boules répandue sur l'étain fondu lui donnera la couleur et la dureté de l'argent, dont on aura peine à le distinguer.

Graver sur le fer, l'acier, etc., etc.

On fait chauffer une lame de couteau, de sabre ou tout autre objet d'acier sur lequel on veut graver ; on frotte cette lame avec de la cire, de manière à ce qu'il en reste une couche bien unie et la plus mince possible ; on écrit sur la cire avec une plume, de manière à pénétrer jusqu'à l'acier ; on verse sur la gravure un peu de vinaigre qu'on saupoudre de sublimé corrosif ; cinq à dix minutes après, suivant que l'on veut que la gravure soit profonde, on expose la lame à la chaleur pour enlever la cire, et l'on aperçoit bien distinctement les caractères tracés sur la lame.

Procédé pour donner aux agates une plus grande valeur.

Faites absorber aux agates de l'huile pendant quelques heures, essuyez-les et trempez-les dans l'acide sulfurique ; ensuite vous les soumettez à une chaleur convenable jusqu'à ce qu'il n'y ait plus de dégagement de vapeur d'acide sulfureux, puis lavez-les dans l'eau.

Les agates, par ce moyen, prennent une teinte qui les rend d'autant plus précieuses que la couleur est plus intense et les veines mieux marquées.

Ciment des orfévres, des graveurs, etc.

Il est composé de briques, de chaux vive et de mâchefer broyés ensemble, et dont on forme une pâte avec de l'eau.

Ciment turc.

Ce ciment, qui sert à souder les pierres fines et autres, se fait avec un soluté aqueux de colle forte, de gomme ammoniaque et de teinture alcoolique de mastic.

Mastic résistant au feu et à l'eau.

On fait cailler légèrement du lait avec du vinaigre ; on sépare le caillé à froid du liquide, et on le mêle aussi bien que possible avec du blanc d'œuf que l'on a bien battu ; on ajoute à ce mélange de la chaux vive en poudre pour en faire une pâte assez dure, et on l'emploie aussitôt. Ce mastic a l'avantage de se mettre au feu sans se fondre, et à l'eau sans en attirer l'humidité ; on peut s'en servir avec avantage pour les marbres des poêles, des cheminées, etc..

Mastic pour conduits en métal.

On fond du suif et on met dedans de la chaux vive en poudre jusqu'à consistance de mortier ; on en met sur de la filasse, et on lie bien autour du tuyau : ce mastic ne craint pas l'humidité, et il est dur comme une pierre.

Mastic pour rejoindre la porcelaine cassée.

Prenez une tête d'ail et écrasez-la bien soigneusement pour en faire une espèce de pâte ; frottez-en les morceaux cassés, et réunissez les parties en les serrant fortement ; liez-les avec du fil de fer, suivant la force de la pièce, et faites-la bouillir dans une quantité suffisante de lait pendant une demi-heure. Après cette opération, la porcelaine sera parfaitement recollée, et sans que l'ail qui a servi communique son odeur à ce que l'on peut mettre dedans.

Colle excellente pour les cristaux, le verre, la faïence, etc.

On fait dissoudre dans de l'esprit-de-vin de la colle de poisson ; on y met un tiers de son poids de gomme ammoniaque, on fait dissoudre le tout au bain-marie ; on connaît que la matière est assez forte quand, en en faisant tomber une goutte, elle devient très-solide en refroidissant. On met les morceaux à coller dans de l'eau chaude ; on étend la colle sur les parties séparées ; on les tient bien serrées, et on les trempe dans l'eau froide, en les serrant toujours. On tient cette colle dans une bouteille, mais pour s'en servir, on la met dans l'eau chaude.

Vernis pour les moules en plâtre, de manière à ce qu'ils ne se fendent ni ne s'écaillent en coulant des matières dures, comme cuivre, fonte, etc.

On fait fondre du savon vert et de l'essence de térébenthine ; on met une gousse d'ail dans un linge et autant de litharge d'or dans un autre , et on laisse cuire le tout pendant deux heures environ. On passe ce vernis sur les moules en plâtre , qui ont été mis un jour dans un four de boulanger pour les bien dessécher ; on les y remet également pour durcir ce vernis ; et, en faisant ainsi deux ou trois applications en les mettant chaque fois dans le four, on peut couler dessus sans crainte de les détériorer.

Enduit moins dur pour mouler le plâtre.

On fait fondre du savon vert dans de l'eau, près du feu ; on en passe avec un pinceau sur les moules, et on les fait sécher dans un four ; on passe trois ou quatre couches, et on les met toujours sécher de la même manière ; mais, avant de mouler, on y passe de l'huile fine avec un pinceau.

Pour dorer le plâtre.

On fait une colle avec de l'amidon et de la colle de Flandre, en consistance de bouillie, et on en passe au pinceau sur les parties à dorer ; ensuite on étend par-dessus des feuilles d'or, qui s'y attachent facilement.

Pour dorer le marbre.

On prend du bol d'Arménie, le plus fin possible ; on le broie à l'huile de lin siccative ; on en passe sur l'endroit à dorer, et, avant que ce soit sec , on y met l'or, qui s'y adapte d'une manière inséparable.

Procédés pour faire les vernis blancs à l'alcool n°³ 1, 2, 3.

Sandaraque.	250 grammes.
Mastic en larmes.	64
Résine élémi.	32
Térébenthine.	64

Alcool à 33 degrés. . . . . 1 litre.

On met les gommes-résines dans une bouteille au bain-marie avec l'alcool jusqu'à ce qu'elles soient dissoutes, et on ajoute la térébenthine ; quand le tout est reposé, on le tire au clair. On emploie ce vernis à l'intérieur des appartements, pour le bois, tapisserie, etc. On distingue deux autres vernis sous les noms de n° 2 et n° 3 ; ils ne diffèrent de celui-ci qu'en remplaçant, pour le n° 2, la résine élémi par le double de galipot ; et pour le n° 3, le galipot remplace également le mastic, et, de plus, la térébenthine que l'on emploie dans ces deux derniers est celle de Bordeaux. Ces derniers vernis sont moins beaux que le n° 1, et moins solides ; on ne les emploie que pour des objets moins soignés.

Vernis des ébénistes.

Gomme laque blonde, 85 grammes ; alcool à 33 degrés, 1 litre. On opère la solution à froid dans une bouteille, en ayant soin de remuer souvent ; les ébénistes l'emploient sans le filtrer.

Vernis à décalquer sur verre et sur bois.

Sandaraque. . . . . 250 grammes.
Mastic en larmes. 64
Galipot en larmes. 125
Térébenthine de Venise. 250
Alcool. . . . . 1 litre.

Ce vernis sèche lentement ; il doit être préparé avec soin et filtré, afin qu'il ne ternisse pas les lithographies sur lesquelles il se pose. On soumet ces substances, introduites dans une bouteille, au bain-marie, en les remuant jusqu'à solution parfaite.

Vernis pour la dorure.

Gomme laque en grains. . . . . 125 grammes.
Gomme-gutte. 125
Sang de dragon. 125
Roucou. 125
Safran. 32

On fait macérer le sang de dragon, le roucou et le safran dans un litre d'alcool , la gomme laque et la gomme-gutte dans un autre pendant huit jours. On les conserve ainsi ; on les mêle au moment de s'en servir , afin de pouvoir varier les nuances à volonté.

Vernis d'or.

Laque en graine, 190 gr.; sang-dragon, 4.
Succin, 60; safran, 2.
Extrait de santal rouge, 2; alcool, 500.

On fait dissoudre et l'on passe. On l'applique sur les métaux.

Vernis au copal.

Copal dur. . . . . 500 grammes.
Huile siccative. 250
Essence de térébenthine. 500

On dissout ces trois substances dans des vases séparés ; on fond le copal ; on fait chauffer l'huile siccative prête à bouillir, et on l'ajoute peu à peu au copal fondu , ayant bien soin de remuer, afin de favoriser la combinaison. Quand ces deux substances sont mélangées , on y ajoute l'essence avec beaucoup de précaution. Il en est d'autres qui préfèrent fondre la térébenthine avec le copal, parce qu'elle se dissout plus facilement ; mais il ne faut pas le faire sur le feu, afin d'éviter l'inflammation , qui deviendrait fort dangereuse.

Vernis qui sèche en deux heures.

Dans deux litres d'esprit-de-vin faites fondre au bain-marie 313 grammes de gomme laque, 250 grammes de sandaraque et 93 grammes de sang de dragon ; quand le tout est bien dissous et reposé, on le tire au clair et on le met en bouteilles ; il faut que l'esprit-de-vin ait 36 degrés, ce qui est facile en en distillant à 33 degrés ou en prenant la première eau-de-vie qui sort d'une chaudière.

Vernis pour les toiles métalliques et pour le fer.

Essence de lavande. . . . . . 90 grammes.
Essence de térébenthine. . . . : 250
Camphre.. 60
Ce vernis s'applique comme tous les autres.

Pour purifier l'huile de lin et la rendre bien siccative.

On met dans deux litres d'huile de lin 62 grammes de litharge d'or dans un nouet en toile avec 62 grammes de limaille de plomb ; ensuite on y ajoute deux ou trois gousses d'ail et un morceau de croûte de pain bien grillée ; on met le tout sur le feu pendant cinq ou six heures ; on le retire, et, après l'avoir tiré au clair, on le met dans une bouteille pour s'en servir au besoin.

Vernis imitant l'écaille.

Huile grasse. . . . . 1 kilog. 500 grammes.
Copal. 750
Essence de térébenthine. 750
Térébenthine fine. 750
Ce vernis est long à sécher ; il se polit avec la pierre ponce.

Vernis jaune d'or.

Résine laque en grains, sang de dragon en roseau, roucou, gomme-gutte et safran gâtinais, de chaque 125 grammes; alcool, 500 grammes, qu'on laisse digérer pendant huit jours, et qu'on filtre ensuite à travers un papier. Ce vernis s'applique sur les bois, métaux et cuirs.

Moyen de connaître la pierre susceptible de fendre à la gelée.

Il suffit d'imprégner la pierre que l'on veut essayer d'une dissolution saturée de sulfate de soude, et de l'exposer à l'air, qui produira l'effet de la gelée.

Nouvelle découverte pour morceler la fonte à volonté.

M. Lacasse, mécanicien à Nîmes, a reconnu que la fonte chauffée au rouge blanc se coupait parfaitement avec une scie.

Manière de souder l'acier fondu au fer, ou l'un à l'autre.

On met dans un creuset en grès 100 grammes de borax, 10 grammes de sel ammoniac et 50 gouttes ou environ d'esprit-de-vin. On met le creuset sur un feu de forge, et l'on fait chauffer le tout jusqu'à ce que ce soit bien fondu, ce qui dure à peu près quinze à vingt minutes; et quand il ne reste aucun grumeau dans le creuset, et que la vitrification est claire et transparente, alors vous coulez la matière sur une tôle inclinée pour lui donner l'épaisseur qu'on veut. Il est bon de savoir qu'il faut la retirer du feu aussitôt la fusion, car, si elle y restait trop, elle perdrait sa qualité. Puis on s'en servira de la manière suivante : après avoir ployé un morceau d'acier fondu en deux, on passe la lime sur les deux côtés et sur les parties qu'on veut souder, afin d'enlever la crasse qui s'y est formée ; on prend un morceau de la composition, et on l'étend avec le bout de la lime ; elle fond aussitôt ; quand les parties à souder sont couvertes de cette manière, on rabat bien tout autour afin d'ajuster les deux parties le mieux possible, et on le met au feu ; aussitôt passé au rouge-cerise, on le bat sur l'enclume, ayant soin de donner les premiers coups de marteau sur l'amorce et promptement, ensuite partout, afin que la soudure prenne bien. On peut l'employer à tout usage, la soudure ne manque jamais.

Métal fusible à l'eau bouillante.

On fond dans un creuset 30 grammes de bismuth, 20 grammes de plomb et 12 grammes d'étain successivement, puis on coule dans des moules.

On en fait souvent des cuillers à café, parce que le métal ressemble beaucoup à l'argent, et que, si on s'en sert pour mêler le café, les personnes sentent qu'elles fondent entre leurs doigts.

Nouvelle trempe pour le fer, qui le rend dur comme l'acier en le trempant seulement dans l'eau.

On prend 31 grammes de prussiate de potasse, 7 grammes de sel ammoniac et 15 grammes d'os brûlés à blanc, qu'on broie séparément, et qu'on mêle ensemble ; ensuite il suffit, quand le fer est rouge, de passer dessus cette poudre au moyen d'un tampon, de le remettre au feu et de le plonger dans l'eau fraîche. Cette opération doit être répétée plusieurs fois, afin de rendre le fer plus dur. L'eau dans laquelle on a trempé le fer se conserve ; plus elle vieillit, meilleure elle devient.

Tremper des pièces minces sans qu'elles se voilent.

On enduit la pièce d'huile, on la trempe dans de l'eau tiède, on l'attache sur un croisillon avec du fil de fer ou toute autre forme de support, suivant la pièce à tremper; on fait rougir le tout, et on plonge horizontalement dans l'eau.

Tremper les burins très-dur pour tourner l'acier fondu.

Il suffit, quand ils sont rouge-cerise, de les plonger dans du mercure, sans leur donner de recuit : cette trempe n'est pas bonne aux outils sur lesquels on est obligé de frapper.

Pour adoucir tous les fers et aciers.

On met les fers et aciers dans une boîte de fer entre deux couches d'un mélange de parties égales de charbon de bois, de limaille de fer et de cendres ; on tient la boîte au feu pendant une heure, et on la laisse refroidir.

Procédé très-utile et très-simple pour préserver de la rouille
toute espèce de métaux.

Les fabricants anglais, pour préserver de la rouille les instruments de fer et d'acier qu'ils expédient au loin, les saupoudrent de chaux vive ou les trempent dans l'eau de chaux. Les instruments de fer-blanc, traités de la même manière, se conservent brillants et intacts. Il n'est pas un seul de nos lecteurs qui n'ait à son usage des instruments de fer-blanc, d'acier, de fer, des tuyaux de poêle en tôle. Tous ces objets, trempés ou lavés à l'eau de chaux, se conserveront indéfiniment.

Pour conserver l'éclat des armes.

On frotte les armes avec de la moelle de cerf, ou bien

on met de la poudre d'alun de roche dans du vinaigre le plus fort possible ; on passe de cette composition sur les armes avec un chiffon de laine et on l'essuie légèrement.

Pour transformer le fer en cuivre.

Le fer se change aisément en cuivre par le vitriol. On met dans un creuset un lit de vitriol en poudre, un lit de fer de manière à remplir le creuset, en ayant soin d'arroser ces lits avec du vinaigre très-fort auquel on ajoute du salpêtre, du carbonate de soude, du tartre et du vert-de-gris. Par ce moyen le fer prend vivement la couleur du cuivre.

Pour faire le melchior argental.

On fond dans un creuset : 55 parties de cuivre, 23 de nickel, 17 de zinc, 3 de fer, et 2 d'étain. Ce métal imite parfaitement l'argent, est aussi dur et ne casse pas comme la composition connue sous le nom de métal d'Alger.

Nouvelle découverte pour percer le fer.

On dispose un bâton de soufre selon la forme que doit avoir le trou, ovale ou carré, etc.; il suffit ensuite de chauffer la pièce au rouge blanc, de saisir le bâton de soufre par un bout et de l'appuyer à la place où doit être le trou ; dans cette opération, il se forme du sulfure de fer, qu'on fait tomber à volonté.

Pour bronzer le cuivre.

On prend du vinaigre fort, 1 litre ; vert minéral, 15 grammes ; terre d'ombre, 15 grammes ; sel ammoniac, 30 grammes ; gomme arabique, 15 grammes ; graine d'Avignon, 60 grammes ; sulfate de fer, 15 grammes.

On fait fondre les sels et les gommes dans une partie

du vinaigre, et on mêle le tout dans un vase solide ; on y ajoute la graine d'Avignon et 93 grammes d'avoine verte ; ensuite l'on fait bouillir le tout un quart d'heure, et on le filtre au papier gris ; on l'applique sur la pièce au moyen d'une petite brosse, qu'on a soin de tenir toujours humide, et, quand le bronze est bien pris partout, on le passe dans de l'eau froide et on le fait sécher dans la sciure de bois ; on fonce la pièce en mettant dans un verre d'esprit-de-vin 8 grammes de noir de fumée.

Autre bronze moins vert.

On prend du vinaigre fort, 1 litre ; sel ammoniac, 30 grammes ; alun, 15 grammes ; arsenic, 8 grammes ; on mêle le tout, et, quand la dissolution est achevée, on s'en sert comme ci-dessus.

On peut encore faire un léger bronze en mettant dissoudre du sel ammoniac dans le vinaigre, et en l'appliquant de la même manière.

Moyen de bronzer les médailles et statues de cuivre.

Pour donner à divers objets la teinte et le coup d'œil des bronzes antiques, il faut mélanger 4 grammes d'hydrochlorate d'ammoniaque et un gramme d'acide oxalique dans une pinte de bon vinaigre. Après avoir bien nettoyé le métal, on le frotte, au moyen d'une brosse, avec cette dissolution, dont on ne prend qu'une très-petite quantité à la fois ; lorsque la dissolution devient sèche par le frottement, on en met de nouveau jusqu'à ce que le métal ait acquis le degré de teinte qu'on desire lui donner.

Pour rendre l'opération plus facile et plus prompte, on la fait au soleil ou auprès d'un foyer.

Fécule de marrons d'Inde et de glands.

M. Delacombe, de Guéret, nous écrit : « Des expériences répétées et faites avec soin m'ont mis à même de constater avec précision que le marron d'Inde et le gland, parvenus à leur maturité et râpés aussitôt qu'ils ont été cueillis, donnent une fécule saine, légère, d'une saveur douce et sucrée, et d'un poids égal au sixième et plus de celui du fruit dépouillé de son écorce, produit à peu près égal à celui de la pomme de terre. Cette fécule, plus légère que celle de ce tubercule, se précipite moins promptement ; mais deux ou trois lavages suffisent pour la dépouiller complétement. La fécule de marron d'Inde est d'un blanc de neige, et celle du gland est d'un fauve pâle. Quelle ressource la population indigente ne peut-elle pas tirer de ces fruits si abondants, et qui pourrissent souvent faute d'emploi !

La colle, dont l'usage est si multiplié dans l'industrie, faite avec ces fécules, est d'une excellente qualité. Celle du marron d'Inde est remarquable par sa blancheur.

Pour ôter aux tonneaux le goût de moisi.

La vapeur de chlore ou les solutions de chlorure de chaux, de soude ou de potasse, ont la propriété de les désinfecter entièrement, ainsi que la chaux vive. A cet effet on peut mettre 1 kilog. de chaux dans 23 litres d'eau, que l'on bat bien dans la barrique ; il faut avoir soin de rincer et de mécher avant d'y mettre le vin.

Pour ôter le goût aigre aux barriques.

On remplit la barrique au quart environ ; on fait rougir des cailloux, que l'on jette dedans et qu'on remue fortement ; on répète cette opération suivant le besoin. On y parvient également .en rinçant la barrique avec une solution de soude.

Pour ôter le goût de moisi au vin.

On soutire le vin par un beau temps ; il faut surtout que les vents soient de nord ; on le met dans une barrique fraîchement vide et de bon goût ; on fait brûler une mèche dedans ; on y jette de bonne lie nouvelle et 60 grammes de noyaux de pêches pilés ; on a soin de remuer la barrique tous les jours, pour aider la réaction ; au bout de quinze jours, on le laisse clarifier, et on le soutire dans une bonne barrique que l'on mèche auparavant.

Moyen de corriger le vin aigri.

On soutire le vin s'il est sur la lie, on fait bouillir un picotin d'orge dans quatre litres d'eau, et on le réduit à moitié ; on passe à travers un linge, on le met dans la barrique de vin et on fouette. Au bout de quinze jours, par un beau temps, on le soutire ; il est bon de le couper avec d'autre vin plus fort en esprit, afin qu'il ne retourne plus à l'aigre. Ce vin doit être employé le plus tôt possible, car il est difficile de le guérir parfaitement, à moins d'y ajouter un litre d'esprit.

Pour adoucir un vin vert.

On y met par barrique deux kilog. de miel que l'on a fait fondre dans du vin ; on y ajoute du tartre en poudre ; on colle ensuite avec le jaune, blanc et coquille d'œufs. On laisse reposer cinq à six jours, et on soutire.

Pour ôter le goût de fût au vin.

On tire à clair et par un temps sec le vin fûté ; on le met avec de la lie fraîche dans une autre barrique de bon goût ;

on couvre la bonde de la mie d'un pain chaud sortant du four, où on a mis quelques clous de girofle et de la cannelle; on la laisse ainsi cinq heures; au bout de ce temps, on le fouette, et on le met en bouteilles quand il est clair.

Pour arrêter la pousse du vin.

Il est plusieurs manières d'arrêter la pousse du vin : les uns soutirent le vin dans des barriques fortement imprégnées d'acide sulfureux au moyen de plusieurs mèches soufrées; les autres ajoutent un millième de sulfate de chaux au vin; mais il paraît que l'on réussit encore mieux en y mettant 250 grammes de semence de moutarde.

Vin passé à l'amer.

Le meilleur moyen de remédier à ce défaut consiste à mélanger avec ce vin autant de vin analogue, qu'on doit mécher et tirer à clair.

Remède contre le vin tourné.

On colle le vin avec le jaune, blanc et coquille d'œufs fouettés; mais, s'il est vert, on bat bien les œufs et on y met une poignée de sel pour le rendre plus sec, avec 125 grammes de noir animal et 62 grammes d'acide tartrique pulvérisé; on le fouette bien, et on ajoute un litre d'eau-de-vie ou d'essence de Médoc, si le vin en vaut la peine.

Remède contre le vin blanc gras.

On le soutire s'il est sur lie; on le fouette avec des blancs d'œufs et la coquille (on prend toujours douze œufs par barrique); on y ajoute deux poignées de sel et deux bouteilles d'eau-de-vie; on fait rougir du sable de mer ou des coquilles d'huîtres calcinées, 1 kilogramme; on jette le tout dans la barrique, on fouette longtemps, afin de bien briser le vin, et au bout de quinze à vingt jours on le soutire.

On se sert aussi avec avantage de la colle de poisson pour bien clarifier le vin blanc.

Oter la couleur jaune au vin blanc.

Quand il aura été soutiré, on le fouette avec des blancs d'œufs ou de la colle de poisson, et on y ajoute un litre de lait écrémé et bouillant, sans oublier de refouetter de nouveau ; puis on le soutire au bout de quelques jours, et on le met en bouteilles.

Pour ôter les mauvaises odeurs au vin.

Il faut mettre dans le tonneau un petit sac contenant une poignée d'ache de jardin, qu'on laisse huit jours au moins et qu'on retire ensuite.

Préparation de la colle pour clarifier et coller la bière, le vin, etc., etc.

On prépare la colle comme il suit : on prend 62 grammes de colle de poisson en feuilles que l'on coupe bien menu et que l'on met dans un verre d'eau froide en été, et tiède en hiver ; au bout de vingt-quatre heures, si la colle est de bonne qualité, elle doit se pétrir facilement ; autrement on la laisse jusqu'au lendemain ; quand vous voyez qu'elle peut se pétrir, vous la triturez bien entre vos mains, de manière à en faire une pâte que vous brisez et rebrisez, en ayant soin de la plonger de temps en temps dans l'eau où elle a trempé, jusqu'à ce qu'elle soit bien liante et qu'il ne reste aucun grumeau. Quand elle est bien broyée, on la met dans un grand plat, et l'on y ajoute le reste d'eau en la délayant le mieux possible, soit avec une cuiller, soit avec un bâton ; on y ajoute ensuite 6 litres de bon vin blanc, en la remuant toujours, jusqu'à ce que la masse ait la consistance de gelée de viande. On la met ainsi préparée dans des bouteilles pour servir au besoin. Un demi-litre par barrique suffit pour obtenir la clarification soit du vin blanc, de la bière, de l'eau-de-vie, ou de toute autre boisson spiritueuse.

Procédé pour faire le vin de Malaga.

On prend seize bouteilles de vin blanc vieux, 2 kilog. de sucre en poudre, 8 grammes de cachou, 15 grammes de fleur de carthame, 1 kilog. de véritables raisins secs de Malaga, bien pilés ; on fait bouillir le tout ensemble une minute seulement, et, quand il est refroidi, on filtre à la chausse ; on le met dans un vase goudronné pour qu'il en prenne le goût, et après quelques jours on le met en bouteilles.

Vin de Lacryma-Christi.

Prenez 25 litres de bon vin rouge, 250 grammes de coriandre, un kilog. de sucre, 50 grammes de fleurs de pavots, 125 grammes de safranum, 4 grammes de cachou : on fait bouillir le tout une seule minute ; on laisse refroidir ; on y ajoute 625 grammes d'esprit-de-vin, et on filtre ; ensuite on met en bouteilles et on cachette soigneusement.

Vin muscat de Frontignan.

Prenez seize bouteilles de bon vin blanc vieux et sec, 1 kilog. de sucre, 500 grammes de raisins muscats secs, 4 grammes de noix muscade râpée, 15 grammes de fleurs de sureau ; mêlez le tout, laissez infuser pendant huit jours ; ajoutez-y ensuite un demi-litre d'esprit-de-vin ; filtrez et mettez en bouteilles.

Vin de Madère.

Prenez seize bouteilles de bon vin blanc, 1 kilog. de sucre, 1 kilog. de figues sèches, 60 grammes de fleurs de tilleul, 4 grammes de rhubarbe orientale, 1 décigramme d'aloès succotrin ; faites bouillir le tout une minute ; filtrez et mettez en bouteilles.

Vin de Champagne mousseux fait avec du vin blanc, quel qu'il soit.

La manière est absolument la même que pour l'eau de Seltz, excepté qu'il ne faut que 2 grammes d'acide tartrique, et que l'on peut ajouter 4 grammes de sucre candi blanc bien pur en poudre. Ce moyen, par des essais répétés, vous apprendra à le bien appliquer à la nature du vin.

Eau de Seltz.

Vous emplissez d'eau une bouteille, où vous avez à l'avance adapté un bouchon qui bouche bien ; vous y introduisez 3 grammes d'acide tartrique en poudre et 2 gramm. de bicarbonate de soude ; vous bouchez avec promptitude et solidité ; vous couvrez le bouchon d'un morceau de toile que vous ficellerez autour du goulot, et au bout de cinq minutes vous pouvez la boire. Cette eau peut se garder en ficelant la bouteille comme pour le vin de Champagne ; mais il est essentiel, pour qu'elle soit de bonne qualité, que le bicarbonate ne soit point réduit par le contact de l'air à l'état de simple carbonate.

Cire pour cacheter les bouteilles.

On compose cette cire avec un kilogramme de poix résine, 500 grammes de poix de Bourgogne, 250 grammes de cire jaune, ou 90 grammes de suif, et 125 grammes de mastic rouge ; on fait fondre le tout dans un vase sur le feu ; on agite avec une spatule de bois jusqu'à ce que le tout soit bien fondu et mélangé : cette quantité suffit pour goudronner 300 bouteilles.

Lorsqu'on veut nuancer la couleur, on ajoute des poudres qui peuvent la donner.

Pour faire revenir à la raison un homme ivre.

Faites boire à la personne ivre quelques gouttes d'alcali volatil dans un verre d'eau froide ; mais il faut avoir soin de se promener à l'air aussitôt après, si l'on veut éviter des vomissements.

Pour changer le vin en très-fort vinaigre.

Prenez du tartre brut, gingembre, poivre long, de chaque partie égale ; mettez le tout pendant huit jours dans de fort vinaigre, puis ôtez-le et laissez sécher ; quand vous voudrez faire du vinaigre, mettez un sachet de ces drogues dans le vin, il sera changé promptement en vinaigre.

Moyen de faire de bon vinaigre avec de mauvais vin.

Prenez 2 kilogrammes 500 grammes de tartre cru, mettez-le en poudre bien fine, versez dessus 500 grammes d'huile de vitriol, enveloppez le tout dans un sachet que vous suspendez dans un tonneau de vin gâté, et agitez souvent pour que le vin s'en imprègne bien.

Pour rendre le vinaigre moins âpre.

Il faut mettre dans le vinaigre simple ou distillé autant de sel de tartre qu'il pourra en dissoudre.

Empêcher que le vinaigre ne se gâte en été.

Il suffit de le mettre sur un feu très-vif et de le faire bouillir une seconde; il se conservera parfaitement à l'air libre ou dans des bouteilles demi-pleines.

Pour faire du bon vinaigre en peu de temps.

Jetez du bois de hêtre dans du vin, et vous verrez qu'il sera bientôt converti en vinaigre.

Pour rendre le vinaigre plus fort.

On expose le vinaigre à découvert dans une terrine en grès pendant une nuit de forte gelée; la partie aqueuse se glace, et il reste le vinaigre dans toute sa force.

Moyen de reconnaître si le vinaigre est falsifié avec l'acide sulfurique (huile de vitriol).

On fait évaporer le vinaigre au huitième de son volume; on laisse refroidir, et on traite par de l'alcool à 95 degrés; on filtre la liqueur, on y ajoute de l'eau distillée, on dissipe l'alcool, et on traite le soluté par de l'azotate de baryte qui, séché et pesé, donne la quantité d'acide sulfurique contenue dans le vinaigre.

Pour conserver les cornichons verts et les confire.

On les fait macérer un ou deux jours dans la saumure; on y verse ensuite du vinaigre bouillant; après les avoir décantés, on les plonge dans du vinaigre bien fort, avec les assaisonnements ordinaires; on y ajoute 125 à 150 gram. d'acide muriatique (esprit de sel) par pots de 20 litres: cet acide raffermit la chair, la conserve bien verte et n'a rien de malfaisant dans cette proportion.

Moyen pour enlever sur les étoffes les taches de fruits rouges.

Il suffit de mouiller les taches avec de l'eau et de les exposer à la vapeur du soufre brûlant.

La vapeur enlève les taches en moins d'une minute ; il ne faut plus que laver ensuite.

Pour ôter les taches d'une étoffe de soie blanche ou de velours cramoisi.

On mouille bien la tache d'esprit-de-vin, et on met dessus le blanc d'un œuf le plus frais possible. On le fait sécher au soleil, et, quand il est sec, on le lave promptement dans l'eau fraîche. On répète cette opération suivant la ténacité de la tache.

Essence pour détacher.

On prend de l'essence de térébenthine bien rectifiée, et la plus nouvelle ; on la mêle avec un dixième d'éther sulfurique non rectifié ; on la colore en jaune avec du curcuma, puis on filtre au papier gris : il suffit de bien frotter la tache avec un morceau de drap sur lequel on a eu soin de mettre de cette essence qui sèche de suite et enlève la tache comme par enchantement.

Essence parfumée à détacher.

Trois litres d'esprit-de-vin, 500 grammes de savon râpé et fondu dans une partie d'esprit-de-vin, 500 grammes de fiel de bœuf, préparé comme il est dit ci-dessous, 62 grammes essence de menthe ; on passe le tout au papier gris.

Savon pour détacher.

On râpe 500 grammes de savon blanc ; on le met dans

un litre d'eau de pluie que l'on a fait bouillir avec de la cendre, et l'on passe à travers un linge. On met cette lessive et le savon fondre dans un plat, en le remuant continuellement; on y ajoute six jaunes d'œufs bien battus, et on laisse bouillir le tout un instant, en continuant toujours de remuer. On peut ajouter, quand le mélange est bien homogène, quelques gouttes d'essence de citron avant de le mettre en moule. Comme tout le monde sait la manière de se servir du savon, il est inutile de l'expliquer.

Préparation du fiel de bœuf pour enlever les taches.

On met un litre de fiel de bœuf sur le feu; on le fait bouillir, et on écume la matière azotée qui vient au-dessus; quand elle est bien écumée, on y jette 31 grammes d'alun bien pulvérisé et tamisé, et, lorsque le mélange est refroidi, on le met dans une bouteille sans la boucher parfaitement.

Autre moyen.

On met un litre de fiel sur le feu et on l'écume de la même manière; on y ajoute 31 grammes de chlorure de sodium réduit en poudre fine; on laisse refroidir; on conserve le tout dans une bouteille, sans la boucher parfaitement; au bout d'un mois de repos, on décante les deux préparations et on les mêle ensemble par parties égales, puis on bouche bien pour s'en servir au besoin.

Préparation pour enlever les taches de graisse, d'encre, de vin, de fruits, etc., etc., sur les revers de bottes, sur toute sorte de cuirs et parchemins.

D'une part, faites dissoudre dans 62 grammes d'eau distillée 4 grammes de chlorate de potasse; versez ensuite 62 grammes d'acide hydrochlorique; d'un autre côté,

faites dissoudre dans une fiole 15 grammes d'huile essentielle de citron dans 92 grammes d'esprit-de-vin.

Tout ainsi préparé, réunissez les deux liqueurs et conservez le mélange dans un flacon bouché à l'émeri.

Procédé pour blanchir les blondes, les dentelles et les tulles.

Il faut : 1º les débâtir, les repasser, puis les plier l'une
sur l'autre ; 2º les mettre dans une espèce de poche de toile
blanche et les faire tremper dans l'huile d'olive pendant
vingt-quatre heures ; puis vous faites une eau de savon bien
forte, dans laquelle vous jetez, lorsqu'elle est bouillante, le
sac où sont les dentelles ; vous les y laissez un quart d'heure,
vous rincez le tout, vous trempez le sac dans de l'amidon,
vous retirez les blondes du sac et les repassez de suite l'une
après l'autre.

Après avoir blanchi les blondes, les dentelles et les
tulles selon le procédé que nous venons d'indiquer plus
haut, il suffit de les exposer à la vapeur du soufre pour les
obtenir d'un blanc de neige admirable. Vous prendrez à
cet effet une cloche en verre percée au-dessus, afin de
pouvoir y adapter un crochet en fer pour y suspendre les
blondes : cette cloche, bien entendu, doit être proportionnée à la quantité de blondes que vous avez à blanchir.
Ensuite vous bouchez, quand le crochet est placé, le trou
soit avec de la pâte, soit avec du plâtre ; puis vous accro-
chez vos dentelles, vous mettez un peu de soufre sous la
cloche, vous l'allumez et laissez les blondes exposées au
contact des vapeurs pendant une heure au moins. De cette
manière vous pouvez compter les obtenir d'un blanc aussi
beau que si elles étaient neuves.

rocédé pour blanchir à neuf les cachemires, mérinos, poils de chèvre, le satin, et généralement tous les tissus de soie.

On ajoute à l'eau froide bien pure deux cuillerées d'essence de savon et une cuillerée de fiel de bœuf purifié ; on lave rapidement dans ce bain une fois ou deux, s'il est nécessaire , et on rince à l'eau très-propre et très-légèrement chargée d'alun. (L'alun empêche les couleurs de couler.)

Autre procédé.

Prenez 6 litres d'eau, 122 grammes de soude, deux fiels de bœuf purifiés, 61 grammes de savon noir, et le jus d'un citron ; faites bouillir ensemble 4 minutes, et servez-vousen pour l'usage. On peut l'employer à chaud et à froid ; il enlève également les taches.

Moirage des métaux.

1° On mêle ensemble deux parties d'acide nitrique, deux d'acide muriatique, et quatre d'eau distillée ;

2° Ou bien 62 grammes d'acide muriatique, 31 grammes d'acide sulfurique, et 250 grammes d'eau ;

3° Ou bien 31 grammes d'acide nitrique, 62 grammes d'acide muriatique, 93 grammes d'eau distillée ;

4° Ou bien 125 grammes de muriate de soude, 62 grammes d'acide nitrique et 250 grammes d'eau.

On prend du fer-blanc anglais, celui marqué F, qui vaut mieux pour cet emploi que les autres ; on choisit un des procédés ci-dessus, on en imbibe une éponge et on passe une de ces compositions le plus également et le plus promptement possible sur le fer-blanc, que l'on tiendra au-dessus d'une terrine d'eau ; aussitôt que le moiré est bien prononcé, on jette la feuille dans l'eau. Il est du fer-blanc sur lequel le phénomène s'opère en deux minutes, tandis qu'un autre exige huit ou dix minutes. Il ne faut jamais mettre de la composition sans éponge ; car l'acide rongerait promptement l'étain qui le couvre, et il se noircirait sans se moirer. Si l'on ne doit pas employer le fer-blanc tout de suite, on l'essuie bien et on y passe une couche de gomme dissoute dans l'eau, afin que le moiré reste dans sa beauté ; autrement on le vernit avec un vernis coloré, on ponce la première couche afin de le rendre plus net, et, après la seconde couche, on met la pièce à l'étuve, pour que le vernis durcisse davantage et devienne plus brillant.

Moyen de bien blanchir l'ivoire.

On fait dissoudre de l'alun dans de l'eau, jusqu'à ce qu'elle blanchisse ; on fait bouillir les pièces d'ivoire pendant une heure dans cette eau, et on les frotte bien avec une brosse, de manière à ôter la crasse qui sort de l'ivoire. Quand il n'en paraît plus, on les met dans un linge mouillé, ou dans la sciure de bois, de crainte qu'elles ne se fendent. On le blanchit encore en l'enduisant de savon noir, en le présentant au feu, et, quand le savon fond, on essuie bien la pièce, afin qu'elle ne reste pas jaspée.

Blanchiment des os.

Prenez de la chaux vive et une poignée de son que vous mettrez dans un pot neuf avec suffisante quantité d'eau ; mettez les os dedans, laissez bouillir jusqu'à ce que vous voyiez qu'ils soient entièrement dégraissés.

Procédé pour teindre la corne blanche de toutes couleurs.

La seule préparation préliminaire qu'exige la corne pour recevoir différentes couleurs consiste à la laisser tremper pendant douze heures dans une solution d'alun ou d'acide acétique un peu concentré ; il suffit de la plonger ensuite dans une décoction de Fernambouc, pour la teindre en beau rouge ; dans du safran mêlé d'alun, à parties égales, ou d'écorce d'épine-vinette avec un peu d'alun, pour la teindre en jaune, et dans une dissolution de vert-de-gris dans l'acide acétique, avec un tiers de sel ammoniac, pour la teindre en vert : on convertit en bleu la belle couleur verte en la plongeant à plusieurs reprises dans une lessive bouillante de potasse ; la soude ne produit pas le même effet, etc.

Pour blanchir l'albâtre et le marbre blanc.

Prenez de la pierre ponce en poudre subtile, faites-la infuser dans du verjus pendant douze heures ; mouillez-en avec une éponge l'albâtre ou le marbre ; il se blanchira parfaitement. On a soin de bien le frotter et de l'essuyer.

Procédé pour ôter les carreaux des vieilles croisées sans les démonter ni les casser.

On met de l'acide sulfurique dans une fiole, on la bouche bien et on perce le bouchon d'un petit trou ; on répand de cet acide sur le mastic, qui devient mou aussitôt ; on ôte le mastic avec un couteau pour enlever le carreau plus facilement.

Cire qui produit sur les meubles l'effet du vernis.

On met sur un feu doux 300 grammes d'eau de rivière, 8 grammes de sel alcali fixe de tartre, et 20 grammes de cire blanche coupée menu ; on remue bien jusqu'à ce que ce soit fondu : elle ressemble alors à une eau de savon ; on la passe au pinceau sur les meubles ; l'eau s'évapore, et la cire reste par couche très-mince que l'on frotte bien avec du drap qui lui donne un poli très-brillant. On peut remplacer le sel de tartre pur par le même poids de potasse.

Encaustique pour meubles.

On prend une partie de cire blanche, huit parties d'huile de pétrole ; on fait fondre sur un feu doux ; on passe une couche légère de cette composition sur le bois à polir tandis qu'elle est encore chaude ; l'huile s'évapore promptement et ne laisse qu'une couche extrêmement légère de cire, qu'on polira parfaitement en la frottant avec un morceau de drap sec.

Manière de préparer l'encaustique pour cirer les appartements.

On fait fondre 60 grammes de cire jaune avec 60 grammes d'huile de térébenthine; on verse ce mélange dans un mortier que l'on a échauffé en y jetant de l'eau bouillante; on y ajoute l'un après l'autre huit jaunes d'œufs, en ayant soin de bien triturer le tout ensemble, pour former une pâte que l'on délaye avec une pinte d'eau chaude que l'on met peu à peu en agitant continuellement avec le pilon. On applique cet encaustique avec une brosse, un pinceau, une éponge, sur les appartements parquetés, ou sur ceux qui sont pavés avec du carreau, et que l'on a d'abord peints à la détrempe ; lorsque l'encaustique est sec, ce qui a ordinairement lieu au bout d'une heure ou deux dans l'été, et de deux ou trois dans l'hiver, on frotte fortement le plancher avec une brosse large et très-rude, adaptée au pied ou fixée à un long manche de bois que l'on conduit avec la main. Le plancher, après avoir été frotté, prend un poli très-brillant, qui se conserve fort longtemps, pourvu qu'on ait soin de refrotter l'appartement de temps en temps, c'est-à-dire une ou deux fois par semaine.

Allumettes chimiques.

Phosphore,   4 gr. ; gomme arabique, 7 ;
Chlorate de potasse,   2 ;   gélatine,   2.

On divise le phosphore dans la gomme amenée à l'état de mucilage épais et qui doit être chaud. On fait fondre la gélatine, et on l'ajoute au mélange phosphoré ; on broie le chlorate humecté pour éviter l'explosion ; on le mêle au reste ; on obtient une pâte avec laquelle on enduit les allumettes soufrées, que l'on fait sécher à l'étuve.

Avec la recette suivante, on obtient des allumettes qui n'éclatent pas lorsqu'on les frotte pour les allumer :

Gomme arabique, 16 gr. ; phosphore,   9 ;
Nitre,   14 ;   oxyde de manganèse, 15.

Briquets sulfuriques.

On met dans une petite bouteille de l'amiante, et on l'humecte seulement avec de l'acide sulfurique, puis on y plonge l'allumette. On a soin de reboucher la bouteille quand l'allumette est retirée.

Mettre en état les vieux briquets.

On retire l'amiante de la bouteille, et on le met rougir sur une pelle afin que l'acide soit entièrement évaporé, et on remet dessus la quantité d'acide qu'il faut pour imprégner l'amiante.

Allumettes oxygénées et parfumées pour les briquets.

Fleur de soufre lavée, 75 centigrammes ; benjoin, 75 centigrammes ; sucre pulvérisé, 48 centigrammes ; on mêle le tout dans un mortier de marbre, et on y ajoute

4 grammes de muriate suroxygène de potasse, sans trop frotter, pour éviter l'explosion ; on en fait ensuite une pâte molle au moyen d'une légère solution de gomme adragante, et on y trempe les allumettes, qu'on a déjà soufrées d'un bout à l'avance.

Mercure fulminant.

Prenez 31 gr. de mercure et 375 gr. d'acide nitrique ; faites fondre le tout sur un feu doux dans un vase de terre vernissé ; après qu'il est fondu, laissez-le refroidir et ajoutez-y 125 gr. d'alcool à 36 degrés, remettez ce mélange sur le feu, et laissez-le réchauffer jusqu'à ce qu'il bouillonne ; retirez-le ensuite et faites-le filtrer dans un entonnoir de verre, puis faites sécher le résidu, qui sera le mercure fulminant.

Ce produit présente rarement de graves dangers, attendu qu'il ne fait jamais explosion spontanément ; sa force d'expansion est cependant considérable, puisqu'on l'emploie avec succès pour faire sauter des quartiers de rocher.

Or fulminant.

Après avoir fait dissoudre des feuilles d'or dans l'acide nitro-muriatique appelé communément eau régale, il faut jeter cette dissolution dans une quantité d'eau distillée d'environ quatre fois son volume, et ajouter à ce mélange de l'ammoniaque, jusqu'à ce qu'il ne se forme plus de précipité ; l'on filtre ensuite ce mélange, et la poudre fine qui reste sur le filtre est l'or fulminant. Quelques grains de cette poudre exposée à la flamme d'une bougie suffisent pour produire une violente explosion ; lorsque le temps est sec, le moindre contact suffit pour faire détoner cette poudre dangereuse.

Argent fulminant.

L'on fait dissoudre de l'argent dans de l'acide nitrique
affaibli (eau-forte), et l'on y ajoute un peu d'eau de chaux,
qui précipite le métal ; on filtre et on fait sécher, puis
l'on jette sur ce produit un peu d'ammoniaque liquide, et
l'on obtient une poudre noire qui est de l'argent fulminant.
Ce produit est bien encore plus dangereux que l'or fulminant : il détone avec plus de violence, et il suffit du contact le plus léger ou d'une goutte d'eau jetée à sa surface
pour qu'il fasse une explosion terrible ; aussi faut-il en user
avec beaucoup de circonspection.

Pierre de touche économique.

Prenez une pierre à feu ; frottez dessus l'objet qu'il
vous importe de connaître ; lorsque l'empreinte métallique
est suffisamment marquée, enflammez une allumette bien
soufrée, approchez de la flamme le plus possible l'endroit
frotté ; si le métal n'est pas d'or, l'empreinte disparaîtra
aussitôt.

Essai des draps.

Drap noir. Un soluté d'acide oxalique produit une tache
vert olivâtre, s'il est teint en indigo, et orange foncé, s'il
l'est avec le bois de teinture et la couperose. — Drap bleu.
Les acides forts le font virer au rouge s'il est mauvais
teint, et dans le cas contraire il ne change pas.

Poudre désinfectante des matières fécales.

Sulfate de fer, 200 gr. ; sulfate de chaux, 265 ;
Id.   de zinc, 10 ;   charbon végétal,   10.
On fait, avec quantité suffisante d'eau, une pâte dont

150 kilog. suffisent pour désinfecter 1,000 mètres d'é-
gout.

Pour enlever l'odeur des appartements nouvellement peints.

Placez dans chaque appartement trois ou quatre ba-
quets d'eau ; vous verserez dans chacun trente grammes
d'acide vitriolique ; cette eau absorbera les émanations
de la peinture en trois jours, si vous avez eu soin de changer chaque jour d'eau.

Débarrasser une chambre des cousins.

Après avoir fermé les fenêtres, mettez-y, une heure
avant d'aller vous coucher, une lanterne de verre allumée
que vous avez frottée au dehors avec du miel délayé dans
du vin ou de l'eau de rose ; ce miel attire les cousins, et
ils s'y attrapent de manière à ne pouvoir se débarrasser.

Chasser les mouches d'où l'on veut.

Lavez les murailles avec du jus de feuilles de citronnelle,
après les avoir bien pilées ; les mouches n'en approcheront
pas, ne pouvant supporter cette odeur.

Pour faire périr les mouches des lieux d'aisances.

Il faut leur préparer les mets suivants, dont elles sont
très-friandes : on fait dissoudre 8 grammes d'extrait de
cassis dans une demi-bouteille d'eau bouillante ; on y
ajoute une petite quantité de miel ou de sirop, et on verse
ce mélange dans une assiette qu'on met dans les lieux ;
ou, mieux encore, on met dans une assiette du lait, du
sucre et du poivre moulu bien fin : aussitôt qu'elles en
mangent, elles trouvent une mort prompte. On peut éga-

lement, quand elles sont répandues dans les lieux, allumer
du soufre dans une assiette et fermer toutes les ouvertures
pour qu'elles ne puissent en sortir ; il est certain qu'aucune
ne pourra survivre à l'effet de la vapeur du soufre. On
peut le faire une couple de fois, afin de tout détruire et de
s'en débarrasser promptement.

Moyen de détruire les poux.

Quand on a pu réussir à détruire avec le peigne les poux
que les enfants ont sur la tête, on doit avoir recours aux
substances huileuses qui bouchent leurs stigmates, ou aux
poudres âcres qui les tuent, comme le staphisaigre, la coque du Levant, le tabac, etc., etc.

Quant à ceux qui viennent sur les quadrupèdes, on peut
les en débarrasser par les mêmes moyens, ou avec des dé-
coctions de poivre, de cédra, d'orpin âcre. Il est plus
difficile de les détruire chez les oiseaux ; mais on y réussira
si l'on a soin de bien nettoyer leur poulailler ou colombier,
et d'y brûler ensuite pour quelques sous de soufre, après
avoir bien bouché les portes, les fenêtres, les trous, etc.

On les tue aussi au moyen d'un liniment dont on se frotte
la tête, composé de trente grammes de vinaigre, d'autant
de staphisaigre en poudre, de miel, de soufre, et enfin de
soixante grammes d'huile.

L'huile de laurier seule détruit leurs œufs et finit par
empêcher leur formation.

Moyen de faire périr les puces et punaises.

On prend 90 grammes de staphisaigre en poudre ; on
en met dans toutes les jointures des lits, dans les coutures,
dans les coins de matelas et dans tous les lieux où les punaises se rassemblent ; au bout de deux ou trois nuits, ces

insectes périssent et disparaissent. On peut se servir de la même manière du tabac, du poivre et de la résine d'euphorbe réduite en poudre.

Autre procédé.

On met dans un réchaud plein de charbon allumé 15 grammes de galbanum et autant d'assa-fœtida ; on lève les couvertures, les matelas, les sommiers ou paillasses, et jusqu'aux barres du lit, que l'on met à terre ; on tient la chambre bien close et l'on bouche avec un drap l'ouverture de la cheminée. Il faut faire cette opération de grand matin, pour n'ouvrir la chambre que le soir, à l'heure où l'on veut se coucher : à l'instant où l'odeur des drogues s'exhale, les punaises tombent sans mouvement, et s'il en reste quelques-unes, un jour ou deux après, on les trouve toutes desséchées.

La quantité de ces drogues que nous avons donnée suffit pour un appartement de quinze à vingt pieds carrés environ. Si par hasard il s'est échappé quelques-uns de ces insectes, on réitère l'opération. Le temps le plus propre à la faire est celui des grandes chaleurs.

Moyen de détruire les rats.

Prenez 125 grammes de mie de pain, 60 grammes de beurre, et 30 grammes de nitrate de mercure cristallisé ; mélangez bien toutes ces substances et faites-en une masse que vous diviserez en petites portions afin de les répandre dans les endroits peuplés de rats ou de souris : ils se laissent prendre d'autant plus aisément à cet appât qu'ils aiment le beurre éperdûment, et que le nitrate de mercure est sans odeur.

Autre moyen de les détruire.

Prenez 24 noix épluchées et un peu rissolées sur une pelle, avec 250 grammes de fromage d'Auvergne, et six noix vomiques râpées à la lime. Pilez le tout dans un mortier pour en former une espèce de pâte que vous partagerez en plusieurs morceaux de la grosseur d'un œuf de pigeon, et que vous placerez dans les endroits infectés par les rats et les souris.

Moyen de détruire les taupes et les mulots.

Prenez trois douzaines de noix bien saines et sèches que vous ferez bouillir dans un chaudron avec de la lessive pendant un quart d'heure ; mêlez les noix avec des vers de terre, mettez-en dans les trous de la taupe et du mulot, et ils périront de suite après en avoir mangé.

Remède contre la jaunisse.

Cette maladie a pour caractère la coloration en jaune des yeux et de la peau, la teinte rouge, safranée des urines, et la décoloration des matières fécales. L'eau ou la décoction de carottes, de panais, les eaux panées, deux jaunes d'œufs dissous dans une tasse d'eau sucrée et pris pendant quinze jours, le petit lait, des bains, des lavements émollients, une nourriture composée principalement de végétaux herbacés, un exercice modéré et une douce gaîté, forment la base du traitement. Il faut prendre aussi tous les deux jours, le matin à jeun, 15 grammes de sel de Sedlitz et 2 grammes de sel de nitre fondus dans un verre d'eau. Cette médication guérit promptement. Nous n'avons pas besoin de recommander l'éloignement de la cause qui aurait produit la maladie.

Remède contre les panaris.

Lorsqu'on est menacé d'un panaris, il faut se hâter d'en prévenir les accidents par le traitement suivant : quand le panaris naît de lui-même et sans cause connue, on doit avoir recours à tout ce qui peut calmer les inflammations : ainsi, on fera tremper la main entière dans de l'eau tiède, et on l'y tiendra dans le bain pendant plusieurs heures ; à l'eau tiède on pourra substituer des cataplasmes faits avec de la farine de graine de lin et une forte décoction de têtes de pavots ; si la maladie ne fait que commencer, on pourra employer avec avantage l'eau froide ou la glace, dans laquelle on plongera le doigt du malade. Si, malgré l'emploi de ces moyens, les douleurs augmentent toujours et deviennent insupportables ou accompagnées de fièvre, il faut avoir recours à un chirurgien ; dans ce cas, l'incision de la tumeur est le seul moyen d'amener une prompte guérison.

Si le panaris est la suite d'une piqûre faite avec un instrument imprégné d'une liqueur putride, il ne suffit pas d'attendre le développement de l'inflammation, il faut encore prévenir les accidents qui peuvent résulter de l'absorption de cette liqueur : on y parvient ordinairement en lavant à l'instant même, avec de l'eau tiède, l'endroit piqué, et en prenant soin d'exprimer le sang à plusieurs reprises, pour entraîner la matière irritante.

Autre.

On charge d'une bonne couche d'onguent napolitain un morceau de peau dont on couvre le panaris, et on enveloppe le doigt d'une compresse en huit ou dix doubles. On lève cet appareil toutes les vingt-quatre heures, et on remet une nouvelle, dose d'onguent sans changer la peau ni la compresse. L'inventeur de ce remède l'a donné à plus de cinq cents personnes, et toutes ont été guéries. Les douleurs diminuent peu à peu, et cessent en moins de neuf ou dix heures ; et, après le deuxième pansement, la matière du panaris n'est plus qu'une eau claire. Alors on perce la peau avec une pointe de canif ou tout autre instrument, pour faire sortir la sérosité ; on continue le même pansement pendant huit ou dix jours, et la cure est finie.

Ce remède guérit sans exception les panaris de toutes espèces, d'où l'on peut conjecturer qu'il doit faire le même effet sur les clous et divers abcès, même sur ceux qui se forment près de l'anus, et dont les suites sont quelquefois si funestes.

Eau merveilleuse pour guérir les plaies et les maux d'yeux.

Prenez 4 grammes de sulfate de zinc et autant de sulfate d'alumine et de potasse ou alun ; faites fondre dans une bouteille d'eau de fontaine, et mieux d'eau battue prise au bas d'un moulin, et, quand les substances seront fondues, vous vous en servez pour laver les yeux et les plaies au moyen d'un linge que vous trempez dedans.

Eau contre les migraines.

Prenez un 1|2 kilogr. d'alcool rectifié, 250 grammes d'ammoniaque liquide, 125 grammes de camphre, douze grammes d'huile d'anis et six grammes d'acide acétique ou vinaigre ; mettez le tout ensemble et conservez dans un flacon bien bouché. On en fait respirer et on en applique des compresses sur le front ; elle apaise immédiatement les migraines les plus violentes.

Coupures.

Il faut laisser saigner pendant quelque temps et rejoindre les deux lèvres de la coupure avec du taffetas d'Angleterre : il est à présumer que les chairs reprendront sans rien faire autre chose. Mais si la coupure tient plutôt de la déchirure que d'une scission nette, alors il faut bien se garder d'y appliquer le taffetas, parce que le pus s'agglomérerait dessous et pourrait augmenter le mal ; un peu d'huile et de vin, dont on imbibera une compresse bien mince, appliquée sur la déchirure, la guérira en peu de temps, surtout si la masse du sang est pure et exempte de tout vice. On doit se comporter autrement lorsque de petites veines fournissent du sang en abondance. On frappe d'eau froide la blessure et l'espace blessé, et même tout le membre ; de cette manière on parvient souvent à arrêter l'hémorragie. Si cependant le sang continue à couler, on sera obligé de recourir à une application d'agaric ou d'amadou qu'on maintiendra sans trop le serrer.

Esquinancie.

Pour faire passer une légère esquinancie, prenez deux grammes d'alun et autant de noix de galle et de poivre, le tout bien pulvérisé. Mêlez-le avec un peu de blanc d'œufs, et touchez-en trois fois par jour la luette avec le bout d'un petit bâton garni d'un linge et trempé dans ce mélange.

Remède contre la coqueluche.

Faites bouillir six beaux blancs de porreaux et deux têtes de pavots, dont a enlevé la graine, dans environ 3 litres d'eau jusqu'à réduction d'un tiers ; tirez au clair et remettez dans un vase de sa contenance ; ajoutez

500 grammes de sucre fin, faites encore réduire la liqueur d'un tiers, tirez à clair et mettez en bouteilles. On prend ce sirop par cuillerée deux heures avant de manger , le matin., et deux heures après, le soir. Le régime doit être doux.

Remède contre les engelures.

Il faut imbiber avec moitié eau et moitié esprit de sel les parties affligées de ce mal tenace, plusieurs fois par jour; mais cette opération doit se faire avant l'ouverture de la peau, ou, comme on le dit, avant que les engelures soient crevées, ou attendre que cette espèce d'ulcère soit fermée. On les prévient également en frottant les mains , quelque temps avant qu'elles se fassent sentir, avec de fort vinaigre qu'on a soin de laisser sécher sur la peau, le matin., à midi et le soir.

Ce remède nous a été donné par M. Linnæus, célèbre médecin suédois.

Remède très-facile contre la crampe.

M. Ballard, médecin des eaux de Bourbonne , nous garantit l'efficacité du remède le plus simple à employer contre la crampe. Ce moyen consiste à appliquer sur la partie affectée une plaque de liége de la grandeur de la main, et la crampe cesse instantanément.

C'est ici le cas de rappeler le bon emploi du liége dans une autre spécialité : c'est de substituer aux hochets de verre et d'ivoire un bouchon de liége , lors de la dentition des enfants.

Moyen de distiller les plantes sans alambic.

Sur un pot de terre vernissé posez un linge fin que vous arrêterez avec un cordon aux bords du vase : ce linge tombera en dedans du vase en forme de poche ; on remplira la poche à moitié environ de ce qu'on voudra distiller, et on couvrira le vase d'une assiette ou d'une casserole remplie de charbon allumé, qu'on entretiendra jnsqu'à ce qu'il s'élève une légère vapeur.

Mastiquer à l'instant les pipes en écume de mer cassées.

Qu'on prenne de la gomme laque fine pulvérisée, qu'on la sème sur la cassure, qu'on la tienne sur un feu de charbon, de manière que la gomme coule. Alors on presse les deux morceaux très-étroitement ensemble, et ce mastic devient à l'instant si ferme, qu'on ne peut plus les séparer.

Manière de faire des chiffres et des tableaux en cheveux.

Il n'est point de cadeau plus précieux qu'un tableau des cheveux d'une personne qui vous est chère.

Commencez par dégraisser vos cheveux en les faisant bouillir dans de la lessive et faites-les sécher ; ensuite on prend une plaque d'ivoire, ou toute autre chose bien polie sur laquelle on dessine bien exactement avec un crayon le chiffre qu'on veut faire, et, avec un pinceau trempé dans de la colle, on recouvre avec délicatesse tous les traits de son dessin ; on prend un ou plusieurs cheveux, qu'on place sur l'ivoire en suivant les contours du chiffre, de telle sorte qu'ils soient fixés en plein par la colle. On peut faire également par ce moyen des tableaux en coupant les cheveux très-menu, qu'on répand ensuite sur ce dessin.

On emploie de préférence pour cette opération de la colle à bouche dissoute dans l'eau.

Moyen de copier sur-le-champ une estampe ou un portrait.

Prenez de l'eau d'alun et de savon, mouillez une toile

ou un papier, et appliquez-le sur l'estampe ou le portrait ; mettez cela sous la presse, et vous en aurez une belle copie.

Nouvelle découverte pour attraper les oiseaux à la main.

Faites tremper deux litres de blé dans un demi-litre d'eau-de-vie, ajoutez-y 10 grammes de coque du Levant, brassez bien le tout, et au bout d'un quart d'heure retirez votre blé, que vous laisserez sécher.

Parsemez-en dans les endroits où vous avez l'habitude de voir des oiseaux, cachez-vous bien de manière à ne pas être aperçu, et, lorsqu'ils en auront mangé, vous les verrez tomber et rouler sur la terre. Vous pourrez alors les prendre comme vous voudrez.

Procédé pour faire le petit lait clarifié.

Tous les traités de pharmacie donnent le mode de préparation du petit lait ; aussi sous ce point de vue n'aurions-nous que peu de chose à dire, s'il n'était avantageux de faire connaître un procédé plus expéditif que celui mis en usage dans toutes les officines ; ce procédé est le suivant :

Battez un blanc d'œuf dans une pinte de lait ; ajoutez 15 grammes de bon vinaigre blanc (environ une cuiller à bouche), mêlez exactement, chauffez rapidement jusqu'à ébullition ; projetez alors dans le liquide bouillant quelques cuillerées d'eau froide pour faciliter la séparation du coagulum, et filtrez. Ce mode d'opérer permet d'obtenir un produit parfaitement limpide, dans un temps très-court. Le petit lait, dans les grandes villes surtout, est souvent artificiel, et certes il est loin, dans ce cas, d'avoir les propriétés qu'il possède lorsqu'il est véritable. On reconnaît aisément ce petit lait factice : 1º à ce qu'il mousse moins que le vrai par l'agitation ; 2º à ce que, traité à chaud par l'acide sulfurique, il ne développe pas l'odeur *sui generis* comme celui qui a été fait avec le lait. Quoi qu'il en soit, si l'on ne pouvait par hasard se procurer le lait nécessaire pour cette préparation, et s'il fallait recourir à l'emploi du petit lait d'imitation, nous allons indiquer la formule suivante qui doit être préférée pour sa préparation ; c'est celle dont se servent les premiers pharmaciens de la capitale :

Prenez : sucre de lait. . . . . 750 grammes.
Nitrate de potasse. 375
Sucre blanc. . . . . 3 kilogram.

Mêlez et faites une poudre bien homogène.

Alors prenez :
Poudre ci-dessus. . . . . 10 grammes.
Eau commune. . . . . 1 kilogram.
Dissolvez, puis ajoutez :
Vinaigre ordinaire. . . . . 10 gouttes.

Ce petit lait factice se prend aux mêmes doses et dans les mêmes cas que le véritable.

Méthode de saler le beurre pour qu'il puisse se conserver frais plusieurs années.

On prend deux parties de sel de cuisine, une partie de sucre et une partie de salpêtre ; on pile le tout et on mêle parfaitement. On répartit ensuite 30 grammes de ce mélange sur 500 grammes de beurre que l'on pétrit avec soin jusqu'à parfaite incorporation des substances. Le beurre ainsi pétri se met dans des vases de grès bien lavés et très-secs, que l'on a soin de bien boucher.

Le choix du sel, du sucre et du salpêtre propres à la

préparation que nous indiquons n'est pas indifférent. Le sel doit être préalablement purifié et séché au four ; le sucre doit être aussi bien pur, blanc et sec ; le salpêtre (nitrate de potasse), que beaucoup de personnes pourraient répugner d'employer par la crainte de provoquer des accidents, n'est nullement dangereux à la dose que nous indiquons, et ne peut agir que comme rafraîchissant ; on doit avoir soin de se le procurer très-pur.

Huit jours après que le beurre a été déposé dans les vases, on s'aperçoit qu'il s'est tassé et qu'il s'est formé du vide entre lui et les parois ; on prépare une forte saumure en mettant du sel épuré dans de l'eau chaude, tant que cette eau pourra en dissoudre, et on la verse froide et peu à peu sur le beurre, jusqu'à ce qu'il en soit bien recouvert ; on porte ensuite les vases dans un lieu frais.

On emploie l'eau chaude pour préparer la saumure, en raison de sa propriété de dissoudre une plus grande quantité de sel.

Moyen pour teindre les étoffes en rouge dit de Turquie.

On fait fondre de la potasse dans l'eau de manière à ne lui donner que 2 degrés au plus ; on y ajoute 60 grammes d'huile d'olive fine par pot de solution. On agite fortement le mélange, qui devient laiteux, et on filtre ensuite ; puis on y jette l'étoffe, qu'on laisse tremper pendant 48 heures ; on l'en retire après ce temps ; on la rince promptement et on la fait sécher.

D'un autre côté, on fait la dissolution suivante qui lui sert de mordant, et dans laquelle on plonge de nouveau l'étoffe avec toutes les précautions possibles, pour qu'elle puisse acquérir une belle couleur et une belle nuance :

On fait fondre 125 grammes d'alun et de sel de saturne par pot d'eau gommée ; on plonge l'étoffe à chaud dans cette solution, et on la fait sécher ; vingt-quatre heures après, on répète l'opération à tiède, et on fait de nouveau sécher. On fait bouillir alors 250 grammes de garance avec quantité suffisante d'eau ; on fait bouillir l'étoffe dans cette teinture pendant trois heures, on rince et on la fait encore bouillir pendant deux heures.

On a par ce procédé une couleur rouge dite de Turquie, qui ne laisse rien à désirer.

Procédé pour teindre les bois indigènes de toutes couleurs.

Pour obtenir de belles couleurs, il ne faut teindre que du bois blanc pour les couleurs tendres et délicates ; le bois de houx est excellent pour les couleurs foncées, ainsi que les bois durs et colorés, tels que le chêne, le noyer, surtout le platane. Si on applique des couleurs à froid, elles sont plus belles, il est vrai, mais elles pénètrent moins profondément ; on passe la teinture contre le fil, afin de la faire mieux pénétrer dans les pores. Quand on teint du placage, on le met entier dans le bain, et on le fait sécher promptement pour qu'il ne se voile pas.

Belle couleur rouge pour le noyer et autres bois.

On prend 1 décagramme de bois de Fernambouc en poudre et 3 décagrammes d'alun ; on les fait bouillir doucement dans un demi-litre d'eau pendant une demi-heure ; on passe la décoction à travers une toile, on la concentre ensuite jusqu'à ce qu'elle se réduise au quart, et on y ajoute quatre grammes de potasse purifiée. On en met trois ou quatre couches sur les bois, en observant ce qui est dit pour la teinte des bois indigènes.

Couleur rouge orange par le roucou.

On prépare le bain en faisant bouillir la pâte de roucou coupée en petits morceaux dans de l'eau bien claire pendant deux ou trois minutes. On a passé auparavant sur le bois une couche d'eau où l'on a mis de l'alun en poudre, et on procède de la même manière que pour les bois ci-dessus.

Couleur bleue par le bois de campêche.

On fait bouillir dans 1 litre d'eau 2 hectogrammes de ce bois coupé menu, pendant une heure ; on y ajoute 1 décagramme de vert-de-gris en l'agitant bien. On s'en sert comme il est dit des autres.

Couleur bleue par l'indigo.

On verse dans un flacon 125 grammes d'acide sulfurique concentré, sur 31 grammes d'indigo bien pulvérisé, que l'on délaye avec l'acide le mieux possible ; on chauffe l'amalgame au bain-marie pendant quelques heures ; quand il est froid, on y ajoute 31 grammes de bonne potasse sèche et pulvérisée ; on agite le mélange, qu'on laisse reposer pendant vingt-quatre heures, et on décante la liqueur dans une bouteille que l'on bouche bien. Pour la mettre en œuvre, on fait chauffer de l'eau, on y met quelques gouttes de cette dissolution, et on en passe sur le bois. Il est facile d'obtenir la teinte qu'on veut en mettant plus ou moins de dissolution.

Belle couleur jaune par diverses substances.

On teint les bois de cette couleur en formant des bains avec l'une des substances suivantes : 1° la gaude ; 2° le bois jaune ; 3° le fustet ; 4° le quercitron ; 5° la graine d'Avignon ; 6° et le curcuma ; on fait simplement une décoction d'une ou plusieurs de ces substances bien divisées, en faisant bouillir avec de l'eau et en augmentant ces substances pour avoir des nuances diverses.

Pour aviver les couleurs jaunes, on ajoute à la gaude un peu de vert-de-gris ou un peu de soude ; on avive celle du bois jaune en mettant bouillir des rognures de peaux ou de colle forte ; on donne un œil rougeâtre au curcuma en ajoutant au bain un peu de sang-dragon.

Procédé pour la couleur noire.

On prépare une décoction formée de 30 grammes de noix de galle, 30 grammes de sulfate de fer, 185 grammes de bois de campêche, le tout en poudre que l'on fait bouillir un instant.

Couleur fauve pour foncer le noyer.

On fait bouillir des écorces de noix vertes dans de l'eau, et on y ajoute un peu d'alun.

Beau noir d'ébène pour les bois.

On fait bouillir dans un litre d'eau du bois de campêche jusqu'à ce qu'elle soit bien foncée ; on y jette trois décagrammes d'alun et on passe à chaud sur le bois ; on fait infuser dans une douce chaleur de la limaille de fer dans du vinaigre ; on y jette une pincée de sel de cuisine, et on passe cette liqueur sur le bois qui a déjà une couche de violet ; il prend sur-le-champ une belle couleur noire. Quand cette dernière est sèche, on passe deux couches comme les premières, afin qu'elles pénètrent mieux dans le bois : plus le bois est dur, plus la teinture est belle.

Couleurs composées.

Ces couleurs s'obtiennent en teignant successivement le bois dans deux couleurs différentes simples ou en le passant avec ces deux couleurs mélangées ; ainsi le rouge et le bleu donnent le violet ; le rouge et le jaune, l'orange ;

le bleu et le jaune, le vert ; le jaune et le gris, du fauve, et ainsi de suite. On peut varier les nuances à l'infini.

PROCÉDÉS POUR IMITER LES BOIS EXOTIQUES AVEC CEUX INDIGÈNES.

Imiter l'acajou clair au reflet doré.

On fait une infusion de bois de Brésil que l'on passe à chaud sur le sycomore et l'érable.

Acajou rouge clair.

Infusion de Brésil sur le noyer blanc, ou du roucou et de la potasse sur le sycomore.

Acajou fauve.

Décoction de bois de campêche sur le sycomore ou sur l'érable.

Acajou foncé.

Décoction de Brésil et de garance sur l'acacia et sur le peuplier, ou bien une solution de gomme-gutte sur le châtaignier vieux.

Bois citron.

Gomme-gutte dissoute dans de l'essence de térébenthine, sur le sycomore.

Bois jaune satiné.

Infusion de curcuma sur l'érable.

Bois imitant le grenat.

Décoction de bois de Brésil appliquée sur le sycomore

aluné ; le bois teint, on passe ensuite une couche d'acétate de cuivre dissous dans de l'eau distillée.

Bois noirs.

Décoction de campêche très-forte sur le hêtre, le tilleul, le platane, l'érable, le sycomore ; le bois teint, on passe une couche d'acétate de cuivre. Si les bois sont en placage, il vaut mieux les mettre dans la couleur, elle pénètre à travers ; on s'en sert pour la marqueterie ; s'ils sont épais, on passe par couche avec une brosse la liqueur chaude. Avant de teindre les bois en général, il est avantageux de les mettre pendant vingt-quatre heures dans un endroit sec, afin que les pores s'ouvrent et que la couleur pénètre. On peut vernir sur ces couleurs en ponçant légèrement à l'huile et en se servant d'un tampon comme d'habitude.

Procédé pour la fabrication de boules de bleu céleste, dit bleu anglais.

Ayez une chaudière de fer ; prenez un demi-kilo de bel indigo, réduisez-le en poudre et jetez-le dans la chaudière avec 1 kilo et demi d'acide sulfurique ; agitez le mélange et laissez-le reposer au plus vingt-quatre heures ; faites dissoudre ensuite 4 kilos de bonne potasse dans 1 litre d'eau, et ajoutez d'abord au mélange précédent 1 litre de cette dissolution de potasse ; agitez bien le tout, et délayez-y 1 demi-kilo du meilleur savon bien marbré, coupé menu, et remuez bien ; continuez à ajouter de la solution de potasse toujours en remuant jusqu'à ce qu'elle soit employée définitivement ; mêlez-y ensuite avec soin 250 grammes d'alun en poudre fine passé au tamis ; après trois jours de repos, la composition sera prête à employer ; elle est en consistance de pâte ; on en fait des boules que l'on fait sécher à l'air. Quand on voudra se servir de ce bleu, on en délayera une quantité plus ou moins grande dans l'eau chaude, suivant la nuance que l'on souhaitera, et on y trempera les objets à bleuir.

Manière d'obtenir le gaz.

Mettez dans une fiole 30 grammes d'eau, 15 grammes d'acide sulfurique (huile de vitriol) et 15 grammes de limaille de fer ; adaptez à la bouteille un bouchon qui ferme bien, percez-le dans le milieu et faites-y passer un tuyau en verre, fer-blanc ou cuivre, de deux ou trois millimètres de diamètre au plus, et long de deux ou trois centimètres, pour éviter l'explosion ; garnissez bien entre le bouchon et le tuyau, afin que le gaz ne puisse s'échapper de ce côté. Une fois arrangé comme nous venons de le dire, présentez une chandelle au bout du tuyau, vous aurez une belle lumière qui durera tant qu'il y aura du gaz dans la bouteille.

Procédé pour fabriquer de la bougie économique.

On fera fondre 4 kilogrammes de cire blanche dans un vase long et étroit, et on y ajoutera 1 kilogramme de suif le plus pur ; le tout étant bien fondu et bien mêlé, on y plongera des chandelles de huit au kilog., que l'on en retirera au bout de quelques instants ; elles se trouveront couvertes d'une couche de cire d'un centimètre d'épaisseur environ. On réitérera, si l'épaisseur n'est pas assez forte, et on suspendra ensuite les chandelles par les mèches, afin qu'elles sèchent.

La chandelle une fois allumée, la cire, se fondant beaucoup plus lentement que le suif, formera une espèce de rebord qui le contiendra et l'empêchera de couler. La chandelle sera d'ailleurs au dehors absolument semblable à la bougie.

Bouteille lumineuse donnant une clarté suffisante pour distinguer, la nuit, l'heure que marque une montre.

Prenez une fiole de verre blanc et de forme oblongue, mettez dans cette fiole un morceau de phosphore gros comme un pois ; versez par-dessus de l'huile d'olive au tiers de la bouteille, et fermez hermétiquement ; quand on voudra s'en servir, on débouchera la fiole pour laisser passer l'air extérieur, et ensuite on la rebouchera. Alors l'espace vide de la fiole paraîtra lumineux, et sa clarté sera égale à celle d'une lampe. Si la lumière s'affaiblit, on lui donnera de la force en laissant pénétrer l'air au moyen du bouchon qu'on ôtera : en hiver, il faudra chauffer la fiole avant de la déboucher ; ainsi préparée, elle peut servir pendant un an.

Pyrophore remarquable.

On triture parfaitement 125 grammes de chaux vive avec 60 grammes de phosphore coupé menu ; on introduit ce mélange dans une bouteille et on couvre de trois autres parties de chaux pulvérisée ; cette bouteille doit être assez grande pour que tout cela ne remplisse que les deux tiers de sa capacité ; on la bouche avec un bouchon de craie ; on la place dans un bain de sable qu'on échauffe peu à peu, jusqu'à faire rougir le fond du vase dans lequel se trouve le sable. Cette chaleur doit être entretenue jusqu'à ce que des stries rougeâtres de matières phosphoreuses coulent le long de la partie vide de la bouteille ; alors on laisse éteindre le feu, et on a soin de tenir la bouteille bien bouchée.

On obtient de cette manière un pyrophore dont l'inflammabilité est très-remarquable. — Chaque fois qu'on débouche la bouteille, on voit une flamme se répandre dans son intérieur, et, lorsqu'on veut faire sortir une partie de la masse blanche rougeâtre formant le pyrophore , elle s'enflamme le plus souvent pendant le versement.

Si pendant l'opération la bouteille restait assez hermétiquement fermée pour empêcher la sortie du gaz, on doit, en l'ouvrant de nouveau, se précautionner contre celui qui s'échappe, dans la crainte qu'il ne s'enflamme au contact de l'air et ne cause une vive détonation.

Faire sortir de la même bouteille de l'eau de plusieurs couleurs.

Que l'on mette dans une bouteille pleine d'eau une certaine quantité de poudre de bois d'Inde , et que l'on prépare quatre verres : l'un rincé avec de l'eau ordinaire , l'autre rincé avec du vinaigre , un troisième rincé avec une dissolution de potasse, le quatrième rincé comme le troisième, et dans le fond duquel on aura mis un peu d'alun.

Si l'on verse du contenu de cette bouteille dans le premier verre, la liqueur sera rouge comme du vin ; dans le second, elle sera jaune comme de la bière ou de l'eau-de-vie ; dans le troisième, elle sera limpide et transparente comme de l'eau pure ; dans le quatrième, elle sera d'un rouge foncé.

Manière de fondre une pièce de monnaie dans une coquille de noix.

Prenez une pièce de six liards, et, l'ayant ployée en deux , mettez-la dans une demi-coquille de noix que vous poserez sur un peu de sablon, afin qu'elle ne renverse point ; remplissez cette coquille avec un mélange fait de trois parties de nitre bien pulvérisé que vous aurez fait sécher dans une cuiller chaude ; ajoutez une partie de fleur de soufre et quelque peu de râpure de bois tendre bien tamisée, et mettez le feu à cette composition.

Aussitôt que ce mélange aura été enflammé et qu'il se

sera mis en fusion, on verra au fond de la coquille le métal qui compose cette pièce entièrement fondu, sous la forme d'un petit bouton qui se durcira aussitôt que la matière sera consumée. Ce qu'il y a de remarquable dans cette opération, c'est que la coquille de noix sera très-peu endommagée.

Recette pour composer une pierre qui donne du feu lorsqu'on jette une goutte d'eau dessus.

Prenez de la chaux vive, du salpêtre, de la tutie d'Alexandrie, du storax calamine, de chacun 30 grammes; du soufre vif, du camphre, 60 grammes de chaque, que vous pulvérisez et passez au tamis de soie; enveloppez ce mélange dans un morceau de linge très-serré que vous mettrez dans un creuset; placez un second creuset sur le premier, et liez-le par-dessus avec un fil d'archal; lutez ces creusets avec de la terre glaise que vous laisserez sécher au soleil, afin que les vapeurs ne sortent pas; mettez-les ensuite dans un four à potier, et les y laissez jusqu'à ce que la matière soit bien calcinée; vous le connaîtrez à l'inspection des creusets, qui doivent être d'un rouge clair; vous les laisserez se refroidir avant de les déterrer. Lorsqu'on veut se servir de ce pyrophore, il suffit de jeter dessus une goutte d'eau ou de salive, et, si l'on désire allumer une bougie, il faut avoir une mèche soufrée que l'on applique sur cette pierre au moment où l'inflammation a lieu.

Manière de faire un électrophore pour électriser.

Faites construire un plateau rond en fer-blanc de vingt centimètres de diamètre, dont les bords aient environ trois centimètres de hauteur; versez dedans un mélange bouillant fait avec parties égales de colophane, de cire, et d'un sixième de térébenthine. S'il se formait quelques fissures quand le mélange sera refroidi, il faudrait les refermer avec la même composition bouillante; le plateau doit être entièrement plein et le mastic parfaitement uni : cet appareil s'appelle, en physique, gâteau résineux.

Faites faire une rondelle de bois du diamètre de 2 centimètres et demi de moins que le plateau ou gâteau résineux, dont l'épaisseur soit de 2 centimètres environ , les bords bien arrondis; collez sur cette rondelle des feuilles d'étain de manière qu'elles soient bien unies. Au centre supérieur de cette rondelle ou conducteur électrophore, est un bouton creux et bien arrondi dans lequel on implante une baguette de cristal assez forte pour pouvoir l'enlever ; si on n'a pas de baguette de cristal à sa disposition , un cordon de soie peut la remplacer.

Comme l'humidité est presque le seul obstacle qu'il faut vaincre pour faire réussir ces sortes d'expériences, quand on a des appareils bien conditionnés , il faut avoir soin de présenter à une petite distance du feu toutes les pièces qui composent l'appareil, quand on veut s'en servir.

Frottez ou frappez avec une peau de chat ou de lapin bien sèche la surface du gâteau résineux ; appliquez dessus le conducteur, touchez en même temps avec deux doigts de la main la partie supérieure du conducteur et l'enveloppe métallique du gâteau résineux ; enlevez le conducteur par son manche, qui doit être très-sec, approchez le doigt du conducteur, et vous retirerez une étincelle.

Remettez de nouveau la rondelle ou conducteur sur le gâteau résineux ; touchez la partie supérieure du conducteur et l'enveloppe du gâteau ; enlevez ce conducteur , et vous aurez une nouvelle étincelle. Vous pourrez répéter un grand nombre de fois cette expérience sans qu'il soit nécessaire de frotter le gâteau résineux.

Manière de reconnaitre si les vernis des poteries ne sont pas nuisibles.

Les vernis avec lesquels on revêt l'intérieur des poteries ou des faïences communes, étant peu solides, s'altèrent et mêlent souvent aux substances alimentaires acides qui y séjournent des oxydes métalliques qui peuvent quelquefois donner lieu à des indispositions et même à des accidents plus ou moins graves.

Le procédé à mettre en usage pour reconnaître la bonté des vernis consiste : 1° à y faire séjourner du vinaigre ; 2° à y faire bouillir de cet acide, puis à examiner si ce vinaigre s'est chargé de substances métalliques suscepti-bles de nuire à la santé. A cét effet on verse dans le vinai-gre, qui a bouilli ou séjourné dans le vase qu'on a examiné, de l'hydrogène sulfuré liquide, qui détermine une colora-tion et un précipité en noir ou en blanc, si le vernis a été attaqué par le vinaigre ; en cas contraire, cette coloration n'a pas lieu.

Recette pour rendre le bois incombustible.

Faites dissoudre de la terre siliceuse dans de l'alcali caustique, et étendez cette liqueur sur le bois ; vous pour-rez ensuite le jeter dans le brasier le plus ardent sans que le feu ait la moindre action sur lui.

Moyen simple de préserver de l'incendie les couvertures en chaume.

Il résulte d'une expérience faite par la Société d'agri-culture du département du Nord qu'un enduit composé de 7\|10 de terre glaise, 1\|10 de sable, 1\|10 de crottin de cheval, 1\|10 de chaux vive, le tout bien mélangé avec de l'eau jusqu'à consistance de ciment, préservait les toitures en chaume de tout incendie ; on l'applique sur la surface du chaume avec la truelle, à l'épaisseur d'environ un centimètre, ayant soin de remplir avec le même instrument les fentes et fissures qui se forment à mesure que la dessiccation s'opère. L'analyse du prix, déduite de l'expérience, ne donne qu'une dépense de 7 fr. 35 centimes pour recouvrir un toit de 160 mètres carrés de surface ; dépense qui se trouvera encore amoindrie lorsque le propriétaire pourra se procurer sans frais une partie des matériaux.

Moyen simple pour reconnaître la qualité de la poudre à tirer.

Ce moyen consiste à verser une ou deux amorces de poudre sur du papier blanc, et à l'enflammer en la touchant avec une tige de bois en combustion, ou encore mieux avec une tige de fer rougie à l'un des bouts ; si la poudre est bonne, elle fera une prompte explosion dans l'air avec une fumée blanche et claire, ne laissant sur le papier d'autre trace qu'une tache ronde et grisâtre ; si au contraire elle était mauvaise, la tache serait noire et le papier brûlé.

Encres sympathiques.

C'est le nom qu'on donne à toute liqueur avec laquelle on peut écrire sans que les caractères paraissent en aucune manière, et lorsqu'ils ne sont lisibles qu'après avoir employé quelques moyens qui leur donnent une couleur autre que celle du papier. Ces espèces d'encre peuvent devenir très-utiles dans bien des occasions : par exemple, lorsqu'on craint que la lettre écrite à une personne ne soit interceptée par une autre à qui l'on veut cacher le secret, on écrit en caractères bien lisibles des choses tout à fait indifférentes ; mais dans les interlignes on écrit avec l'encre sympathique ce qui ne doit être su que de la personne à qui la lettre ou le billet s'adresse ; cette personne intéressée à lire l'écriture invisible est instruite en même temps du procédé qui la fait paraître en caractères colorés.

Ecrivez avec une dissolution de vitriol vert, dans laquelle néanmoins vous aurez ajouté un peu d'acide ; cette solution étant absolument incolore, on ne verra point l'écriture ; lorsque vous la voudrez voir, plongez le papier dans une eau où on aura fait infuser de la noix de galle, ou imbibez le papier avec une éponge plongée dans cette eau, et aussitôt l'écriture paraîtra.

Caractères qui ne deviennent lisibles qu'en les trempant dans l'eau.

Faites dissoudre 125 grammes d'alun dans un verre d'eau et servez-vous-en pour écrire ; si vous trempez ce papier dans l'eau et que vous le présentiez au feu, vous distinguerez parfaitement les caractères, qui seront beaucoup plus longs à s'imbiber. Mais, de toutes les encres sympathiques, la plus curieuse est celle qu'on fait au moyen du cobalt, car elle présente le phénomène fort remarquable de paraître et disparaître alternativement, et à son gré. Cette propriété lui est particulière, car les autres encres sympathiques sont, à la vérité, invisibles tant qu'on ne leur applique pas l'ingrédient qui doit servir à les faire paraître ; mais, ayant une fois paru, elles ne s'effacent plus ; celle qu'on fait au contraire avec le cobalt paraît ou disparaît presque tant qu'on veut. Pour faire cette encre, il faut prendre du safre, que l'on trouve chez les droguistes ; on le fait digérer dans l'eau régale pour le débarrasser de la terre métallique qui colore en bleu ; on étend ensuite cette dissolution, qui est très-caustique, avec l'eau commune, et on peut s'en servir comme de l'encre pour écrire sur le papier ; les caractères seront invisibles ; mais, si vous les exposez à une chaleur suffisante, ils paraîtront, et en refroidissant, ils disparaîtront de nouveau.

Il faut pourtant observer que, si on chauffait trop fort le papier, les caractères ne disparaîtraient plus.

Caractères qui paraissent étant exposés au feu.

Prenez du jus de citron, et servez-vous-en pour tracer avec une plume neuve les caractères que vous voudrez sur le papier, et laissez sécher ; si vous les exposez un peu au feü, ils paraîtront aussitôt d'une couleur brune, attendu que cet acide concentré par la chaleur brûlera un peu le papier aux endroits où la plume aura passé. Ce même effet aura lieu en employant différents acides ou les sucs de divers fruits. Le jus de cerise donnera une couleur verdâtre ; celui d'oignon, une couleur noirâtre ; l'acide vitriolique affaibli dans une assez grande quantité d'eau, une couleur rouge ; le vinaigre, une couleur rouge pâle, etc.

Le degré de chaleur pour faire paraître ces différents acides n'est pas le même ; le jus de citron est celui qu'il faut le moins chauffer.

Procédé pour préparer le papier où l'on pourra écrire avec de l'eau et même avec de la salive.

On prend du papier collé et bon pour écrire ; on le fait tremper dans une solution de sulfate de fer ; on l'étend sur des fils pour le faire sécher ; lorsqu'il est bien sec, on le recouvre de poudre de noix de galle très-fine, et, à l'aide d'un tampon de coton, on répand également la poudre sur toute la surface du papier ; on ébarbe alors ce papier, on le soumet à la presse, puis on le met en cahier.

Ce papier, qui a une couleur jaune due au sel de fer qui est oxydé, prend, par le contact de l'eau, une couleur noire. Cette couleur noire ne se manifeste que sur le point mouillé, et, si l'on fait des traits avec une plume trempée dans l'eau, ces traits ont la couleur noire et n'offrent pas de différence avec ceux qui auraient été tracés sur du papier blanc à l'aide de la plume chargée d'encre.

Règles générales pour fabriquer toutes sortes de liqueurs sans distillation.

Pour faire 10 bouteilles de liqueur, prenez 4 kilog, de sucre, 2 kilog. 750 grammes d'eau; quand le sucre est bien fondu, on y ajoute 5 kilog. et demi esprit-de-vin, dans lequel on a mis les essences et les couleurs qu'on trouve dans les recettes suivantes, dont nous allons donner d'abord le mode de clarification.

Manière de filtrer parfaitement et promptement.

Faites faire un filtre en molleton de la forme d'un cône, c'est-à-dire qu'il soit de 750 millimètres de hauteur sur 325 millimètres d'ouverture en haut, et le bas en pointe; vous y attachez 4 galons par le haut pour pouvoir le fixer sur deux bâtons que l'on met entre deux chaises. Pour filtrer 10 bouteilles, on prend cinq feuilles de papier gris sans colle (on le connaît en le mouillant, la salive le traverse aussitôt); on les casse bien menu, on les réduit en pâte en les battant fortement dans l'eau avec une vergette; on mouille la chausse en molleton pour qu'elle retienne moins de liqueur; on exprime le papier pour en faire sortir l'eau; on le met dans la liqueur pour en former une bouillie claire; on jette le tout dans le filtre, en mettant un vase au-dessous pour la recevoir : on la rejette dans le filtre jusqu'à ce qu'elle soit claire. C'est la seule manière de filtrer promptement toutes sortes de liquides.

Pour faire le persicot.

Prenez 4 grammes d'essence de persicot que l'on met dans le vase où est la liqueur, comme le dit la règle générale ; puis on filtre.

Huile de noyau.

4 grammes d'essence de noyau, et procédez de la manière ci-dessus ; cette quantité est toujours pour dix bouteilles.

Huile de rose.

Prenez 10 gouttes essence de rose ; ajoutez-y un peu de teinture de cochenille pour donner la couleur rose ; 4 grammes extrait de rose peuvent remplacer l'essence, et la liqueur en est meilleure. La teinture rose se fait en mettant de la cochenille dans l'eau-de-vie qu'on laisse infuser pendant quelques jours ; puis on s'en sert pour colorer les liqueurs, qu'on fonce à volonté,

Huile de vanille.

8 grammes d'extrait de vanille, ou dix gouttes essence, et la couleur rose.

Rosolio.

4 grammes extrait ou 10 gouttes essence de menthe, 3 gouttes essence de rose, 250 grammes d'eau de fleur d'oranger, et la couleur rose.

Marasquin.

4 grammes essence de marasquin, 1 litre kirsch-wasser, 500 grammes d'eau et 2 kilogrammes d'esprit-de-vin.

Anisette.

6 grammes essence d'anis, 8 gouttes essence de cannelle de Ceylan.

Véritable curaçao de Hollande.

8 grammes essence de curaçao, 6 gouttes essence cannelle de Ceylan, le sucre et l'eau dans laquelle on a préa-

lablement fait bouillir le jus et l'écorce de six oranges ; on met ensuite les essences dans l'esprit, et on mêle le tout ensemble. Cette liqueur se colore avec le caramel.

Huile d'ananas.

Prenez 500 grammes d'ananas râpés ; mettez-les huit jours infuser dans l'esprit-de-vin.

Crème de menthe verte.

Prenez 4 grammes essence de menthe et la couleur verte.

Citronnelle.

8 grammes essence de citron et la couleur jaune.

Baume humain.

Trois gouttes essence de rose, 8 gouttes essence de cannelle, 24 gouttes essence de cédrat, 8 gouttes essence de macis.

Huile de rhum.

On remplace l'esprit-de-vin par le rhum, et l'on met l'eau à proportion du degré du rhum.

Cannelin de Corfou.

Prenez 2 grammes essence cannelle de Ceylan.

Alkermès de Florence.

Prenez 4 grammes de vanille, 4 grammes cardamomum, 4 grammes noix muscade, 8 grammes cannelle de Ceylan; toutes ces substances pilées et infusées trois jours dans de l'esprit-de-vin ; après on y ajoute 5 gouttes essence de rose et la couleur rose.

Carofolino.

Prenez deux grammes essence de girofle et la couleur rose.

Extrait d'absinthe.

Prenez 4 litres esprit-de-vin , 8 grammes essence absinthe, 8 grammes essence de fenouil, 8 grammes essence d'anis, 2 litres d'eau et la couleur verte.

Huile de la Martinique.

Prenez 4 grammes essence de vanille, 8 gouttes d'essence de néroli, 8 gouttes essence de cannelle.

Crème de nymphe.

Prenez 24 gouttes essence de cannelle de Ceylan, 12 gouttes de muscade, 4 gouttes essence de rose.

Huile de cinnamomum.

Prenez 2 grammes essence de cannelle de Ceylan; cn colore légèrement en jaune.

Rose blanche.

Prenez 10 gouttes essence de rose, 6 gouttes teinture de musc.

Ruga.

250 grammes de rue infusée huit jours dans de l'esprit-de-vin.

Eau de chasseur.

Prenez 36 gouttes essence de menthe, 12 gouttes essence de muscade, la couleur verte.

Eau d'or.

Prenez 6 gouttes essence de cannelle, 10 gouttes de macis, 4 grammes essence de citron ; on colore en jaune paille avec du safran, et, quand la liqueur est filtrée, on y ajoute une feuille d'or par bouteille.

Eau d'argent.

Prenez 4 grammes essence de cédrat, 4 gouttes d'essence de rose ; après avoir filtré, on ajoute une feuille d'argent par bouteille.

Eau des belles femmes.

Prenez 4 grammes d'essence de vanille, 8 gouttes essence de néroli, 2 gouttes essence de rose et la couleur rose.

Parfait amour.

Prenez 36 gouttes essence de girofle, 12 de macis, 4 grammes essence de citron et la couleur rose.

Coquette flatteuse.

Prenez 6 gouttes essence de rose, 12 gouttes teinture de musc et 8 de cannelle de Ceylan.

Eau de noix.

Prenez 110 noix vertes pilées, 31 grammes de clous de girofle, 62 grammes de cannelle ; infusez dans 20 litres d'eau-de-vie pendant un mois ; on la tire au clair et on y ajoute 10 litres de sirop ordinaire.

Brou de noix.

Prenez des noix récentes, saines et cueillies vers la

Saint-Jean, 60 ; eau-de-vie vieille , 2 litres ; sucre blanc,
1 kilo 1[2 ; macis, cannelle, girofle, de chaque 18 grains ;
écrasez les noix et mettez le tout macérer, pendant deux
ou trois mois : filtrez, et laissez vieillir. Cette liqueur est
stomachique et ouvre l'appétit.

Elixir de néroli.

Prenez 12 gouttes de teinture de myrrhe, 24 gouttes de
néroli que vous mêlerez dans de l'esprit-de-vin.

Huile de thé.

Prenez 62 grammes de thé impérial, infusez huit jours
dans de l'esprit-de-vin.

Huile de girofle.

Prenez 2 grammes essence de girofle et la couleur
rose.

Crème de cédrat.

Prenez 8 grammes essence de cédrat.

Crème de rose.

Prenez 10 gouttes essence de rose et la couleur rose.

Crème de jasmin.

Prenez 8 grammes essence de jasmin.

Crème à la fleur d'oranger.

On prend 500 grammes d'eau de fleur d'oranger triple.

Crème du Portugal.

On prend 8 grammes d'essence de Portugal et la
couleur.

Ratafia de Grenoble.

Prenez 25 kilog. de cerises noires pilées ; on les laisse fermenter trois jours ; après on y ajoute 15 litres d'eau-de-vie, 62 grammes de cannelle, 31 grammes de noix muscade ; on laisse infuser le tout huit jours, on le tire au clair et on y ajoute 5 kilog. de sirop.

Ratafia de coings.

Prenez 2 kilog. de coings, qu'on laisse infuser huit jours dans de l'esprit-de-vin.

Ratafia de fraises.

Le jus d'un kilog. et demi de fraises.

Ratafia de framboises.

Le jus d'un kilog. et demi de framboises.

Liqueur stomachique amère.

Prenez 31 grammes de cachou, 27 centigrammes d'aloès succotrin, 4 gramines de myrrhe, 31 grammes de cannelle, le tout infusé huit jours.

Huile d'éther.

Prenez 4 grammes d'essence de cédrat, 4 grammes d'éther sulfurique.

Huile de kirsch-wasser.

On remplace l'esprit par du kirsch, et l'on met de l'eau à proportion du degré.

Huile de menthe.

Prenez 4 grammes d'essence de menthe et la couleur verte.

Huile de violette.

Prenez 62 grammes de fleurs de violettes sèches, faites-les bouillir deux minutes avec le sucre et l'eau comme pour la crème.

Huile de myrrhe.

Prenez 31 grammes de myrrhe pilée, qu'on fait infuser huit jours dans l'esprit-de-vin.

Huile cordiale.

Prenez 8 gouttes essence de cannelle de Ceylan, six gouttes essence de girofle, 6 gouttes de muscade et 15 de menthe.

Rosolio de Breslaw.

Prenez 4 grammes de vanille, 4 gouttes essence de rose, 6 gouttes de néroli, le jus de 6 oranges et 31 grammes de capillaire ; faites bouillir le tout ensemble pendant cinq minutes, et filtrez quand c'est froid.

Hydromel vineux.

On fait bouillir dans une bassine bien étamée, à un feu doux, 2 kilos de miel dissous dans 10 kilos d'eau, jusqu'à réduction d'un tiers, ou qu'un œuf surnage sur le liquide ; on écume et on jette dans un baril qu'on expose à l'ardeur du soleil, ou dans une étuve à la température de 15 à 20 degrés Réaumur ; on laisse fermenter pendant 40 jours ou jusqu'à ce que la liqueur ne bouillonne plus ; et on agite de temps en temps avec un bâton de bois ; puis on la tire au clair lorsqu'elle est refroidie, et on met en bouteilles. Cet hydromel est aussi agréable au goût que le vin d'Espagne.

Autre.

Délayez dans 12 kilos d'eau 2 kilos et demi de miel blanc et 60 grammes de ferment de bière ; mettez ce mélange à la température de 15 à 20 degrés Réaumur ; pour que la fermentation ait lieu, où on laisse le tout pendant 30 ou 40 jours, puis on soutire et on met en bouteilles.

Si on ajoute au miel des sucs de fruits ou quelques aromates, l'hydromel prend par ce moyen des saveurs plus ou moins recherchées. C'est avec cet hydromel qu'on imite les vins de Constance, de Malvoisie, de Málaga, etc., etc.

Règle générale pour faire des glaces à la crème.

Prenez 1 kilog. et demi du meilleur lait, le jaune de huit œufs et 375 grammes de sucre ; faites cuire de la manière habituelle, avec les aromates que l'on préfère et selon les recettes que nous allons indiquer. Il faut avoir le soin de la passer dans un tamis avant qu'elle soit froide.

Crème au chocolat.

Prenez 188 grammes de chocolat superfin râpé et mis dans la crème, que l'on peut faire de deux manières différentes, soit au bain-marie ou entre deux feux doux, soit en mettant de la crème de lait avec moitié lait et un peu de sucre ; puis on fait réduire au tiers ; on laisse refroidir, on met les aromates pendant un instant dedans, on la passe au tamis, et on la fait prendre entre deux feux doux.

Crème au café.

Prenez 188 grammes de café grillé que l'on met entier

dans la crème, et l'on procède comme il a été dit ci-dessus.

Crème à la vanille.

4 grammes de vanille première qualité.

Crème aux amandes grillées.

Prenez 125 grammes d'amandes amères, coupées en quatre et grillées comme le café.

Crème aux pistaches.

Prenez 125 grammes de pistaches ; on les fait blanchir dans de l'eau chaude, puis on les pèle, et on les coupe en quatre.

Crème à la fleur d'oranger.

Prenez 125 grammes de fleur d'oranger confite bien pilée avec le sucre.

Crème au cédrat.

Prenez la râpure de quatre cédrats.

Crème à la cannelle.

Prenez 16 grammes de cannelle.

Pour faire les glaces aux fruits.

Prenez 1 kilog. de sirop bien cuit, 500 grammes d'eau avec les parfums indiqués ci-dessous. Il faut avoir le soin de passer le sirop dans un tamis avant de glacer.

Pour faire le sirop de fraisier.

Il faut suivre la règle et l'article des glaces, et y ajouter les parfums ci-dessous, le jus de 1 kilog. de fraises et de 3 citrons.

Glace au citron.

Le jus de 12 citrons.

Glace aux framboises.

Le jus de 1 kilog. de framboises et celui de 3 citrons.

Glace aux pêches.

Le jus de 1 kilog. de pêches et de 3 citrons.

Glace aux abricots.

Le jus de 1 kilog. d'abricots et de 3 citrons.

Glace à la rose.

Prenez 500 grammes d'eau de rose et le jus de 6 citrons.

Glace à la fleur d'oranger.

Prenez 188 grammes d'eau de fleurs d'oranger et le jus de 6 citrons.

Glace à la cannelle.

Prenez 188 grammes d'eau de cannelle et le jus de 6 citrons.

Glace au marasquin.

Prenez 20 gouttes d'essence de marasquin et le jus de 4 citrons. On peut en faire, comme on le voit, de tous les goûts, avec les essences et le jus de citron.

Procédé pour faire les prunes au sirop.

Il faut prendre les prunes vertes et les plus belles ; on les pique avec une épingle jusqu'au noyau, on leur fait cinq où six trous chacune ; on leur coupe le petit bout de la queue, et on les jette à mesure dans l'eau fraîche ; on met

la bassine ou chaudron sur le feu, et, comme il ne faut
que blanchir les prunes, on les retire au premier bouillon
pour les jeter ensuite dans l'eau fraîche, et on les fait
égoutter sur une toile métallique. Le lendemain, on met
du sucre sur le feu et on le fait cuir à la nappe ; on y verse
de l'eau pour le mettre au petit lissé, et on y place les
prunes qu'on laisse bouillir 5 à 6 minutes ; on retire la bassine du feu, et on procède de la même manière le lendemain ; on répète la même opération pendant quatre jours,
en séparant toujours le fruit du sucre, quand il est resté
3 ou 4 heures ; mais, dans les dernières opérations, on
laisse bouillir le fruit avec le sucre jusqu'au degré dit
perlé ; ensuite on fait reposer le tout dans une étuve ou
endroit bien chaud, deux nuits, puis on retire les prunes,
et on les fait égoutter sur une toile métallique. On doit savoir qu'il n'y a que les prunes reine-claude que l'on confit
au liquide.

Sirop pour les prunes.

On met sur le feu de la cassonade blanche avec un peu
d'eau pour que le sucre ne brûle pas ; quand il est bien
fondu, on met un blanc d'œuf dans l'eau, que l'on a eu
le soin de bien battre ; quand le sirop commence à monter,
on jette dedans cette glaire d'œuf battue dans l'eau, qui,
en se coagulant, entraîne toutes les impuretés ; on amène
le feu un peu en avant, de manière que le bouillon pousse
l'écume en arrière pour pouvoir l'enlever facilement ; quand
le sucre est bien écumé, on le retire du feu ; on le laisse
refroidir et on y ajoute un quart de volume d'eau-de-vie
avec quelques gouttes d'essence de menthe ; puis on met
dans ce sirop les prunes, qui se conservent très-bien et
sans fermentation.

Sirop de gomme.

On fait fondre du sucre en pain en y mettant assez d'eau pour qu'il ne brûle pas ; on le fait bien écumer au moyen d'un blanc d'œuf battu dans de l'eau, qui, mêlé au sirop bouillant, se coagule, et entraîne avec lui toutes les impuretés, qu'on enlève au moyen d'une écumoire ; puis, pour 5 kilog. de sirop, on fait fondre 750 grammes de gomme dans six litres d'eau, et on la mêle au sirop froid pour qu'il ne devienne point opalin. Il ne faut point faire bouillir la gomme, parce que la chaleur la rend âcre en développant des substances acides.

Pour faire le rhum avec de l'esprit-de-vin.

Prenez 100 litres d'esprit-de-vin à 33 degrés ;
500 grammes d'écorce de bois de chêne pilé frais ;
16 grammes de cachou pilé ;
8 grammes de clous de girofle ;
8 grammes de goudron liquide.

On laisse infuser le tout quinze jours ; après on y ajoute 40 litres d'eau, et l'on colore avec la même couleur que pour l'eau-de-vie.

On ajoute à ce mélange le dixième de vrai rhum de la Jamaïque, et on filtre comme il a été dit pour les liqueurs ; on le met soit en pièces, soit en bouteilles bien cachetées.

Procédé pour faire de l'eau-de-vie de pommes de terre.

On prend 50 kilos de pommes de terre et deux kilos d'orge germée, séchée à l'air et écrasée au moulin ; puis on délaye l'orge dans un peu d'eau tiède, on jette cette orge ainsi humectée dans une cuve destinée à la fermentation, on y verse dessus environ 12 kilos d'eau bouillante, on remue bien ; on y met ensuite les pommes de terre qu'on a eu soin de faire cuire dans l'eau ou à la vapeur et qu'on aura écrasées ; on les mêle avec l'orge à l'aide d'un bâton de bois ; on les couvre et on laisse reposer environ deux heures ; on ajoute par portion 112 kilos d'eau plus ou moins froide pour ne laisser à la masse qu'une température de 10 ou 12 degrés Réaumur. Alors on y ajoute un verre, ou même plus, de bonne eau-de-vie ; on remue le tout, et on laisse reposer. Quelques heures après, la masse commence à fermenter plus ou moins fort, suivant la qualité et la quantité de levûre qu'on y a mise et la température à laquelle on l'a soumise, qui, en tous cas, ne doit point être au-dessus de 16 degrés. Il faut aussi que la cuve soit assez grande pour que le liquide puisse s'élever au moins de six pouces sans déborder. On laisse la fermentation s'achever tranquillement ; elle dure ordinairement de trois à cinq jours ; on reconnaît qu'elle est terminée lorsque les pommes de terre sont tombées au fond du vase. Alors il est temps de distiller.

On passe une seconde fois à l'alambic le produit de la première distillation. Lorsque la fermentation a été bonne, on peut avoir sur cette quantité cinq ou six pintes d'eau-de-vie marquant 20 degrés à l'arécmètre.

Il faut toujours distiller à la vapeur, pour éviter le goût d'empyreume. En distillant une troisième fois, on obtient de l'alcool à 35 degrés.

Nota. Il faut faire moudre toutes les semaines l'orge séchée. — Les résidus sont employés à la nourriture des bestiaux, qui boivent avec plaisir ces résidus délayés dans l'eau.

Pour donner le goût de vieux à une eau-de-vie nouvelle.

Il faut mettre par barrique d'eau-de-vie 4 bouteilles de bon rhum bien moelleux, et ajouter 5 kilos de sucre bien cuit et bien filtré, afin qu'il ne trouble pas l'eau-de-vie ; on mêle ce sirop avec deux fois autant d'eau-de-vie, avant de le mettre dans la barrique ; si ce mélange devenait trouble, il faudrait le filtrer avant de le mettre dans la barrique, et l'on donne un coup de fouet à l'eau-de-vie, afin de bien mêler le tout.

Pour ôter l'âpreté de l'eau-de-vie.

En mettant, par valeur d'un litre d'eau-de-vie, une ou deux gouttes au plus d'alcali volatil, et mettant 10 litres de sirop de sucre blanc parfaitement clarifié par barrique, que l'on a soin de fouetter afin de bien mêler, on obtient de suite une eau-de-vie douce et agréable.

Clarifier l'eau-de-vie quand elle est trouble.

Il suffit d'y mettre de la colle de poisson préparée comme on fait pour la bière, où nous donnerons la manière de l'employer pour n'être point obligé de répéter toujours la même chose.

Elixir stomachique de Cagliostro.

Faites digérer pendant 15 jours dans 1 kilo 1|2 d'eau-de-vie 8 grammes de girofle, de cannelle et de muscade, 2 gr. de safran, de gentiane et de tormentille, 24 grammes d'aloès succotrin, 12 grammes de myrrhe, 24 grammes de thériaque fine, 1 centigramme de musc ; filtrez ensuite et ajoutez 750 grammes de sirop de fleur d'oranger.

Cet élixir peut être employé avantageusement pour les pâles couleurs, les digestions lentes et les faiblesses d'estomac.

M. Cadet père cite qu'il se trouva un jour à dîner chez M. Détournelle, directeur des domaines, où se trouvaient La Harpe, Le Moine, Linguet et la fille de Salmon, qui avait été condamnée à être brûlée vive, et qui venait d'être acquittée par le parlement de Paris. Cette belle et intéressante villageoise était alors l'objet de la curiosité publique; on l'invitait, on la fêtait dans toutes les grandes maisons. Les festins somptueux et fréquents auxquels elle avait assisté avaient tellement dérangé son estomac, qu'elle ne pouvait digérer que les aliments très-légers, qui quelquefois étaient encore rendus; une dyssenterie la fatiguait beaucoup depuis quelques jours. Son teint pâle, son air languissant la faisaient questionner sur l'état de sa santé. Chacun l'engageait à se ménager et à faire diète, quand Cagliostro, élevant la voix, dit : Cet avis n'est pas le mien; mademoiselle peut manger à son appétit tout ce qui lui plaît, et je réponds qu'elle sera promptement rétablie, si elle prend quelques gouttes d'un élixir que j'enverrai chercher.

Un domestique apporta par son ordre une fiole dont le comte fit boire trois cuillerées à la malade; quelques minutes après, Mlle Salmon se colora, ses forces revinrent; on se mit à table, et elle fit honneur au repas, qui fut suivi d'une seconde prise d'élixir..... M. Cadet s'assura du bon effet de ce remède en rendant une visite le surlendemain à Mlle Salmon, et le comte ne se fit point prier pour lui remettre la formule que nous avons donnée plus haut.

Tout le monde ayant entendu parler de ce fameux Cagliostro, j'ai cru qu'il n'était point déplacé de rapporter cette anecdote en donnant la formule de son élixir.

Procédé pour glacer sans le secours de la glace.

On fait mettre dans trois bouteilles différentes de l'acide muriatique, 750 grammes dans chaque bouteille, et dans trois vases différents, 1 kilog. 313 grammes de sulfate de soude. On prend un pot à fleurs de la contenance de 4 à 5 litres; on bouche le trou qui est au fond, on met son sirop ou sa crème à glacer dans une sabotière en fer-blanc, vernissée au vernis copal, afin que l'acide ne la ronge pas. On met une partie de sulfate de soude dans le pot à fleurs, et une bouteille d'acide; on le remue bien, en évitant de respirer le gaz qui s'échappe en ce moment, et qui n'est autre chose que de l'acide sulfureux; on met aussitôt la sabotière en mouvement comme pour les autres glaces, en prenant garde de ne la laisser que 15 à 20 minutes dans ce froid, qui diminuerait après ce laps de temps; il faut aussi avoir soin de remuer le sirop dans cet intervalle deux ou trois fois.

On met cet acide dans un autre vase, et l'on remet là deuxième poche de sulfate de soude en une autre bouteille; on procède de la même manière que la première fois, en le remuant avec une spatule de fer tout autour de la sabotière, afin de détacher la glace qui doit commencer à se former; au bout de vingt minutes, on remet la troisième dose dans le pot, et on commence à détacher les glaçons qui se forment bien rapidement. On peut laisser la sabotière dans l'acide une heure et plus; mais on doit toujours opérer dans un lieu frais. Cette nouvelle méthode de faire la glace ne revient pas plus cher que celle qu'on achète, et a l'agrément de se faire en tout lieu.

Boisson économique pour remplacer la bière.

Prenez pâte de pain blanc deux kilog. et quart au moment où le pain doit être enfourné, délayez le levain dans 8 à 10 litres d'eau, ajoutez 3 kilog. de mélasse; versez le tout bien pétri dans un tonneau de 150 litres, que vous achèverez de remplir d'eau; fouettez fortement, laissez fermenter pendant trois semaines, soutirez au clair, et mettez en bouteilles.

Vous aurez par ce procédé une boisson peu coûteuse et d'un goût fort agréable; il est beaucoup de personnes qui la préfèrent aux bières les plus vantées.

Procédé pour faire la bière économique dans une maison bourgeoise, sans ustensiles de brasserie.

Prenez 2 kilog. d'orge grillée comme on grille le café, ou de l'orge germée chez un brasseur, qui vaudrait mieux, et que vous pourriez moudre vous-même en desserrant la noix d'un moulin à café ; 4 kilog. de farine de froment avec le son, 3 pieds de veau bien frais, 125 grammes de graines de genièvre, 31 grammes de cannelle : on fait bouillir le tout pendant trois heures dans 40 litres d'eau; on y ajoute, au bout d'une heure de cuisson, 500 grammes de fleurs de houblon, et on continue l'ébullition pendant trois heures au moins; puis vous passez la bière par un tamis de crin, et vous la mettez dans une barrique où il y a déjà 60 litres d'eau tiède seulement, attendu que, si elle était trop chaude, le levain ne ferait point son effet. On fera fondre séparément dans suffisante quantité d'eau 10 kilog. de gros sucre ou cassonade, que l'on mettra dans le tonneau en même temps que la bière; quand le tonneau sera plein, on en retirera un litre pour faire dissoudre 500 grammes de levain de bière que vous vous serez procuré chez un brasseur; on le met dans la barrique, on remue avec un morceau de bois, de manière à bien mêler le levain avec la bière, et on a le soin de tenir la bonde de la barrique de côté et le tonneau toujours bien plein, pour faciliter la sortie de l'écume. On la laisse jeter tant qu'elle peut, et, quand elle a fini de pousser, on bonde la barrique, qu'on laisse reposer quelques jours, pour qu'elle puisse se clarifier. Si elle ne s'éclaircissait pas seule, ce qui arrive quelquefois, on la colle comme il est dit plus bas, et au bout de 36 à 48 heures on la met en bouteilles.

Manière de faire la bière de ménage dans quelques parties de la Flandre.

Pour faire un hectolitre de bière, il faut employer 1 kilog. et demi de houblon de bonne qualité, 1 kilog. et demi de farine d'orge germée et réduite en grosse farine, et un peu plus de 100 litres d'eau.

On fait germer l'orge dans un endroit bien frais : quand le germe est assez sorti, on la laisse sécher sur un plancher bien sec et bien aéré, on la passe sur une tôle au-dessous de laquelle on a fait du feu, de manière à ce que l'orge sèche doucement; puis on la moud en farine grossière, qui sert à former une pâte qu'on fait cuire pendant deux heures dans un four bien chaud, et qu'on coupe ensuite par tranches qu'on écrase et qu'on mélange avec une petite quantité d'eau.

Le cuvier doit être percé, au fond, d'un trou qu'on peut boucher et déboucher à volonté; des bâtons sont placés à 5 centimètres de distance les uns des autres dans le fond du vase; ils servent à mettre de la paille de seigle, qu'on recouvre avec une corbeillée de menue paille, sur laquelle on place la pâte d'orge germée, préparée ainsi qu'il est dit ci-dessus.

Pour faire la bière le soir, il faut commencer à pétrir à midi, et faire l'espèce de pain rond de la grosseur d'un pain de 1 kilog. et demi; la pâte doit être retirée du four une demi-heure après que le houblon est cuit.

Le houblon doit être tenu dans l'eau bouillante pendant deux heures, après quoi il est versé sur la menue paille placée dans le cuvier avec l'eau qui a servi à la cuisson; on verse ensuite 100 litres d'eau bouillante sur le tout, et l'on

agite d'une manière continue, avec une pelle de bois, tout
le mélange qui se trouve au-dessus de la paille de seigle ;
ensuite on laisse reposer pendant une heure au moins, et
l'on peut après soutirer la bière.

Lorsque la bière est soutirée, on la laisse refroidir ; on
en prend un seau dans lequel on met 500 grammes de
levûre et une couple d'assiettées de farine de seigle, de
blé ou d'avoine, qu'on délaye avec soin dans le seau ;
après que le mélange a reposé suffisamment, on le verse
dans la bière, on remue le tout avec soin, et ensuite on
l'entonne.

Le fermentation commence 6 à 8 heures après que la
bière a été entonnée, et dure pendant 10 à 12 heures,
suivant la température de l'atmosphère.

Savon pour noircir les moustaches et les favoris.

Prenez 62 grammes de suif de mouton, 31 grammes
de poix que l'on rend liquide, 15 grammes de pierre noire
tamisée, 15 grammes de laudanum et de vernis ; on ajoute
à ces matières de la lessive de cendre de saule ; on fait
un mélange bien exact et on le parfume avec de l'ambre et
du musc ; on peut aussi les noircir en les frottant souvent
avec du bois de sureau.

Eau parfumée pour faire tenir les cheveux bien lisses et brillants.

On fait fondre de la gomme arabique dans de l'eau jusqu'à ce qu'elle ait la consistance d'huile ; on passe à travers
un papier gris ; on y met par litre 31 grammes de sucre
blanc fondu et bien clarifié, ou on le remplace par le sirop
de gomme, c'est plus tôt fait ; on ajoute à ce cosmétique
le parfum que l'on désire. On peut en faire de toutes les
couleurs pour la toilette des dames ; on emploie les mêmes
couleurs que pour les extraits.

Pour faire le fard végétal pour dames.

Il suffit de faire une pommade ordinaire et sans odeur dans laquelle on met du carmin bien fin, lorsqu'elle est presque refroidie. Cette pommade est la meilleure, parce qu'elle ne contient point de substances minérales qui peuvent altérer les couleurs naturelles.

Pommade à la sultane, ou crème pour le teint.

On prend 4 grammes de cire blanche et de blanc de baleine, 60 grammes d'huile d'amandes douces, 45 gram. d'eau pure, et 40 gouttes de teinture de baume de la Mecque; on fait liquéfier la cire et le blanc de baleine dans l'huile, à laquelle vous mêlez par petite portion, en agitant toujours, l'eau pure et puis la teinture de baume de la Mecque. On peut l'aromatiser avec une eau odorante et suave.

C'est un des meilleurs cosmétiques pour dissiper les gerçures, les rides et les marques de la peau.

Pour faire le vinaigre des quatre voleurs.

On prend les sommités sèches de grande absinthe, de petite absinthe, de romarin, de sauge, de menthe aquatique et de rue, de chacune 62 grammes; ail, racine d'acorus colamus, écorce de cannelle, clous de girofle, noix muscade, de chacun 8 grammes; vinaigre rouge, 4 kilog.; on casse la cannelle, on râpe la muscade, on broie l'ail dans un mortier de marbre, et on coupe les plantes en morceaux; on introduit toutes ces substances dans un grand matras, on ajoute le girofle entier, puis le vinaigre; on laisse macérer le tout pendant un mois, on passe ensuite avec forte expression, et l'on filtre.

On ajoute à la liqueur filtrée : camphre, 16 grammes

dissous dans assez d'alcool, 16 grammes acide acétique ; on agite bien le tout, et on le conserve dans un vase bien bouché.

Vinaigre aromatique à l'estragon.

On prend des feuilles d'estragon récentes et mondées, 500 grammes ; vinaigre fort, 6 kilo. ; on laisse infuser le tout 15 jours, et on filtre.

Vinaigre framboisé.

On prend des framboises fraîches et séparées de leurs calices, 1 kilog. et demi ; vinaigre rongé et fort, 1 kilog. ; on laisse macérer quatre ou cinq jours, on passe sans presser, puis on filtre.

Vinaigre de lavande.

Fleurs sèches de lavande, 250 grammes ; vinaigre fort, 4 kilog. ; on laisse macérer le tout 15 jours dans un vase fermé, en agitant de temps en temps ; on passe ensuite et l'on filtre.

On prépare ainsi toute sorte de vinaigre par la macération.

Vinaigre camphré.

Ce vinaigre, employé aux mêmes usages que celui des quatre voleurs, s'obtient ainsi : on réduit en poudre dans un mortier de verre ou porcelaine 34 grammes de camphre, en le triturant avec quelques gouttes d'alcool ou d'éther ; lorsqu'il est pulvérisé, on ajoute peu à peu une bouteille de vinaigre, on met 4 grammes d'acide acétique, et on le conserve dans un vase bien bouché après l'avoir filtré.

Procédé pour préparer une liqueur pour peindre sur le marbre de manière que ça paraisse être naturel.

Prenez de l'eau-forte et de l'eau régale, de chacune 62 gr.,

31 grammes de sel ammoniac, 8 grammes esprit-de-vin, autant d'or qu'on peut en avoir pour cinq francs, et 8 gr. d'argent pur ; après vous être pourvu de ces matériaux et avoir calciné l'argent, mettez-le dans une fiole, et versez dessus les 62 grammes d'eau-forte, laissez-le évaporer ; vous aurez une eau qui donnera d'abord une couleur bleue, et ensuite une couleur noire. Calcinez pareillement l'or, mettez-le dans une fiole en y ajoutant l'eau régale, laissez-le évaporer ; versez également votre esprit-de-vin sur le sel ammoniac, et laissez-le évaporer, pour avoir une eau dorée qui, mêlée aux deux autres produits, fournira différentes couleurs. Vous pouvez, au moyen du mélange de ces produits, tirer des traits sur le marbre blanc de l'espèce la moins dure, qui sembleront, en formant corps avec lui, être faits par la nature. On peut obtenir bien des teintes en calcinant et traitant de la même manière d'autres métaux.

Lithographie. — Manière d'imprimer sur la pierre.

Prenez pierre calcaire compacte à grain fin et égal, susceptible d'être polie par la pierre ponce et avide d'humidité. Cette pierre étant disposée suivant la gravure qu'on veut faire, on se sert de l'encre ainsi préparée :

On fait chauffer un vase vernissé et luté intérieurement ; quand il est chaud, on y introduit une partie de savon blanc de Marseille et autant de mastic en larmes ; on fait fondre ces matières en les mélangeant soigneusement ; alors on y incorpore cinq parties de laque en tablette ; on continue à remuer pour que le tout soit bien mêlé, et l'on y verse peu à peu une solution d'une partie de soude caustique dans cinq parties de son volume d'eau ; on fait cette addition avec précaution pour ne point faire déborder la liqueur du vase. Le mélange fait à une chaleur modérée, on ajoute tout le noir de fumée nécessaire, et, immédiatement après, la quantité d'eau suffisante pour rendre cette encre fluide et propre à l'écriture.

On se sert de cette liqueur sur la pierre comme sur le papier, avec les moyens ordinaires, soit une plume, soit au pinceau.

Quand le dessin est bien sec et qu'on désire imprimer, on prend de l'eau acidulée avec de l'acide nitrique dans les proportions de 50 parties d'eau sur une d'acide. Au moyen d'une éponge on imbibe avec cette eau la superficie de la pierre, en ayant soin de ne point exercer de frottement sur le dessin. On réitère cette imbibition aussitôt que la pierre est sèche. Il se fait une effervescence, et, quand elle a cessé, on lave légèrement la pierre en l'arrosant avec de l'eau pure.

Dans cet état, et la pierre encore humide, on porte sur le dessin, avec le tampon d'imprimerie, du noir de graveur, qui ne s'attache que sur les parties qui ne sont pas mouillées. Alors on étend sur la pierre une feuille de papier préparée pour recevoir l'empreinte, et on soumet le tout à la presse ou à l'action d'un cylindre.

Pour conserver le dessin sur la pierre et le préserver de la poussière, on y met une couche de solution de gomme arabique, qu'on enlève avec de l'eau quand on veut imprimer.

Au lieu d'encre, on se sert quelquefois de crayon gras pour dessiner sur la pierre ou sur le papier. Ces crayons se composent de la manière suivante :

On fait fondre ensemble, dans un vase quelconque, trois parties de savon, deux parties de suif et une partie de cire. Quand le tout est bien fondu et bien mêlé, on ajoute du noir de fumée de lampe, dit noir de Francfort, jusqu'à ce que la couleur soit bien intense; on coule alors le mélange dans des moules où la liqueur se solidifie en refroidissant, et prend la consistance nécessaire pour servir de crayon.

Manière de peindre un tableau en deux heures.

On prend une estampe qui soit sur du papier le plus fort possible ; on met le côté imprimé sur une serviette, et l'on mouille le dos avec une éponge et de l'eau bien claire ; quand l'estampe est humide , on la colle sur un châssis de grandeur convenable, de manière à ce que la gravure soit en dessus du châssis ; on a un autre châssis qui entre juste dans l'autre, sur lequel on met une toile dont on donnera plus bas la préparation. Quand votre estampe est bien sèche, on la pose sur une table à plat ; on passe du vernis sur le dos de la gravure, et, quand il est sec, on en passe une autre couche de l'autre côté, en prenant les mêmes précautions ; on passe ainsi plusieurs couches, afin de la rendre transparente comme une glace qui laisse voir les traits de chaque côté ; on passe le vernis deux fois de plus sur le dos ; il aide à fondre les nuances et à raffermir le papier.

On broie parfaitement les couleurs suivantes un peu plus épaisses que pour peindre le tableau : le blanc de plomb, le vermillon, le bleu de Prusse, le jaune d'ocre clair, le jaune de Naples, le rouge d'Angleterre, le rouge de Prusse, l'ocre de rue, la terre d'ombre, la terre verte et le vert-de gris, avec de l'huile d'œillette ;

Le carmin, la laque, le stil de grain de Troyes, le jaune de Russie et le jaune de roi, avec l'huile siccative ;

Le noir d'ivoire, avec l'huile siccative coupée d'huile d'œillette.

Pour peindre, on tourne le tableau du côté imprimé au jour, et l'on peint derrière, ayant soin de ne pas s'écarter des traits ; on fait de la même manière qu'il est indiqué ci-dessus pour la peinture sur verre; quand le tableau est fini de peindre, on passe sur l'autre châssis couvert d'une toile de la céruse broyée à l'huile siccative ; on le met dans celui où est peint le tableau, de manière que, bien serrés dans cette position, et les laissant deux ou trois jours sous presse, ils se collent parfaitement. Au bout de ce temps on coupe avec précaution le tour de la gravure, et on donne une couple de couches de vernis, puis on l'encadre de manière à ce que les lettres du papier restent blanches, afin de cacher le moyen que vous avez employé.

Méthode curieuse pour former des peintures avec le nitrate d'argent.

Couvrez du papier avec une solution de nitrate d'argent dans l'eau distillée, mettez-le derrière une peinture sur verre que vous exposerez aux rayons solaires; les rayons qui traverseront le verre noirciront le papier, mais les nuances seront en raison de la lumière transmise : partout où le verre est transparent, le papier noircit; là où le verre est opaque, il se transmet peu de lumière, et le papier reste blanc. Il y aura donc des nuances de couleurs entre ces deux extrêmes.

Cette peinture est à peu près inaltérable à la lumière des chandelles ou des lampes ; mais la lumière du jour la détruit très-vite.

On peut employer ce moyen toutes les fois que l'on désire représenter des objets en partie opaques et en partie transparents.

Les fibres des feuilles, les ailes d'insectes peuvent être représentées avec exactitude par cette méthode. Il suffit de faire passer les rayons solaires à travers un papier sur lequel elles sont fixées.

Procédé pour détacher les tableaux peints à l'huile qui sont sur de vieilles toiles, et les mettre sur des toiles neuves.

On détache le tableau de son cadre en le fixant sur une table bien unie, la peinture dessus ; il faut qu'elle ne fasse aucun pli ; on donne une couche de colle forte sur la peinture ; on applique, au fur et à mesure, de grandes feuilles de papier blanc ; on les étend parfaitement et on les laisse sécher ; on décloue ensuite et l'on retourne le tableau, pour que le papier soit dessous et la toile dessus ; on mouille une éponge d'eau tiède, et l'on imbibe peu à peu toute la toile, en essayant de temps en temps de la déprendre de la peinture. Vous détacherez alors un côté de la toile, en la roulant à mesure qu'elle se déprend. Il ne faut pas craindre de renouveler souvent l'eau, afin de pas arracher la peinture en enlevant la toile ; puis on lave bien le derrière de la peinture avec beaucoup de propreté et de précaution. Quand la peinture est sèche, on lui donne une couche de colle forte, on étend une toile neuve, qu'on laissera plus longue et plus large, afin de pouvoir clouer sur le châssis. On passe légèrement une molette, afin de bien faire prendre la toile sur la colle ; on laisse sécher et on donne une couche de la même colle sur la toile, ayant soin de passer la molette aussitôt la colle mise dessus, afin de la faire rentrer à travers la toile et aplatir les fils trop gros qu'y s'y trouvent ; et, lorsqu'elle est bien sèche, on la cloue sur son cadre, de manière qu'elle ne fasse pas de plis. Cela fait, on mouille le papier qui recouvre le tableau ; on lave bien pour détacher la colle, et, quand le tout est bien sec, on vernit le tableau.

Manière d'ôter les taches d'encre sur des estampes, modèles, gravures, lithographies, etc.

On étend la gravure sur une table propre ; on tient d'une main de l'eau forte dans une bouteille, et de l'autre de l'eau ordinaire ; on laisse tomber de l'eau forte sur la tache assez pour la couvrir. Quand, par l'effet de l'acide, elle est disparue, on jette aussitôt de l'eau, afin d'ôter l'action de l'eau forte, qui rendrait le papier jaune et le brûlerait. On l'étend après sur une corde, et on laisse sécher.

Procédé pour blanchir les estampes et leur donner le premier lustre.

Il faut faire une petite lessive avec des cendres de sarments de vigne ; un demi-boisseau de cendres suffit pour deux seaux d'eau de rivière qu'on fait bouillir pendant sept ou huit heures. Au bout de ce temps, quand la lessive est parfaitement reposée, on tire à clair, ou, si l'on ne veut point attendre ce temps, on filtre à travers la chaux, qui la clarifie en lui donnant plus de causticité. On lie ensemble toutes les estampes que l'on veut nettoyer, avec une ficelle, entre deux cartons, de manière à ce que la lessive puisse passer dans l'intérieur ; on les met bouillir un quart d'heure dans cette lessive, on les retire ensuite, on détache la ficelle, puis on les passe à la presse, afin d'en faire sortir la lessive, qui sera imprégnée de leur crasse ; on laisse sous presse un quart d'heure, ensuite on les remet dans la même lessive, puis sous presse, et *vice versá*. On répète cette opération trois ou quatre fois, selon le besoin, et l'on termine le blanchiment en les faisant bouillir dans un chaudron d'eau claire pendant un quart d'heure, pour les débarrasser entièrement de la lessive ; on les trempe ensuite dans de l'eau d'alun, afin de remettre la colle qu'elles auraient perdue en bouillant, et on les met sécher sur des ficelles, dans un endroit où il ne se fait pas de poussière.

Autre manière de blanchir les estampes.

Chaptal s'est servi avec avantage du gaz acide muriatique oxygéné pour blanchir les estampes et le papier; elles acquièrent par ce moyen une blancheur éblouissante. L'encre ordinaire disparaît par l'action de cette substance gazeuse, tandis que celle d'imprimerie n'en souffre aucune atteinte ; mais il ne faut pas oublier de bien laver à l'eau claire, pour que le papier ne souffre point de l'action de l'acide à la suite des temps.

Pour faire avec du vin blanc, sans le secours d'aucun acide, un vin mousseux et si doux, qu'on le prendrait pour du champagne.

Il faut, autant que possible, que le raisin soit ramassé par un beau temps ; on remplit une barrique à moitié de vin de goutte, on fait brûler un mètre 30 centimètres de mèches ; on bat bien le vin pendant un quart d'heure ; on fait le plein de la barrique ; le lendemain on ôte encore la moitié du vin, on fait brûler encore un mètre 30 centimètres de mèches, et on bat encore le vin : on répète cette opération quatre ou cinq fois dans autant de jours, et on le laisse reposer.

On tire le vin au clair après trois ou quatre jours de repos. Au moyen de ce procédé, vous avez un vin qui ne fermente jamais et se conserve parfaitement : on l'appelle vin muet, car il n'a pas bouilli, ce qui lui fait conserver sa douceur.

Pour conserver les fruits en général.

Il faut prendre les fruits lorsqu'ils ne sont pas tout à fait mûrs, les mettre dans un endroit chaud pendant quelques jours, afin d'en retirer l'humidité. Ensuite on a une caisse ou une barrique parfaitement close; on y met une couche de farine ou de son bien sec, et une couche de fruits, de manière à ce qu'ils ne se touchent pas; on en remplit ainsi le tonneau, que l'on fonce parfaitement et que l'on met dans un endroit sec : on a dû prendre le soin de ne pas en mettre qui soient piqués, et de cacheter ceux qui ont leur queue.

Autre moyen pour conserver les fruits.

Ayant cueilli, par un temps sec, des fruits qui ne sont pas piqués, on les met dans une étuve pendant quatre ou cinq jours; au bout de ce temps, on fait fondre de la cire blanche, dans laquelle on met un peu de suif, et l'on trempe les fruits dedans pour qu'ils s'imbibent d'une couche égale; il faut que la cire ne soit que tiède, afin de ne pas échauder le fruit; si une couche n'a pas garni parfaitement, on en met une autre; on a soin de les envelopper dans du papier et de les mettre dans du son. On n'a qu'à presser le fruit quand on veut le servir, et la coque de cire se brise aussitôt. Ce moyen revient un peu cher pour le premier déboursé, mais la cire ne perd pas sa qualité et a toujours son prix.

Empêcher l'huile de rancir.

L'huile se rancit par le contact de l'air et l'absorption de l'oxygène; il suffit donc de mettre par chaque bouteille d'huile 5 centimètres de hauteur d'eau-de-vie ou esprit-de-vin, de manière que la bouteille soit parfaitement pleine; on la bouche avec une vessie, et on la tient debout.

Conserver le lard frais sans saumure.

Après qu'il est resté dix-sept jours dans le sel, on le met dans une caisse bien entourée de foin de toutes parts; on peut en mettre plusieurs couches l'une sur l'autre, en évitant le contact au moyen du foin : il se conserve ainsi très-longtemps sans rancir, et acquiert un goût excellent.

Distinguer les bons champignons d'avec les mauvais.

Lorsqu'on voudra préparer des champignons comestibles, il faudra prendre la moitié d'un oignon blanc ordinaire, dépouillé de sa membrane externe; on le mettra cuire avec les champignons : si la couleur de l'oignon vient brune, ou noire, ou bleuâtre, c'est un signe évident que parmi eux il y en a de vénéneux; si, après une ébullition convenable, il ne change pas de couleur, on n'aura à craindre aucun accident.

Contre les vers qui se mettent au fromage.

Brûlez jusqu'au blanc des os de boucherie, que vous pulvérisez et passez au tamis, pour en saupoudrer le fromage; comme la mouche, par ce moyen, ne peut y pénétrer, ils se conservent longtemps. A mesure que l'on en prend, on râcle le dessus, afin d'ôter la crème où se trouve la poudre.

Conserver les oranges et les citrons.

Il faut les prendre bien sains, et faire sécher du sable, dans lequel on les met, afin qu'il n'y ait pas d'humidité, et mettre la caisse ou tonneau dans un endroit bien sec : ils se conservent ainsi six mois et plus.

Pour ôter l'odeur forte du poisson.

Il faut le nettoyer et l'échauder plusieurs fois dans de l'eau salée, et, quand il ne sent plus, le laisser dans de l'eau la plus froide possible pendant une couple d'heures.

Moyen de purifier la viande et le poisson gâtés.

Mettez dans une marmite avec de l'eau le morceau de viande gâtée que vous voulez purifier ; écumez-la lorsqu'elle bout, et jetez ensuite dans la marmite un charbon ardent bien compact et sans fumée. Laissez-l'y deux ou trois minutes ; il aura attiré à lui l'odeur fétide de la viande et du bouillon. Si vous voulez faire cuire ce morceau de viande à la broche, mettez-le dans l'eau jusqu'à ce qu'elle bouille. Après l'avoir écumée, jetez un charbon ardent dans l'eau bouillante ; au bout de deux minutes, retirez-le, essuyez-le pour le faire sécher, et mettez-le à la broche.
Le même procédé peut s'appliquer au poisson.

Empêcher que le lait ne se gâte à la chaleur.

On fait fondre 8 grammes de sel neutre de tartre dans une demi-bouteille d'eau chaude, dont on met une cuiller à bouche par demi-bouteille de lait.

Manière de rendre au lait caillé sa fluidité ordinaire.

On peut rendre au lait caillé sa fluidité naturelle en y ajoutant, lorsqu'il est encore chaud, une cuillerée de lait ordinaire dans lequel on fait fondre une pincée de sel végétal ; cette substance, peu dispendieuse et qui se trouve chez tous les pharmaciens, est saine, et ne communique au lait aucune saveur désagréable. Il est bon d'en mettre dans le lait avant de le faire bouillir, quand on craint qu'il ne tourne ou ne s'aigrisse, comme il arrive souvent en été pendant les grandes chaleurs, et surtout lorsque le temps est à l'orage.

Conserver le lait en bouteilles deux ans et plus.

On met le lait dans des bouteilles bien bouchées, qu'on laisse au bain-marie pendant douze heures ; il diminue de moitié, et l'eau contenue s'évapore par le bouchon : après ce temps, on cachette les bouteilles. Il se conserve ainsi deux ans et plus.

Enlever au beurre sa rancité.

On bat le beurre dans une quantité d'eau suffisante, contenant 25 à 30 gouttes de chlorure de chaux par chaque kilogramme de beurre ; après l'avoir bien battu, on le laisse reposer deux heures, et on le rebat dans de l'eau fraîche : le même moyen enlève le mauvais goût du beurre frais.

Enlever la rancité de la graisse.

On fait refondre la graisse dans de l'eau bouillante, ou bien on y met, quand elle est fondue, une quantité d'alcool égale à son poids ; on obtient un résidu formé d'oléine et de stéarine non altérées ; l'alcool s'empare d'une matière jaune acide qui lui donne une odeur puante, et qui n'est qu'une altération de l'oléine et de la margarine que l'air a acidifiées.

Conserver les œufs longtemps.

On les plonge dans un lait de chaux où l'on met de la craie ; la matière, s'attachant aux parois de la coquille, bouche les pores et empêche le contact de l'air, qui les fait gâter, et on les met dans une cave.

Falsification du sucre.

Si le sucre contient de l'amidon ou de la farine, en le traitant par l'eau froide, on dissoudra le sucre, et l'amidon ou la farine se déposera de sa dissolution, et, si on y ajoute quelques gouttes de teinture d'iode, le mélange prendra une belle coloration bleue.

Si le sucre a été falsifié avec la glucose (sucre de fécule), on pèse dans un flacon 2 grammes de sucre que l'on fait dissoudre dans 30 grammes d'eau distillée ; on y ajoute 2 décigrammes de potasse à l'alcool, et 1 décigramme de deuto-sulfate de cuivre ; on agite et on ferme le flacon. S'il existe de la glucose dans le mélange, il ne tarde pas à se déposer un précipité rouge de protoxyde de cuivre.

Procédé pour conserver les pommes de terre plusieurs années.

Il suffit de les échauder, c'est-à-dire de les laisser quelques minutes dans l'eau chaude ; pourvu que la peau ne soit pas attaquée, elles se conserveront ainsi sans jamais germer ni devenir gélives, et ne perdront ni leurs qualités farineuses ni leur saveur douce pendant plusieurs années, en les séchant bien lorsqu'elles sont sorties de l'eau. La chaleur d'un four peut suppléer à celle de l'eau et vaut beaucoup mieux, pourvu que les pommes de terre ne soient pas trop sèches quand on les y met, car la peau se déchirerait. Pour prolonger un temps infini la durée des pommes de terre en substance, il faut leur faire subir dans l'eau quelques bouillons, ce que l'on nomme vulgairement blanchir ; les couper ensuite par tranches, et les exposer au-dessus d'un four de boulanger ; là elles acquièrent la sécheresse et la transparence de la corne. Exposées ensuite dans un pot, avec un peu d'eau ou tout autre liquide, sur un feu doux, elles fournissent un aliment sain, comparable à la racine fraîche. En les réduisant en poudre, elles donnent une purée et des potages très-salutaires.

Moyen de rendre aux noix sèches leur fraîcheur et leur goût primitif.

Il suffit de les faire tremper pendant cinq ou six jours dans de l'eau pure ; l'humidité, pénétrant peu à peu par les pores de la coquille dans l'intérieur de la noix, en fait renfler la chair et la rend tellement fraîche, qu'on peut en enlever la peau jaune et amère, comme on le pratique pour les noix nouvellement cueillies.

On peut joindre à l'eau, si on le désire, quelque peu de sel, qui l'empêche de se corrompre et enlève aux noix le léger goût astringent qu'elles pourraient avoir contracté en séchant.

Pour connaître quand l'huile d'olive est falsifiée.

On met dans une fiole 94 grammes d'huile à essayer, et 3 grammes de nitrate acide de mercure ; on bouche la fiole d'un parchemin mouillé, et on la remue bien toutes les dix minutes pendant deux heures, ce qui blanchit le mélange. On débouche alors la fiole, et on la met dans une cave jusqu'au lendemain ; si elle est pure, elle se congèle et vient en consistance de suif d'une couleur jaune-citron. S'il y a dessus de l'huile ou tout autre liquide plus ou moins transparent et rempli de petits grumeaux, c'est un fait certain qu'elle est mêlée avec de l'huile d'œillette, de noix ou de colza, ces dernières huiles ne se combinant point au nitrate acide de mercure.

Préparation du nitrate de mercure.

On fait dissoudre à froid 12 grammes de mercure dans 15 grammes d'acide azotique à 48° : 8 grammes de cette solution, agitée toutes les cinq minutes, pendant quelques heures, avec 90 grammes d'huile d'olive, doivent donner un mélange consistant, homogène et à surface unie. Une consistance douteuse et une configuration en choux-fleurs indiqueraient un mélange frauduleux.

On prend des râpes aussitôt que l'on a cueilli les raisins : il ne faut pas que la râpe ait bouillie ni qu'elle ait été pressée. On égraine les raisins, on lave bien les râpes à plusieurs reprises, et on les met sécher au soleil ou dans un four ; plus elles sont sèches, meilleures elles sont.

On défonce une barrique par un bout ; on établit au milieu, c'est-à-dire jusqu'à la bonde, un cercle en bois retenu avec des taquets cloués en dedans de la barrique, afin de pouvoir faire un lit à supporter la râpe que l'on met dessus ; on met sur ce lit deux ou trois couches de sarments de vigne, en travers les unes des autres, afin que ça ne fléchisse pas ; on met la râpe par-dessus, jusqu'à hauteur du fond de la barrique, de manière que le fond soit vide jusqu'au milieu, et que, du milieu où est ce support jusqu'en haut, elle soit pleine de râpe.

On verse un seau de vin le premier jour : il faut que le vin n'ait aucun goût, si ce n'est celui d'aigre ; on couvre la barrique avec une couverture, et aussitôt la râpe, s'échauffant, aigrit le vin que l'on y a mis ; le surlendemain on y met un autre seau de vin avec les mêmes précautions. On a le soin de mouiller la râpe également. Il faut tous les jours mettre un seau de vin sur la râpe, jusqu'à ce que le vin vienne à fleur du lit que l'on a fait avec des sarments, ce dont on s'assure en perçant un trou à travers et à hauteur voulue. On tire par ce trou un seau de vin, on le remet sur la râpe, et on continue ainsi jusqu'à ce que le vinaigre devienne fort. On peut passer sur une barrique de râpe dix barriques de vin, et les rendre toutes en excellent vinaigre qui ne se corrompt jamais ; on lui donne le nom de vinaigre naturel, car il n'entre aucun ingrédient pour le faire. Il faut avoir soin de ne jamais laisser sécher la râpe, car elle moisirait et perdrait le vinaigre. Aussitôt que l'on a fini, il faut la retirer et mettre le vinaigre en barrique.

Pour extraire de l'huile des pépins de raisins.

Parmi les produits qui sont négligés, on peut placer au premier rang les pépins de raisins, qui, dans les pays vignobles, pourraient être d'un grand rapport, attendu que l'expérience nous a prouvé que l'on peut en tirer de l'huile à brûler et en assez grande quantité. Le procédé est très-facile : on sépare du marc de raisin (qui peut être encore employé à divers usages), à l'aide de l'eau et d'un tamis, les pépins, que l'on met sécher ; lorsqu'ils sont secs, on les porte au moulin, et l'on opère de la même manière que pour les autres graines oléagineuses.

L'huile de pépins de raisin est limpide, d'un jaune verdâtre, fluide à 8 degrés, brûlant avec une belle flamme sans répandre d'odeur désagréable, et est supérieure pour l'éclairage à l'huile de colza.

Eau conservatrice pour les oiseaux empaillés.

On prend seize parties d'eau, quatre de chlorure de chaux, deux de sulfate d'alumine et de potasse, une de salpêtre ou nitrate de potasse, le tout mêlé ensemble ; on en passe avec un pinceau dans l'intérieur des oiseaux qu'on veut conserver.

Pâte pour les rossignols.

Prenez 4 grammes de pois chiches, 500 grammes de millet en poudre, 250 grammes d'amandes douces pelées et pilées, 125 grammes de miel blanc, trois œufs, 100 grammes de beurre frais et 2 grammes de safran en poudre; mêlez et faites cuire sur un feu très-doux jusqu'à ce que la pâte soit devenue bien grenelée, ayant soin de remuer toujours.

Cette pâte, mêlée au cœur de bœuf haché ou à la viande, est une excellente nourriture pour les rossignols et les fauvettes.

Pour empêcher que les verres à quinquets ne se cassent au feu.

Il suffit de couper le bas du verre, avec un diamant, d'une longueur de 16 à 20 millimètres.

Moyen de se procurer de l'alcool bien rectifié pour diverses opérations indiquées dans notre livre.

On prend de la potasse bien desséchée, on la verse sur de l'esprit-de-vin; l'alcali s'unira à l'eau, et l'esprit-de-vin, plus pur, surnagera; on décante alors, et l'on répète l'opération jusqu'à ce que la potasse que l'on met dans l'esprit-de-vin ne sorte plus humectée. Il devient très-pur par ce moyen, mais il se colore un peu; il faut le distiller dans une cornue et n'en retirer que les quatre premiers cinquièmes, qui seront parfaitement rectifiés.

Faire d'excellent bischof d'oranges.

On prend trois verres de lait bouilli, un verre de kirschwasser, trente-trois centigrammes de sucre, des rouelles d'oranges sans écorce; on fait bouillir le tout quelques minutes.

Procédé pour faire une glacière de ménage.

On prend une futaille, vieille ou neuve; on la fait bien cercler; au fond de cette futaille, étendez exactement partout 6 ou 8 centimètres de charbon en poudre; dans cette

première futaille mettez-en une autre de moitié de capacité, de manière à pouvoir mettre également autour de
cette futaille 6 à 8 centimètres de charbon ; cette seconde
futaille intérieure doit être de huit centimètres móins
haute que celle dans laquelle elle est, afin de pouvoir y
adapter un couvercle de 18 à 20 millimètres d'épaisseur.
On fait deux fonds pareils, dont l'un est percé d'un trou
de 5 centimètres de diamètre ; attachez ces deux fonds
avec des taquets qui aient 5 centimètres de hauteur, afin
de tenir ces deux fonds à cette distance ; achevez ensuite
l'assemblage en clouant au pourtour une bande de fer-blanc
ou de zinc de 11 centimètres, de manière à ce que cette
feuille, faisant saillie de 3 centimètres sur l'une des faces
du fond, puisse par cela entrer de 3 centimètres dans la
poussière de charbon et s'opposer plus facilement à la
communication de l'air extérieur. Vous aurez soin de
mettre la saillie de fer-blanc du côté où le fond n'a pas été
percé ; cette ouverture est destinée à l'introduction du
charbon en poudre dans l'intérieur de ce couvercle, et,
ce but rempli, un bouchon de bois formant saillie servira
de poignée pour ouvrir et fermer cette glacière de ménage.

Manière de produire la glace.

Prenez 11 parties de muriate d'ammoniaque sec, 16
de sulfate de soude, 10 de nitrate de potasse, et 32 d'eau
de fontaine ; le mélange de ces poudres unies à l'eau produit, en se dissolvant, un froid suffisant pour former de la
glace au milieu de l'été.

Autre manière.

Prenez deux kilos de glace et un demi-kilo d'acide
nitrique ; lorsqu'on mêle l'acide nitrique à la glace, le

thermomètre peut descendre jusqu'à 22 degrés au-dessous de zéro.

Un mélange de muriate de soude et de muriate de chaux produit un effet à peu près semblable.

Pour faire un arbre de saturne.

Mettez dans une grande carafe de verre blanc, ou plutôt dans un globe à poisson, deux litres d'eau et 62 grammes de sel de saturne ; remuez bien, afin de faire fondre le sel : l'eau devient blanche comme du lait ; on la filtre alors au papier gris, pour qu'elle soit transparente et sans couleur. On la met dans le bocal de verre , et on forme, avec du fil de laiton , plusieurs cintres, arbres ou portiques, en laissant plusieurs bouts de laiton où l'on a attaché à chacun gros comme une noisette de zinc. Ayant formé avec le fil ce qui a pu le mieux vous plaire , on réunit tous les bouts et on les passe dans un bouchon qui ferme bien juste l'ouverture du bocal ; il faut alors que , le bocal fermé, les boules de zinc soient enfoncées à 3 centimètres dans l'eau, et aussitôt vous voyez une ébullition s'opérer autour du zinc, qui s'empare de l'acide de l'acétate de plomb, qu'il revivifie pour qu'il aille ensuite se déposer sur les fils de fer. Plus il est vieux , plus il est beau.

Méthode pour bien blanchir les fils de chanvre et de coton.

On fait tremper les tissus dans l'eau quelques jours, en les lessivant à plusieurs reprises, et les plongeant, après chaque lessive, dans le chlore liquide ; on les traite ensuite par l'acide sulfurique très-faible, en les lavant à grande eau après chaque opération ; puis on les azure, on les tord et on les fait sécher. Il est toujours très-utile, dans ces opérations, de ne se servir que d'eau très-limpide : on juge de la concentration du chlore par son action sur l'indigo ; il est au point de force convenable, lorsqu'il peut détruire la couleur d'une fois et dmie à deux fois son volume d'une dissolution faite d'abord avec une partie d'indigo et sept parties d'acide sulfurique, et étendue ensuite de neuf cent quatre-vingt-douze fois son poids d'eau, dans laquelle on peut mettre en toute assurance les pièces à blanchir, sans crainte que le chlore n'attaque le tissu ou le fil. Quant aux lessives, on les obtient en mettant dans un cuvier une certaine quantité de chaux vive qu'il faut éteindre, jeter dessus deux fois son poids de potasse du commerce, ou de sous-carbonate de soude, puis ajouter une certaine quantité d'eau plus ou moins grande, selon la force qu'on veut donner à la lessive ; on brasse le tout, et on l'abandonne à elle-même ; bientôt un dépôt abondant se rassemble au fond du cuvier ; alors on décante le liquide surnageant, on lave une ou deux fois le précipité ; l'eau qui sert à ces lavages est réunie à la première lessive, et si le mélange n'est pas au degré convenable, on l'y porte par d'autre lessive plus forte. Quoique ce procédé soit simple, il est sans contredit le meilleur quand on l'emploie avec précaution et intelligence ; cependant, si l'on voulait de plus amples renseignements, il faudrait qu'on consultât les Éléments de teinture de Bertholet, attendu qu'il entre dans des détails que nous avons pensés superflus dans un ouvrage qui doit contenir tant de matières diverses pour que chacun y trouve quelque chose à glaner.

Préparation de l'eau-de-vie camphrée.

On met 32 grammes de camphre dans une bouteille d'eau-de-vie bien bouchée ; mais, si l'on veut que sa dissolution se fasse plus facilement, il faut le mettre en poudre avant de l'y introduire. On obtient cette poudre en triturant le camphre dans un mortier, en y ajoutant quelques gouttes d'alcool ou d'éther ; il est certain pourtant qu'en morceau il s'y dissoudra également avec le temps.

Manière d'employer l'eau-de-vie camphrée.

1° En lotion : on en remplit le creux de la main, que l'on promène sur les surfaces qui correspondent au siége de la douleur. Pour les personnes maigres et les malades de la poitrine, on doit étendre l'eau-de-vie camphrée d'assez d'eau pour la ramener à 18°.

2° En compresse : on en verse une quantité suffisante dans une cuvette ou assiette, et l'on imbibe une des surfaces d'un linge ployé en quatre qu'on se hâte d'appliquer à froid sur la surface malade, pour éviter que l'alcool ne passe dans les autres parties du linge, et, afin de rendre son action plus durable sans que l'odorat du malade en soit trop vivement affecté, on recouvre la compresse avec un mouchoir de mousseline empesé, dont on mouille les bords pour qu'il adhère aux chairs tout autour de la compresse ; l'eau-de-vie, qui ne dissout pas l'amidon de l'empois, se trouve ainsi emprisonnée sous cette enveloppe, comme elle le serait dans un flacon bouché à l'émeri. D'après la médication de M. Raspail et bien des expériences, c'est un remède qui s'applique avec efficacité à toute maladie qui n'est due qu'à une cause accidentelle.

Moyen curatif du choléra, diarrhée ou dyssenterie.

Si nous ne voulions point que notre ouvrage soit, pour ainsi dire, indispensable à tous, nous nous serions abstenu de faire connaître les médicaments que nous avons employés avec succès contre les attaques mortelles du choléra ; mais, ayant le désir de soulager toutes les souffrances, nous ne croyons point devoir négliger celles-là, d'autant plus qu'elles frappent le pauvre encore plus souvent que le riche.

Les symptômes sont si bizarres, si variés et si subtils, qu'il naît des écueils au moment qu'on s'y attend le moins ; cependant nos réussites ont été trop multipliées pour que nous puissions hésiter à recommander tout spécialement ce remède aux personnes qui seraient affectées de ce mal indomptable.

Faites bouillir six têtes de pavots, après en avoir extrait les graines, dans un litre d'eau pendant un bon quart d'heure ; passez à travers un linge ; laissez refroidir ; battez dedans trois glaires d'œufs, ajoutez 20 grammes de liqueur d'Hoffmann et du sucre pour rendre la boisson agréable à prendre.

On donne cette boisson au malade par cuillerée à soupe de quart d'heure en quart d'heure, jusqu'à ce que les grands accidents soient éteints ; puis de demi-heure en demi-heure, d'heure en heure, c'est-à-dire qu'on doit éloigner les cuillerées au fur et à mesure que les symptômes s'affaiblissent.

Nous n'avons pas besoin de recommander la diète, même quand le malade est hors de danger ; elle est indiquée d'elle-même après d'aussi cruelles souffrances.

Remède contre les différentes espèces de fièvres, d'après M. Raspail.

Fièvre intermittente. — Symptômes apparents : le pouls bat vite et irrégulièrement ; on éprouve alternativement de la chaleur et du frisson ; le visage devient hâve et pâle, et le corps tombe dans le marasme. — Médication : usage constant de la cigarette de camphre ; camphre à l'intérieur trois fois par jour, aloès tous les deux jours,

lavements vermifuges, application de compresses d'eau
sédative, ou de cataplasmes vermifuges arrosés d'eau
sédative, sur le ventre ; lotions fréquentes et alternatives
sur tout le corps à l'alcool camphré, à l'eau sédative ; .
compresses de la même eau autour du cou et sur le crâne,
deux jours de suite seulement ; calomel tous les huit jours
jusqu'à guérison.

Quant à nous, nous conseillons contre cette fièvre, souvent si tenace qu'elle résiste à tous les moyens qu'on peut
employer, la teinture éthérée de quinquina, dont le malade prend un petit verre à eau-de-vie deux heures avant de
manger, le matin, et deux heures après, le soir. Cette teinture se prépare en mettant 90 grammes de quinquina jaune
finement concassé dans une bouteille d'eau-de-vie à 18 degrés Réaumur et 10 grammes d'éther ; on laisse infuser
pendant quatre jours, puis on filtre ; on la renferme dans
une bouteille bien bouchée et on la prend de la manière
indiquée plus haut.

Ce remède est celui sur lequel on peut compter le plus
contre cette longue et dangereuse affection. Le régime ne
doit être ni trop succulent ni trop végétal.

Remède contre la fièvre cérébrale.

La fièvre cérébrale, prise au début, se dissipe dans les
vingt-quatre heures, et elle est soulagée à l'instant même
par le traitement suivant : on entoure le front d'un ban-
deau épais, afin de protéger les yeux contre l'action de
l'eau sédative ; on arrose alors fréquemment le crâne avec
cette eau, on entoure le cou avec une compresse imbibée
d'eau sédative, on en lotionne le corps, et l'on exerce
par-dessus de fortes frictions à la pommade camphrée.

Dès que le malade reprend la raison, on lui administre
trente centigrammes d'aloès et un lavement vermifuge ; on

lui applique un cataplasme vermifuge et laxatif sur le ventre; tisane chaude de bourrache avec un petit grumeau de camphre à chaque verre. On ne cesse les lotions à l'eau sédative que lorsque les symptômes cérébraux sont entièrement dissipés. Les migraines dont la cause est dans les fosses nasales guérissent en prisant le camphre. Les injections à l'huile camphrée guérissent celles dont la cause est dans le tuyau auditif.

Remède contre la fièvre bilieuse et la fièvre typhoïde.

Dès les premiers symptômes, on entoure le cou et les poignets d'une cravate imbibée d'eau sédative; on en arrose le crâne en protégeant les yeux; on en lotionne le corps, et l'on frictionne par-dessus, aussi longtemps qu'on le peut, avec la pommade camphrée; cataplasme antivermineux sur le ventre. Aux grandes personnes on fait prendre trente centigrammes d'aloès avec bouillon aux herbes, et des lavements vermifuges. Aux enfants en bas âge, au lieu de l'aloès, on donne, au moins deux fois par jour, une forte cuillerée de sirop de chicorée, dans lequel on ajoute gros comme un grain de blé de camphre.

Remède contre la morsure de la vipère ou autres animaux venimeux, piqûres d'abeilles, de guêpes, d'araignées, de scorpions, etc.

Appliquez aussitôt sur la plaie de l'eau sédative et même de l'ammoniaque pure, si l'on en a sous la main; lotions fréquentes d'eau sédative dans le voisinage du mal, et même sur tout le corps, si le mal a déjà fait des progrès, et cela jusqu'à cessation de toute espèce d'accidents; donnez à boire aussi un verre d'eau sucrée, alcalisée avec quelques gouttes d'eau sédative, de temps en temps.

Contre-poison du vert-de-gris.

Ce moyen très-simple consiste à faire prendre au malade, dès les premiers soupçons, une assez grande quantité de verres d'eau, dans chacun desquels on aura fait dissoudre un blanc d'œuf. Pour que la dissolution soit parfaite, chaque blanc d'œuf devra être battu dans une assiette et mêlé au verre d'eau à donner au malade. Ce moyen, si facile à faire, l'emporte sur tous ceux connus jusqu'ici ; c'est un contre-poison d'une puissante efficacité, parce qu'il décompose le vert-de-gris et les autres sels de cuivre, de manière à laisser l'oxyde à un état qui n'est plus dangereux. Quand les coliques seront à peu près calmées, on prendra des boissons et des lavements adoucissants préparés avec de la graine de lin, des feuilles de mauves, etc.

Recette pour faire la colle à bouche.

Prenez une once de colle de Flandre très-claire et blanche ; laissez-la tremper pendant dix heures dans une suffisante quantité d'eau que vous placez ensuite sur la cendre chaude dans un poêlon de terre neuve, jusqu'à parfaite solution ; puis ajoutez 32 grammes de sucre blanc, versez le tout dans le creux d'une assiette que vous posez sur une table d'équerre, afin qu'elle soit partout de même épaisseur ; une fois refroidie, coupez la colle par tablette d'un pouce de large sur 3 ou 4 de long, et d'une ligne et demie d'épaisseur au moins. Si on ajoute du jus de citron ou de l'eau de fleur d'oranger pendant que la colle est en fusion, on lui procure un goût agréable.

Procédé facile pour étamer le fer.

Ce procédé s'applique aux boucles de harnais, aux mors de brides, aux étriers, etc. : on fait dissoudre un

peu de résine dans l'acide muriatique, ou esprit de sel,
dont on frotte les objets qu'on veut étamer, puis on les
passe dans de l'étain fondu, et on les enduit ensuite d'une
légère couche de graisse ou de résine pour empêcher le
contact de l'air.

Moyen pour percer le verre.

Essence de térébenthine, 60 gr. ;
Gousse d'ail ;
Sel d'oseille, 125 gr.

On met le sel d'oseille dans l'essence, on y ajoute le suc
ou l'ail lui-même coupé, et on laisse en macération pendant 8 jours, en agitant de temps en temps.

Lorsqu'on veut percer du verre, on verse une goutte de
ce mélange sur l'endroit désigné, et l'on perce à l'aide
d'un trocart (sorte de burin) plus ou moins gros, selon la
grandeur du trou que l'on veut obtenir.

Ce moyen, qui peut paraître empirique, est cependant
celui qui est employé dans les industries où le perçage du
verre est fréquent. Du reste, nous ferons remarquer que
l'essence de térébenthine seule aide beaucoup le percement
du verre.

Composition chimique à l'aide de laquelle on perce facilement le verre et l'émail.

Mettez dans une bouteille 4 gr. de sel d'oseille en poudre, 4 gramm. de bois de santal rouge en poudre, 31 gram.
d'essence de térébenthine ; mêlez le tout dans une bouteille, bouchez bien avec un bouchon en liége. Pour opérer, on trempe dans cette eau la partie du verre que l'on
veut percer ; cela le ramollit de façon à ce qu'il soit très-
facile de le percer, soit avec un burin, soit avec un poinçon
à main.

Procédé pour nettoyer les bijoux en or.

On sait qu'il entre dans leur composition une quantité plus ou moins grande de cuivre, et que les bijoux se ternissent plus promptement en raison de la plus grande portion de cuivre qui s'y trouve alliée. Il sera donc facile de leur donner plus d'éclat en faisant disparaître le cuivre qui, se trouvant à leur surface, leur donne une teinte désagréable : il suffit de faire bouillir ces objets dans un litre d'eau où l'on aura mis 75 grammes de sel ammoniac ; l'or qui recouvre seul la surface après cette opération leur donne l'éclat qu'a ce métal lorsqu'il est sans alliage.

Procédé facile pour nettoyer les cadres dorés.

Battez ensemble 15 grammes d'eau de javelle et 45 grammes de blancs d'œufs ; lavez votre cadre avec une brosse douce trempée dans cette liqueur ; après cette opération, mettez une couche du vernis qu'emploient les doreurs sur bois, que l'on trouve chez tous les peintres en bâtiments.

Pour bronzer le canon d'un fusil.

Nettoyez bien votre canon à l'émeri jusqu'à ce qu'il soit blanc comme l'argent ; passez une couche de beurre d'antimoine, et laissez sécher. Brossez-le avec une brosse très-dure, et passez une seconde et troisième couche, s'il est besoin, jusqu'à ce que vous le trouviez assez foncé.

Pour hollander les plumes d'oie.

Plongez pendant quelques instants le tuyau des plumes dans un bain de sable fin chauffé environ à 50 degrés ; frottez ensuite avec un morceau de laine ; mettez-les dans de l'acide hydrochlorique (esprit de sel) très-étendu d'eau, et faites-les sécher.

Procédé pour moirer le fer-blanc au moyen de la chaleur.

On prend de l'esprit de sel fumant que l'on étend de moitié de son poids d'eau ; on fait chauffer une plaque de fer-blanc laminé sur des charbons ardents, en même temps on y répand la liqueur préparée dont nous venons de parler, et on l'étend vivement au moyen d'un tampon de linge : on voit aussitôt la surface du fer-blanc se charger de reflets argentés. On plonge la plaque dans l'eau, on la lave bien et on applique une ou deux couches de vernis à la laque et à l'esprit-de-vin, blanc ou coloré ; on varie les nuances en substituant à l'esprit de sel fumant partie égale d'huile de vitriol ou d'acide nitrique, ou en augmentant les proportions des acides qui attaquent plus ou moins vivement ce métal.

Remède très-efficace contre les rhumatismes.

Faites bouillir dans trois bouteilles d'eau de rivière, pendant un demi-quart d'heure, une poignée de scolopendre, un peu de réglisse verte et de chiendent. Ajoutez :

Follicule de séné, 30 grammes ;

Rhubarbe, 2 grammes ;

Sel de Glauber, 4 grammes.

Faites bouillir encore deux minutes, laissez infuser une couple d'heures, passez.

On prend de cette tisane un bon verre deux heures avant chaque repas, et l'on ne mange point de crudité pendant six semaines.

On fait préalablement transpirer le malade pendant deux jours en appliquant des briques chaudes au siége de la douleur, ou des frictions avec l'essence de térébenthine, qu'on répète matin et soir jusqu'à ce que la partie soit bien rouge.

Dépuration de toutes sortes d'huile et de beurre, par Curaudeau.

Ce procédé est sans contredit le meilleur de tous ceux qui ont été publiés. Voici comment *Curaudeau* s'exprime :

« On ajoute à cent parties d'huile dix parties d'eau dans laquelle on aura délayé une partie de farine ; on agite bien le mélange, ensuite on le fait chauffer jusqu'à ce que l'eau ajoutée soit évaporée, ou plutôt jusqu'à ce que l'huile cesse d'avoir de l'homogénéité avec les substances qu'elle tenait en suspension. Au bout de vingt-quatre heures, elle en sort claire, et elle ne diffère pas en qualité de celle qui a été préparée par les meilleurs procédés, en perdant tout son mucilage.

» Dans la pratique de ce procédé, on aura soin de chauffer graduellement, et de ne pas élever la température au-dessus de 80 degrés du thermomètre de Réaumur. Cette chaleur est suffisante pour opérer la coction de la farine et de la substance mucoso-extractive que contient l'huile ; une plus forte chaleur colorerait l'huile, ce qui lui ôterait la couleur favorable pour la vente.

» J'ai été conduit à ce procédé, ajoute *Curaudeau*, par une observation que tout le monde a pu être à même de faire : on sait qu'une sauce blanche, lorsqu'elle est trop cuite, se sépare en deux parties ; l'une est épaisse et occupe le fond du vase, l'autre est claire et surnage le dépôt : la première substance est la partie caséeuse du beurre qui s'est réunie à la farine qu'on a ajoutée à la sauce, et que la coction a séparée de l'huile ; la seconde substance est le beurre dépourvu de tous principes étrangers. Dans cet état, il peut être appelé beurre dépuré.

» Ce que je dis ici du beurre est parfaitement applicable à l'huile et aux graisses.

» C'est à cette simple observation que je dois l'idée

que j'ai eue de dépurer les huiles avec la farine et l'eau, ce qui présente de grands avantages. »

Les huiles à brûler ont besoin de dépuration, afin de les rendre plus propres à la combustion. La dépuration des huiles à brûler n'est autre chose que leur clarification après les avoir privées de la substance mucoso-extractive, qui, jointe aux substances hétérogènes qui s'y sont mêlées, l'empêche de donner à la combustion une lumière pure. C'est surtout depuis qu'on a introduit dans l'économie domestique l'usage des lampes à double courant d'air, qu'on s'est occupé des moyens de purifier les huiles qu'on y consume.

Procédé de M. Thénard, modifié.

A cent parties d'huile de colza nous ajoutons une partie d'acide sulfurique du commerce, à 66 degrés, étendu dans six fois son poids d'eau, qu'on bat fortement, et, dès que le mélange est exactement fait, on le laisse en repos jusqu'à ce que l'huile se soit éclaircie : lorsqu'elle est parfaitement claire, la dépuration est faite. Il y a au fond du vase une liqueur acide et un peu colorée. On sépare l'huile d'avec le dépôt, et, pour s'assurer que l'huile ne contient plus d'acide, on ajoute quelques onces de craie ou de marbre blanc en poudre ; on agite fortement, et on laisse de nouveau reposer l'huile, qu'on décante.

Le rôle qu'a joué ici l'acide sulfurique, quoique étendu d'eau, a été de priver l'huile de toute son humidité, et de lui enlever une substance mucoso-extractive dont la présence dans l'huile diminue l'énergie de la combustion, charbonne la mèche et produit beaucoup de fumée. C'est donc de la soustraction de ces principes étrangers aux huiles que dépend la qualité qu'elles doivent avoir pour bien éclairer.

Procédé utile dans les ménages.

Nous terminerons cet article par un procédé que nous venons d'employer, et qui a parfaitement réussi. Nous avions fait notre provision ordinaire d'huile à brûler, qui était de mauvaise qualité, charbonnait beaucoup et donnait une lumière obscure. L'idée nous vint d'employer à la dépuration le procédé qu'on emploie dans les ménages pour préparer le beurre fondu, et qui consiste à le faire bouillir à petit feu, en y ajoutant huit oignons entiers par cent livres. On soutient la cuisson pendant trois heures sans écumer ; on retire ensuite la chaudière du feu, et on laisse reposer pendant une heure. En faisant subir à l'huile la même opération, elle s'éclaircit, et il suffit alors de jeter dans 500 gram., petit à petit, un demi-verre d'eau froide, de bien brasser et de laisser reposer jusqu'à ce que les impuretés qui ne sont pas montées à la surface aient le temps de se déposer au fond. Après un repos suffisant, on enlève l'écume, et on décante l'huile en la versant assez doucement pour ne pas remuer le dépôt, dont on tire encore partie en le passant au travers d'un tamis ou d'un linge fin. L'huile qui reste vient à la surface ; on l'enlève avec une cueiller.

Après cette préparation, notre huile fut excellente et ne charbonna plus.

Pour donner à la fonte l'apparence du cuivre.

On commence par tremper la fonte dans un bain d'acide sulfurique à 18° ou 20°, ensuite dans de l'eau propre, et enfin dans un bain d'eau et de sel ammoniac, dans la proportion de 1|19 de sel pour l'eau employée.

Puis on fait fondre de l'étain très fin dans lequel on met 90 grammes de cuivre rouge pour 50 kilog. d'étain.

Lorsque la fusion est opérée et la chaleur convenable, on trempe la fonte dans le mélange, qui prend de suite la couleur du cuivre.

Si l'on veut que la pièce soit polie, il faut la passer au tour et au brunissoir.

Pour que les 90 grammes de cuivre rouge puissent se fondre facilement, on les met avec trois kilog. d'étain seulement, et on a soin, pour que l'alliage soit parfait, d'y plonger une gousse d'ail piquée au bout d'un fil de fer, et de verser cet amalgame dans l'autre partie d'étain qu'on a fait fondre préalablement.

Composition pour faire couper les rasoirs, etc.

Pierre ponce.	40 grammes.
Bol d'Arménie.	75
Limaille de fer.	40

Ces substances, mises en poudre impalpable, doivent être exactement mêlées à 45 grammes de graisse de bœuf, soit à chaud, soit à froid, pourvu que la pâte soit bien homogène. On étend ensuite sur du cuir de cette composition pour redonner du fil au rasoir en le passant dessus.

Cylindres pour couper le verre, d'après Berzélius.

Gomme arabique.	61 grammes.
Benjoin.	30
Storax calamite.	15
Nitre.	2
Charbon.	250
Eau.	123

On réduit toutes ces substances en poudre fine, à l'exception du benjoin et du storax, que l'on fait dissoudre dans l'alcool en quantité suffisante. On met les poudres dans un mortier de fer ; on y ajoute l'eau et les solutions alcooliques, et l'on pile jusqu'à ce que le mélange soit converti en une masse bien homogène. On en fait alors sur le marbre de petits cylindres de la grosseur d'une plume, en les roulant sous les doigts, ou même encore dans des moules disposés à cet effet.

Lorsqu'on veut se servir de ces cylindres, on fait une trace à la lime au fragment de verre que l'on veut couper ; puis l'on fait passer lentement le cylindre sur l'endroit, qui se détache facilement. De cette manière , on peut, avec des débris de cornue ou d'autres vases, faire des capsules qui ont l'avantage d'être égales dans toutes leurs parties, etc.

Procédés pour faire de la bonne moutarde.

Dans les départements méridionaux, chaque ménage fabrique la moutarde qu'il consomme ; voici le procédé que j'avais adopté, que j'ai donné à beaucoup de personnes, qui en ont été très-satisfaites :

Sur un kilogramme de moutarde très-fine, je mêle quinze grammes (demi-once) de chacune des plantes suivantes : persil, cerfeuil, céleri et estragon, fraîches, une tête d'ail et douze anchois salés. Je broie le tout avec la farine de moutarde jusqu'à ce que ce soit bien fin. J'ajoute du moût de raisin rapproché au tiers par l'ébullition, afin de donner une douceur suffisante, sans être trop forte, et je délaye, en continuant de broyer, avec de l'eau, après avoir saupoudré le tout de 30 grammes (une once) de sel blanc en poudre. J'en forme une pâte bien liquide, dont je remplis des pots ; mais, avant de les boucher, j'éteins dans chacun d'eux un morceau de fer gros comme le pouce, rougi au feu. Par cette opération, j'enlève une partie de l'âcreté de la moutarde, je fais évaporer une partie de l'eau que j'avais mise en trop grande quantité, et la moutarde est parfaite. Avant de boucher les pots, je mets aussi par-dessus un filet de vinaigre blanc de bonne qualité, pour que la moutarde se conserve bien et acquière de la qualité en vieillissant.

Préparation de la moutarde simple ordinaire.

Cinq litres de graine de moutarde de première qualité, cinq litres de bon vinaigre blanc ordinaire. On fait infuser la graine dans le vinaigre pendant huit jours environ, en agitant le mélange deux fois par jour, et ajoutant du vinaigre, de manière que les graines soient toujours humectées ; ensuite on broie au moulin et on délaye, avec le vinaigre, en une bouillie claire, puis on met dans des pots.

Préparation des nouvelles moutardes aromatiques.

Pour douze litres de graine de moutarde, on prend une demi-botte de persil, une demi-botte de cerfeuil, une demi-botte de ciboules, trois têtes d'ail, une demi-botte de céleri, 250 grammes de sel marin en poudre, 125 grammes d'huile d'olive fine, 62 grammes des quatre épices fines, dont on trouvera la composition ci-après, quarante gouttes d'essence de thym, trente gouttes d'essence de cannelle, trois gouttes d'essence d'estragon.

On hache toutes les plantes et les racines, après les avoir bien épluchées ; on les met ensuite macérer pendant quinze jours dans une suffisante quantité de vinaigre blanc de première qualité. Au bout de ce temps, on les broie au moulin, comme on est dans l'usage de le faire : on y ajoute les douze litres de moutarde broyée et très-fine. On réunit à ce mélange le sel, l'huile, les épices et les essences ; on délaye dans le vinaigre dans lequel les plantes et les racines ont été mises en macération ; on mélange bien le tout.

Au bout de deux jours, on remplit de cette composition des pots de faïence bien blanche, qu'on bouche et qu'on goudronne.

Composition des quatre épices.

500 grammes de cannelle de Ceylan;
    Idem   de bon girofle;
    Idem   de muscade;
    Idem   de poivre de la Jamaïque.
Le tout pilé ensemble et passé au tamis de soie fin.

Moutarde en poudre des Anglais.

Les Anglais préparent une moutarde en poudre qu'ils envoient aux Grandes-Indes et autres pays éloignés, dans des petits flacons hermétiquement fermés. Ils font bien sécher la graine, la réduisent en poudre très-fine, et en remplissent les flacons.

Avant de s'en servir pour l'assaisonnement des mets, on la délaye dans du jus de citron ou du vinaigre. On doit prendre garde de laisser éventer cette poudre, lorsqu'on a ouvert le flacon qui la contient. Les principes piquants et savoureux de la moutarde sont très-volatils, et s'échappent promptement au contact de l'air. Les liquides en empêchent l'évaporation. Les Anglais y mêlent aussi des aromates secs et en poudre.

Moutarde des Jésuites aux anchois et aux câpres.

Écrasez dans un mortier de marbre douze anchois et 200 grammes de câpres; délayez avec une pinte de vinaigre bouillant, passez à travers une étamine avec forte expression, et ajoutez 500 grammes de moutarde en poudre à ce liquide, que vous conservez dans des pots bien couverts.

Préparation du kari.

Le kari est une poudre qui nous est apportée des colonies, et qui sert à faire une espèce de moutarde incomparablement plus forte que celles que nous venons de décrire. Voici sa composition :

On prend 125 grammes de piment enragé, et 92 gram. de racine de curcuma. On pile chaque substance séparément ; on les mêle après les avoir passées au tamis fin, et l'on y ajoute 15 grammes de poivre fin, 2 grammes de girofle et 4 grammes de muscade en poudre. On incorpore cette poudre dans de bon vinaigre blanc, comme on le fait pour la moutarde, ou bien on la met en poudre dans les sauces. On conserve cette poudre dans des flacons de cristal bouchés à l'émeri.

Moyen simple de faire cuire les légumes dans de l'eau de puits.

On sait que les légumes cuisent mal ou ne cuisent pas du tout dans l'eau de la plupart des puits, ce qui est dû à la présence du sulfate de chaux, connu vulgairement sous les noms de gypse, de sélénite, plâtre, etc. Pour détruire cet inconvénient de l'eau de puits, il suffit d'ajouter deux grammes de sous-carbonate de potasse par seau d'eau. Après cette addition, qui a pour but de décomposer le sel calcaire, les légumes cuisent parfaitement bien, et les haricots particulièrement acquièrent une qualité remarquable et un très-bon goût. Le sous-carbonate de potasse ajouté à l'eau de puits n'est pas malfaisant, il la rend plus légère et plus facile à digérer ; d'où l'on peut conclure que l'eau de haricots, de navets, de choux, etc., peut très-bien servir à préparer des potages, ainsi que cela se pratique dans beaucoup de maisons.

Moyen de rendre les eaux de puits propres aux savonnages.

Il consiste à décomposer les sels calcaires par la potasse ou la soude : 40 grammes de ces substances suffisent pour vingt seaux d'eau. Il se précipite une poudre blanche qui est la chaux. On conçoit que toute l'opération consiste à bien répartir la soude ou la potasse dans la masse d'eau à purifier. Dans cet état, elle devient non-seulement propre aux savonnages, mais encore à tous les autres usages domestiques.

Destruction des limaces.

M. de Mortaux vient d'indiquer un moyen très-simple et d'une exécution facile pour la destruction des limaces ; voici son procédé : il fit porter sur son terrain un vase contenant 104 kilogrammes 1[2 d'eau. Le lendemain, au point du jour, avant la retraite des limaces, on fit jeter dans cette eau une pierre de chaux récente et vive, d'environ 22 centimètres cubes ; quand elle fut fondue, on remua cette eau avec un bâton, et, lorsque le mélange fut achevé, on arrosa les plantes avec ce lait de chaux : les limaces et autres insectes périrent immédiatement. M. de Mortaux croit avoir observé que celles qui n'avaient point été frappées par cette eau se sont éloignées du lieu arrosé. Cet arrosement ne nuit en rien à la végétation.

Moyen d'empêcher les légumes de geler.

Lorsque les serres dans lesquelles on réunit les légumes pour passer l'hiver ne sont pas assez abritées pour garantir les légumes de l'effet de la gelée, voici un moyen employé avec succès en Angleterre pour prévenir la gelée de ces substances.

On place près des tas de légumes un tonneau plein

d'eau ; aussitôt qu'elle est gelée, on le remplace par un nouveau, ou on ajoute de l'eau à la place de la glace : tant que ce tonneau contient de l'eau non congelée, on est certain que les fruits ne gèleront pas ; une longue suite d'expériences semblent confirmer ce fait, dont nous devons conseiller l'essai à nos lecteurs.

Destruction du ver blanc et du hanneton.

Un anonyme vient d'écrire à la Société d'horticulture que le meilleur moyen de préserver de la présence du ver blanc le terrain que l'on veut ménager est de répandre sur cette partie une couche de 15 millimètres d'épaisseur de cendres de charbon de terre, au moment du printemps ; cette substance préserve non-seulement de la présence de ces vers, mais elle sert à produire un amendement favorable, les substances qu'elles renferment n'apportant, lorsqu'elles sont mélangées à la terre, que des matières utiles à la végétation.

Destruction des taupes.

M. d'Albret, après des expériences nombreuses et positives, assure que les noix bouillies dans la lessive causent promptement la mort des taupes. M. d'Albret place ces noix dans les galeries les plus fréquentées, ou à l'endroit que les chasseurs de ces animaux appellent passage. Cet agronome est parvenu en peu de temps à débarrasser un jardin qui était infesté de ces animaux, et il n'hésite pas à croire que le même moyen doit être funeste aux mulots, souris et musaraignes.

Destruction des courtilières ou taupes-grillons.

On enlève avec la bêche des plaques de gazon avec l'herbe bien fraîche, d'environ 6 centimètres d'épaisseur ;

on place les gazons dans les carrés ou plates-bandes, enfin dans les endroits où l'on voit les traces des courtilières. On arrose ces gazons tous les soirs, et, le matin, de bonne heure, en renversant les mottes de gazon, on trouve assez ordinairement ces animaux dessous. On renouvelle de temps en temps les gazons, on les change de place, et on les tient toujours frais par des arrosements répétés. L'époque la plus favorable pour mettre cette méthode en usage est le printemps : avril, mai et juin ; on peut cependant l'appliquer tout l'été.

Encaustique pour conserver le tain des glaces.

On sait que le tain des glaces s'altère assez promptement lorsque ces meubles sont exposés dans des lieux humides ; il en résulte, comme chacun le sait, des arborisations qui se manifestent sur différents endroits de la glace, ce qui produit un effet disgracieux. Voici la recette d'un enduit que l'on place avec succès sur la couche métallique, afin de la préserver de l'humidité.

Prenez un demi-litre de vernis blanc à l'esprit-de-vin.

Mélangez-le avec 30 grammes d'essence.

L'encaustique coloré est celui que l'on emploie ordinairement ; il se fait ainsi : on mélange à 250 grammes de vernis : blanc de céruse, broyé à l'huile blanche, 125 gr. ; 92 gr. de vert-de-gris broyé à l'huile de lin, et 31 gr. d'essence.

Huit jours après que la glace est étamée, on la place sur une table, le tain au-dessus ; on frotte cette partie très-légèrement avec une flanelle douce ; on répand avec une houppe de la poudre à poudrer sur la surface du tain, puis on donne deux couches de vernis à quarante-huit heures d'intervalle, à l'aide d'un pinceau en blaireau à l'usage des peintres. Lorsque le vernis est sec (au bout de sept à huit jours), on place la glace dans le parquet.

Cidre artificiel.

Quoiqu'on ait déjà donné diverses recettes de cidres agréables qui peuvent remplacer avec avantage des boissons que, trop souvent, la cupidité du vendeur porte à altérer; nous ne croyons pas inutile d'offrir au public une nouvelle recette qui permettra de varier ces sortes de vins, et qui mérite toute la confiance de nos lecteurs ; elle aura sans contredit le succès de celles qu'on a déjà publiées, et que l'on reproduit, comme tant d'autres recettes que nous faisons connaître, dans une foule de journaux différents, ce qui prouve leur utilité.

Prenez : Eau. . . . . 100 litres.
Cassonade commune. . . . 6 kilog.
Acide tartrique. . . . . . 250 gram.
Ou, à défaut, crème de tartre. 750 —
Esprit-de-vin sans goût, à 36°. 2 litres.
Fleurs de sureau. . . . . 125 gram.
Fleurs de mélilot. . . . . 125 —

Mélangez bien le tout, brassez fortement, ôtez la bonde et laissez fermenter dans un lieu élevé à une température de 15 degrés Réaumur ; lorsque la fermentation est finie, on bouche, on descend à la cave ; au bout de dix jours, on soutire à clair, on colle avec la colle de poisson et on met en bouteilles, que l'on couche ; aussitôt que les bouchons partent, on relève les bouteilles pour les coucher de nouveau lorsque la fermentation cesse de se faire sentir.

Cette boisson a quelque analogie avec le vin muscat, et des palais peu exercés pourraient s'y tromper ; chaque bouteille revient à quinze centimes.

Manière de reconnaître si les vernis de poterie ne sont pas nuisibles.

Les vernis avec lesquels on revêt l'intérieur des poteries ou des faïences communes, étant peu solides, s'altèrent et cèdent souvent, aux substances alimentaires acides qui y séjournent, des oxydes métalliques qui peuvent quelquefois donner lieu à des indispositions et même à des accidents plus ou moins graves.

Le procédé à mettre en usage pour reconnaître la bonté des vernis consiste à y faire séjourner du vinaigre, à y faire bouillir de cet acide, puis à examiner si ce vinaigre s'est chargé de substances métalliques susceptibles de nuire à la santé. A cet effet, on verse, dans le vinaigre qui a bouilli ou séjourné dans le vase qu'on a examiné, de l'hydrogène sulfuré liquide, qui détermine une coloration et un précipité en noir ou brun, si le vernis a été attaqué par le vinaigre.

Cette coloration n'a pas lieu si le vernis n'a pas été attaqué.

Autre.

L'emploi des vases de terre vernissés est souvent nuisible par l'effet des substances métalliques qui entrent dans la composition du vernis. Les vases blancs sont préférables aux autres.

Avant d'en faire usage, on devrait faire bouillir dedans un peu de vinaigre, qui ne doit point altérer le vernis ou l'émail, s'il est de bonne qualité; en cas contraire, il ne faudrait se servir de ce vase qu'avec précaution.

Manière de nettoyer les gants de peau sans les mouiller.

Placez vos gants sur une table propre, prenez une brosse dure, et brossez-les avec un mélange de terre à foulon bien sèche et d'alun pulvérisé. Après les avoir bien frottés et battus pour faire tomber les ordures, répandez dessus du son sec et du blanc d'Espagne, et frottez-les bien de nouveau : cela suffira, s'ils ne sont pas trop sales. Dans ce dernier cas, enlevez-en la graisse avec de la poudre d'os brûlés, mise sur les endroits tachés ; placez un papier de soie par-dessus cette poudre, puis, à l'aide d'un fer chaud, faites fondre la graisse, qui se trouve absorbée par la poudre d'os ; frottez-les ensuite avec de la flanelle imprégnée de poudre d'alun et de terre à foulon. Vos gants deviendront blancs sans les laver, ce qui les gâterait beaucoup.

Saponine à gants, ou gantéine.

Savon en poudre, 250 gr. ; ammoniaque liq.   10 gr.
Eau de javelle, 165 gr. ; eau.   .   .   .   155 gr.

Faites une pâte dont on imprègne des morceaux de flanelle avec lesquels on frotte le gant jusqu'à ce qu'il soit nettoyé.

Moyen d'aviver les vieilles limes.

On est quelquefois très-fâché de voir s'user un meuble utile, surtout lorsque la qualité en est bonne ; d'autres fois on serait bien aise de pouvoir utiliser un vieil outil, lorsqu'on est loin des villes où l'on peut se le procurer avec facilité. Nous croyons donc qu'il n'est pas hors de notre objet de donner à nos lecteurs un moyen fort simple d'aviver les vieilles limes. On nettoie les limes avec un peu d'eau chaude et de potasse, à l'aide d'une brosse un peu rude ; puis on les plonge, après les avoir essuyées, dans de la bonne eau-forte, et on essuie immédiatement les dents avec un linge tendu sur un morceau de bois ; l'acide qui reste dans les raies creuse l'acier à une certaine profondeur ; au bout de deux heures, on lave la lime à l'eau avec la brosse, et, si les dents ne sont pas assez profondes, on recommence de nouveau l'opération précédente; alors ces limes peuvent encore rendre des services qui payeront aisément la peine et la dépense qu'elles ont occasionnées.

Moyen de donner au vin un parfum agréable.

Il existe un moyen fort simple de donner au vin un parfum agréable. Le voici :

Il faut recueillir avec soin et précaution les fleurs de la vigne. Cette opération se fait le matin, lorsque la rosée est tombée. On a un petit panier, dans l'intérieur duquel on met une feuille de papier; on frappe légèrement le cep avec un petit bâton; les fleurs qui sont épanouies tombent dans le panier. On les fait sécher à l'ombre; on les pulvérise, et on les garde dans un lieu qui ne soit pas humide. Au moment de la vendange, on prend une certaine quantité de ces fleurs pulvérisées, et on les met dans un nouet qu'on suspend dans le tonneau lorsque le vin fermente. Pour une cuve de dix hottes, il suffit d'employer 31 grammes de cette poudre; et mieux encore, lorsque la fleur est sèche, on la fait macérer dans de l'eau-de-vie, et on ajoute cette eau-de-vie dans les tonneaux.

Distillation de la fleur d'oranger.

Ayez un kilog. et demi de fleur d'oranger, mettez-la dans l'alambic, versez dessus dix litres d'eau, recouvrez du chapiteau, collez sur les jointures des bandes de papier, et laissez en cet état vingt-quatre ou trente heures. Après avoir rempli le tonneau d'eau froide, qu'on renouvelle à mesure qu'elle s'échauffe, distillez à petit feu, surtout en commençant; mettez à part et mêlez les trois premiers litres obtenus : ce sera de l'eau de fleur d'oranger dite double. Continuez pour obtenir encore deux à trois litres d'une eau plus faible , mais encore assez adorante, puis cessez le feu, qui, poussé plus loin, donnerait une eau empyreumatique désagréable.

Les eaux de lavande, de rose, de menthe, de mélisse, se font de la même manière; on peut les charger d'une plus ou moins grande quantité d'essence aromatique, en redistillant les eaux déjà obtenues sur de nouvelles plantes.

Manière d'obtenir des dessins qui imitent la dentelle sur les feuilles d'arbres.

On peut obtenir des dessins fort variés avec des feuilles de toutes espèces d'arbres ; mais, en général, pour obtenir de l'effet, on doit choisir les feuilles les plus larges et celles dont la forme doit s'accorder le mieux à la destination du sujet que l'on veut reproduire ; le goût, l'idée, la bizarrerie ou le caprice permettent de varier à l'infini ces sortes de dessins, qui, par leur originalité, sont souvent d'un très-bel effet. On découpe, à l'aide d'une paire de ciseaux , un dessin quelconque dans une feuille de papier, soit un chiffre ou tout autre sujet, conservant plein tout ce qui doit offrir le même aspect sur la feuille d'arbre ; la feuille bien étendue, on y place le dessin, puis, à l'aide d'une brosse rude, on frappe la feuille avec les soies de cette brosse, qui s'introduisent entre les nervures de la feuille et en chassent tout le tissu cellulaire ; toutes les nervures de la feuille étant à jour, on enlève son papier, et l'on voit un dessin très-bien fait sur un réseau de fort belle dentelle. Avec un peu de patience et d'habitude, on acquiert une dextérité très-grande à ces sortes d'ouvrages, fort beau délassement pour les personnes qui passent la belle saison à la campagne.

Machine propre à détruire les fourmis.

Cette machine consiste en une cloche de fer, ou de plomb, ou de terre (1). Si elle est de fer, l'intérieur doit être étamé ou peint à l'huile, pour qu'elle ne soit point endommagée par la vapeur du soufre dont on se sert pour opérer. L'auteur assure que, par ce moyen, il a fait périr une quantité prodigieuse de fourmis. On doit placer un plat qui puisse être contenu dans la cloche, près de la four-milière, et dans lequel on ajoute de la mélasse ; on recou-vre ce plat avec la cloche, laissant assez de jeu pour per-mettre l'accès aux fourmis ; lorsque l'assiette doit en être bien garnie, on appuie dessus la cloche avec force ; puis on introduit, par un trou pratiqué sur le sommet de la cloche, une mèche de soufre enflammée, puis on bouche ; l'acide sulfureux qui se développe dans la combustion a bientôt tué tous les insectes.

Moyen de détruire les fourmis.

Il ne s'agit que de laver l'arbre avec une lessive de cen-dres de bois, après avoir fait couper toutes les feuilles, jusqu'à ce qu'il ne reste plus rien de la matière gluante ; et, quand les fourmis se forment en clapier au pied de l'arbre, on le fait couvrir des cendres de la lessive à la hauteur d'un pouce ; les cendres de charbon de terre pro-duisent le même effet.

Recette pour conserver les peaux des animaux empaillés.

Les personnes qui se livrent à l'étude de l'histoire natu-relle nous sauront gré de leur faire connaître une recette excellente qui nous est adressée par M. Laurent, pharma-

______
(1) Un grand pot à fleurs est suffisant.

cien distingué à Haguenau (Haut-Rhin), et qui se livre avec succès à l'art de la taxidermie. Ce naturaliste emploie avec succès, depuis dix ans, la composition suivante, qui pénètre aisément la peau des animaux, et les préserve mieux que les recettes connues jusqu'à ce jour :

Arséniate de potasse. . . 125 gram.
Sulfate d'alumine. . . . 125
Camphre et aloès. . . . 8 — de chaque;
Savon blanc en poudre. . 15
Esprit-de-vin à 25 degrés. 185
Essence de serpolet. . . 30 gouttes.

On met l'arséniate, le sulfate, le camphre concassé et le savon dans une fiole à large ouverture ; on verse par-dessus l'esprit-de-vin à 25 degrés ; au bout de 24 heures, la combinaison est opérée ; on y ajoute ensuite l'essence, et on conserve dans un flacon bien bouché. Il faut remuer ce mélange chaque fois que l'on veut s'en servir, et l'étendre sur les peaux à l'aide d'un pinceau.

Moyen d'embellir et de conserver le poil des fourrures.

Lorsqu'on voudra lustrer une fourrure d'une manière durable, on préparera le nitrate d'argent à employer de la manière suivante : on prendra une capsule de porcelaine, on y fera dissoudre de l'argent pur avec de l'acide nitrique (eau-forte) ; on mettra cette dissolution sur des cendres chaudes, et on la fera évaporer jusqu'à siccité ; on prendra ensuite le résidu obtenu, on le fera dissoudre de nouveau dans de l'eau distillée, et on filtrera à travers un entonnoir en verre, garni de papier joseph. Cela fait, on évaporera de nouveau cette solution au point convenable, pour qu'il se forme des cristaux par le refroidissement et le repos ; on les séparera, on les mettra à égoutter, et on continuera ainsi à concentrer les eaux mères pour obtenir tous les cristaux qu'elles peuvent fournir; on les enfermera dans un flacon à large ouverture, bouché en verre, pour s'en servir au besoin.

Emploi. — Faites dissoudre portion de ces cristaux dans de l'eau bien pure, trempez-y une éponge, passez-la ainsi imbibée de la dissolution sur le poil de la fourrure, qui, en se séchant, prendra, d'après sa nuance particulière, l'aspect le plus brillant. Il est à demeure, et les insectes ne l'attaquent plus.

Observation. — Dans la préparation des cristaux, on remarquera qu'il arrive un moment où il ne saurait plus s'en former, bien qu'il reste encore une assez grande quantité de liquide. Ce résidu ne doit pas être rejeté, car, desséché dans un creuset, il se convertit par la fusion en nitrate d'argent fondu (pierre infernale), produit d'une assez grande importance pour être recueilli.

Modification. — Si on expose une fourrure ainsi préparée à la vapeur que produit le soufre brûlé, on a un courant de gaz hydrogène, que l'on peut obtenir en faisant passer de l'eau en vapeur dans un tube de fer rempli de fragments de même métal, qu'on fera rougir sur un fourneau ; l'enduit reprendra bientôt l'aspect métallique et formera une couche d'argent du plus bel effet. C'est par un procédé analogue que l'on parvient à appliquer sur la soie et d'autres tissus des dessins et des caractères argentés.

Recette pour faire la craie pour les queues de billard,

Faites infuser à froid deux tiers d'amidon, un tiers de blanc d'Espagne ; teintez cette pâte avec un peu de bleu de Prusse à l'eau, auquel vous ajoutez du stil de grain à l'eau pour l'avoir verte ; laissez sécher sur une toile, et, lorsque la consistance de votre pâte vous le permettra, roulez-la en bâtons que vous faites sécher. Plus il y a d'amidon, plus la craie est tendre.

Vin de cerises.

On prend des cerises dites de Montmorency, les plus mûres qu'on puisse trouver ; on en retire les noyaux, on écrase la pulpe et on la met dans un vase proportionné à la quantité ; on laisse macérer les cerises environ deux jours dans leur jus, afin que la peau lui communique sa couleur ; on peut ajouter quelques livres de framboises, et de cerises noires. On passe le tout dans un linge de toile avec une forte expression, on ajoute 300 grammes de cassonade par pinte de suc ; on a soin de remuer souvent pour obtenir la dissolution complète de la cassonade.

On verse la liqueur dans un petit tonneau en bois, qu'on laisse débouché pour donner lieu à la fermentation, qui dure environ quinze jours, et qu'on peut faciliter en plaçant le tonneau dans un lieu où la température soit de 18 à 20 degrés du thermomètre de Réaumur.

On réserve environ trois pintes sur vingt de liqueur pour remplir le tonneau, qui perd en évaporation et en écume pendant la fermentation.

Il faut conserver les noyaux, les bien laver, les faire sécher, et, lorsque la liqueur a cessé de fermenter, on les casse et on les met dans le tonneau : ils servent à donner une odeur agréable à la liqueur.

On bouche le tonneau, on le met à la cave, et l'on n'y touche point pendant trois ou quatre mois ; après ce temps, on peut le mettre en bouteilles et le conserver aussi longtemps que l'on veut.

Ce vin a fait les délices de bien des tables somptueuses ; il sert surtout à mettre les dégustateurs en défaut.

Autre.

On prend la quantité que l'on veut de guignes ou autres cerises douces bien mûres et bien saines , avec lesquelles on peut mêler un quart ou un cinquième de mérises et un huitième de framboises.

Après avoir séparé ces fruits de leurs queues, on écrase le tout dans un grand panier placé au-dessus d'un cuvier ou d'un tonneau défoncé, au bas duquel vous adaptez une cannelle, et on pétrit jusqu'à ce qu'il ne reste plus dans le panier que les peaux et les noyaux, que l'on réunit alors au reste. On brasse le tout pendant quelques instants pour délayer parfaitement la pulpe avec le suc.

Bouchant exactement votre cuve, vous laissez fermenter vos substances pendant quelques jours, en plaçant pourtant la cuve dans un lieu frais, pour que les fruits n'aigrissent point.

Dès que vous sentez s'exhaler une odeur agréable de votre cuve, vous tirez le jus par le robinet, et mettez le marc sous la presse, et vous en remplissez un tonneau nouvellement vide de vin , en recouvrant la bonde d'un linge ; et, lorsque le vin ne fermente plus , on le laisse ainsi pendant trois mois, après lesquels on le soutire, on le colle et on le met en bouteilles.

Quelques personnes y ajoutent 62 grammes de sucre par litre de liqueur, et un quart de bonne eau-de-vie.

Le suc de la cerise contient ordinairement en proportions convenables tous les éléments de la fermentation ; on est cependant obligé de le délayer quelquefois avec un peu d'eau, ou d'y ajouter un peu de sucre, ce qui est plus rare, surtout si les fruits sont bien mûrs et de bonne qualité ; mais on peut, dans tous les cas, y mélanger un peu de levain; quelquefois aussi on remplace la framboise par une très-petite quantité d'iris en poudre.

Vin de pêches.

On choisit de préférence la pêche de vigne, quoiqu'elle soit peu agréable à manger et peu parfumée, mais on y ajoute un sixième ou un huitième de pêches fines. Après avoir essuyé ces fruits pour en enlever le duvet, on les ouvre en deux pour en séparer le noyau, et on les jette dans un cuvier en les écrasant à mesure. Après avoir laissé reposer cette pâte pendant quelques heures, sans lui donner le temps d'entrer en fermentation, on y ajoute environ 500 grammes de levain artificiel par quintal de fruit; on la pétrit soit avec les mains, soit avec des billots de bois; on délaye la masse en consistance de bouillie claire avec de l'eau chaude; enfin on ajoute les noyaux sans les casser, très-peu de cannelle ou de girofle, si on le juge à propos, et l'on met en fermentation comme pour le vin de cerises, après avoir couvert le cuvier avec des planches ou toute autre chose capable d'intercepter l'air extérieur.

Lorsque la pâte a été bien préparée et délayée en consistance de bouillie claire, la fermentation est vive et prompte. Le vin de pêches est l'un des plus agréables que l'on puisse boire. Quelques personnes y ajoutent, après le premier soutirage, un peu de vanille triturée avec du sucre ou quelques gouttes d'ambre; mais le parfum naturel du fruit et celui du noyau suffisent. Ce vin, étant très-liquoreux, a besoin d'être gardé pendant un an en futaille; il se fabrique en grand dans les cantons où la pêche de vigne est commune.

Vin de coings.

Ce fruit, malgré le peu de matière sucrée qu'il semble contenir, fournit une liqueur vineuse très-bonne et qui n'est point assez connue. On extrait le suc du fruit comme pour le ratafia, et l'on met fermenter ce suc avec environ quatre à cinq kilog. de cassonade ou de miel et un kilog. de levain pour cent litres de liqueur : cette méthode est sans contredit la meilleure ; ou bien l'on coupe les coings par quartiers, on enlève la peau, que l'on met de côté, et l'on rejette les pépins ; on fait ensuite cuire les fruits dans l'eau jusqu'à ce qu'ils s'écrasent aisément ; on les jette dans un fort tamis de crin ou dans un crible de fil de laiton pour les réduire en pulpe. On ajoute le sucre et le levain, on délaye le tout d'abord avec le produit de la décoction, et ensuite avec de l'eau chaude, si la matière est trop pâteuse ; on ajoute alors la peau des fruits, un ou deux clous de girofle par litre, et l'on se conduit du reste en tout point comme pour le vin de pêches. Ce vin conserve encore de l'âpreté, mais il s'en dépouille en vieillissant et devient même très-agréable.

Vin de poires et de pommes.

On prépare ce vin par les mêmes procédés que pour le coing, et avec les poires de rousselet ou les pommes de fenouillette ; ces vins ne diffèrent du cidre et du poiré que par le mode de préparation.

Vin d'abricots.

Ce vin se fabrique exactement comme celui des pêches, et lui cède peu en qualité quand il est bien préparé ; on choisit de préférence des abricots qui croissent en plein vent. Il est inutile de rappeler que ces fruits et tous ceux

que l'on destine au même usage doivent être aussi mûrs·
que possible. On peut parfumer le vin d'abricots avec un
peu de framboises blanches.

Manière d'obtenir sans frais de la salade fraîche pendant tout l'hiver.

En général, durant l'hiver, la salade est à un prix plus
élevé que pendant l'été : la raison en est simple, puisque
celle que l'on mange à cette époque de l'année ne peut se
conserver ou se reproduire que par des procédés particuliers.

Pendant tout l'hiver, on mange à Paris une salade
connue sous le nom de barbe de capucin ; beaucoup de
personnes usent de cet aliment et ne savent probablement pas quelle est la plante qui le produit, ni de quelle
manière les jardiniers obtiennent ces longues feuilles qui
sont si blanches ; cette plante n'est cependant que la chicorée amère, chicorée sauvage (*chicorium intybus*), et
dont la racine préparée est employée le matin pour le
déjeuner, en guise de café, dans un si grand nombre de
ménages de la capitale. On arrache les racines avant les
gelées, afin de les placer dans un lieu dont la température
ne soit pas au-dessous de 8 degrés, chaleur qui doit per-
mettre à cette plante de végéter pendant la durée de
l'hiver.

Lorsque les racines de cette plante sont arrachées, on
en forme des bottes dont la circonférence est de 10 à
12 centimètres, puis on les range en ordre dans un tas
de sable humide disposé convenablement dans une cave
ou dans tout autre lieu obscur, et dont la température ne
sera pas plus basse que celle du degré que nous avons
indiqué plus haut, ayant soin que le sable ne recouvre les
racines que de 3 ou 4 centimètres ; bientôt on voit s'élever
de la surface de cette espèce de couche des feuilles blan-

ches, grêles, très-juteuses, qu'il faut couper souvent si
on ne veut les voir pourrir, attendu que ces feuilles sont
très-aqueuses. Les jardiniers de Paris, qui emploient
pour cet usage les racines de la chicorée qu'ils ont semée
au printemps, enlèvent les racines et les feuilles du même
coup, et c'est ainsi qu'elle est vendue en bottes aux marchés de la capitale.

Un moyen non moins simple d'obtenir de cette salade,
et qui convient partout par la facilité qu'on trouve à le
mettre à exécution, est celui qui consiste à disposer dans
une cave une vieille futaille ou une vieille caisse, autour
de la circonférence de laquelle on a percé des trous plus
ou moins grands ; puis on place, couche par couche, un lit
de sable et un lit de racines ; les feuilles de la chicorée
viennent se présenter aux ouvertures que l'on a pratiquées
dans les parois des futailles, et, du moment où on les voit
assez grandes pour être coupées, on les enlève : cette
opération doit être répétée fréquemment ; une seule futaille
ainsi garnie suffit grandement à la consommation d'un
ménage nombreux. La chicorée n'est pas, sans doute,
la seule plante qui puisse servir à cet usage. Nous enga-
geons les amateurs à tenter quelques essais, notamment
sur la scorsonère, *scorsonera hispanica*, salsifis noirs, dont
les jeunes pousses donnent une excellente salade.

Manière de conserver le poisson frais.

On trempe de la mie de pain dans de l'eau-de-vie, et,
lorsqu'elle est bien gonflée, on en remplit exactement
toute la capacité de la bouche du poisson, soit brochet ou
carpe ; on y verse ensuite un demi-verre d'eau-de-vie. Le
poisson reste immobile et semble pâmé ; on l'enveloppe de
paille fraîche, que l'on assujettit avec de la ficelle, et on
couvre le tout d'une toile.

Après huit ou dix jours, on le débarrasse sur-le-champ de tout ce qui a servi à sa conservation, on le jette en pleine eau, où il se dégorge et reprend la vie.

De la préparation des jambons.

Comme les bons jambons sont très-estimés et donnent lieu à une branche de commerce considérable, il ne nous paraît pas inutile de traiter de leur préparation.

Les jambons d'Angleterre, qui ne sont point fumés à la nouvelle méthode, trouvent plus de partisans parmi les personnes non accoutumées à la chair fumée, que les jambons de Westphalie, appelés jambons de Mayence.

La préparation anglaise se fait de la manière suivante : l'on prend un demi-kilogramme de cassonade pour 9 litres de sel, et 6 décagrammes 4 grammes de salpêtre. On fait bien sécher le sel dans une poêle, ensuite en le pile avec le sucre et le salpêtre jusqu'à ce qu'il soit réduit en poudre fine ; après quoi on râble fortement les jambons, et on les laisse pendant trois semaines en saumure, en ayant soin qu'ils soient entièrement recouverts ; ensuite on les suspend à l'air jusqu'à ce qu'ils soient secs.

Cette quantité de saumure suffit à peu près pour saler trois jambons ; les petits n'ont besoin que de quinze jours de salage.

Dans la Westphalie, dont les jambons forment une branche de commerce si importante, ils sont râblés de sel et mis en futailles d'une manière si serrée, que la saumure les pénètre avec peine.

Au bout de quinze jours, on les retire de la saumure, et on les accroche dans une cheminée où l'on brûle ordinairement du bois de hêtre, mais à une hauteur telle, qu'ils ne puissent être atteints par la fumée chaude.

Après être restés à la fumée pendant trois semaines, ils sont descendus et transportés dans un lieu sec.

Les cheminées des paysans de Westphalie ne s'ouvrent pas en haut par le sommet, comme presque partout ailleurs, mais derrière ou sur le côté de la maison, et elles ne montent guère plus haut que le plancher.

La fumée se répand ici par toute la maison; mais l'expérience a appris que les jambons qui sont exposés à cette fumée ne sont pas aussi bons que ceux qui se fument dans les cheminées des villes où l'on fait ce commerce.

Il y a encore une autre méthode pour la préparation des jambons.

Le lard râblé avec du sel pilé, et chaud, se met sur une table pendant vingt-quatre heures; puis on en ôte tout le sang et le sel au moyen d'un linge mouillé; ensuite il est mis dans la saumure suivante : on prend, pour 64 kilogrammes de lard, 1 kilogramme de cassonade en poudre, 4 kilogrammes de sel, et 1 quart de kilogramme de salpêtre pilé; on y verse 12 litres d'eau de fontaine que l'on fait chauffer jusqu'à ébullition; on remue bien pendant ce temps la saumure, on l'écume, et, lorsqu'elle est refroidie, on la tamise.

Le lard est ensuite mis dans une barrique, et l'on répand sur chaque couche un mélange de 2 décigrammes de girofle, autant de poivre, 8 décigrammes des quatre épices, le tout pilé ; on verse également de la saumure sur chaque couche.

Le lard est retourné tous les trois jours dans la barrique, et au bout de douze à seize jours il en est retiré pour être pendu à l'action d'une fumée froide : celle du chêne est préférable.

On peut se contenter d'exposer pendant dix ou douze jours ces jambons à la fumée, si elle est continue.

Le goût des jambons ainsi préparés surpasse peut-être celui des jambons de Westphalie.

Moyen de blanchir et de nettoyer les marbres.

Les marbres blancs, bleus ou gris peuvent se blanchir par un moyen analogue à celui mis en usage pour les toiles et la cire. On place dans un jardin, sur deux rouleaux en bois blanc, dont l'un plus élevé que l'autre, la pièce de marbre tachée ; on la savonne avec un linge très-doux ; on la recouvre avec un linge peu serré et très-usé, et on l'arrose exactement six et huit fois par jour avec de l'eau dans laquelle on peut mettre 30 grammes de sel de tartre par seau ; car le savon ne s'emploie qu'en commençant. Si la saison est favorable et le soleil ardent, le marbre se blanchit en moins de six semaines ; mais, s'il existait des taches profondes, il faudrait continuer plus longtemps et découvrir le marbre pour l'exposer aux rayons directs du soleil. Les fentes, les éclats, les cavités peuvent se reboucher ensuite, pour les marbres blancs, avec de l'eau de colle et de l'albâtre en poudre, de l'ardoise pour le gris, et de l'ocre rouge pour ceux qui sont rouges. On repolit en partie ou en totalité avec de la pierre ponce de plus en plus fine, du tripoli et du blanc d'Espagne. Cette manœuvre demande de l'habitude et du travail ; aussi les marbriers, pour l'abréger, se servent d'un encaustique composé d'un peu de cire blanche fondue à froid dans l'essence de térébenthine ; c'est ce qu'on appelle le vernis des marbriers. Il faut éviter de se servir de l'huile, car une seule goutte de ce liquide traverse de part en part le marbre le plus épais.

Procédé pour nettoyer à fond les marbres et les parchemins.

On préparera un bain composé d'une partie d'acide nitrique (eau-forte) et de 50 parties d'eau. Si l'objet est un peu volumineux, on se contentera de le plonger dans le bain, et presque au moment de l'immersion le nettoiement s'opère de lui-même ; il suffit ensuite de le rincer à l'eau pure et fraîche et de le laisser à l'abri de la poussière.

On est parvenu ainsi à rendre leur valeur à des ouvrages très-précieux que le temps et la négligence avaient ternis.

Moyen pour augmenter la dureté du plâtre.

La solidité qu'acquiert le plâtre après être gâché est produite par l'arrangement des particules du plâtre ; mais cette solidité est, pour certaines espèces, singulièrement augmentée par l'addition de 10 à 12 pour cent de chaux éteinte au moment de l'emploie. On sait que des pierres à plâtre de bonne qualité en apparence fournissent par la calcination un plâtre de qualité médiocre. Avant de les rejeter, on devra essayer le mélange que nous venons d'indiquer, rarement employé, quoique conseillé par M. Guyton-Morveau.

Procédé pour faire croître les cheveux.

Prenez 250 grammes d'aurone fraîchement cueillie et pilée grossièrement, que l'on fait cuire dans 750 grammes de vieille huile et un demi-litre de vin rouge ; retirez cette préparation du feu et exprimez bien le suc de cette plante dans un linge ; on recommence trois fois cette opération avec de nouvelle aurone ; à la fin, l'on ajoute dans la collature 62 grammes de graisse d'ours. Cette huile fait promptement repousser les cheveux.

Autre.

Prenez 31 grammes de moelle de bœuf, ajoutez-y 31 grammes de graisse de pot-au-feu avant qu'il soit salé ; faites-les bouillir ensemble dans un pot de terre neuf ; passez-les et jetez ensuite par-dessus 31 grammes d'huile de noisette : cette pommade fait croître et revenir les cheveux dans les endroits dénudés ; nous en avons vu nous-même les heureux effets.

Autre.

En général, tous les corps gras nourrissent la bulbe capillaire ; mais, s'ils sont surabondants, ils l'étouffent.

La moelle de bœuf, unie à l'huile d'olive, le suc d'oignons blancs, le beurre frais, la graisse d'oie, paraissent mériter la préférence.

Huile pour faire pousser les cheveux.

Mêlez parties égales d'huile et d'esprit de romarin, ajoutez quelques gouttes d'huile de muscade ; oignez et frottez tous les jours les cheveux d'un peu de ce liniment, en augmentant chaque jour un peu la quantité.

Pommade souveraine pour les cheveux.

Faites fondre au bain-marie 500 grammes de graisse de mouton et autant de graisse de porc, toutes les deux bien épurées, et ajoutez-y 125 grammes de sel blanc bien fin. Les graisses étant fondues, mettez-les refroidir, en remuant toujours pour que le sel s'incorpore le mieux possible avec la graisse ; ajoutez-y ensuite 125 grammes de graine de persil en poudre très-fine, 15 grammes de graine d'aneth et de graine de fenouil, et mettez la pommade dans un pot.

Moyen pour rendre blonde une chevelure rousse.

250 grammes d'eau de plantain, 31 grammes de savon de Venise, 15 grammes de gomme arabique, le tout mêlé et formé en onguent dont on se frotte matin et soir la chevelure, qui, après quelque temps, devient d'un blond très-agréable.

Remède qui embellit les cheveux, les fait croitre et empêche qu'ils ne tombent.

On fait bouillir 500 grammes de bois de buis vert, coupé très-fin, dans une bouteille d'eau pendant une heure ; on fait égoutter ce liquide pour le mêler avec une égale quantité de vin vieux, 62 grammes de baume du Pérou et 31 grammes de teinture de quinquina, qu'on mélange bien dans un mortier. Le matin et le soir, on en frotte la tête jusqu'à la peau avec la quantité d'une cuillerée à bouche.

Remède contre la sueur des pieds.

Les personnes qui suent habituellement des pieds ont un moyen d'y remédier sans danger : c'est de se les essuyer avec un linge sec en sortant du lit et lorsqu'ils sont encore dans un état de moiteur, puis de jeter dessus quelques gouttes d'eau-de-vie. Les pores absorbent cet esprit qui imprime du ton au système général et lui donne la force de s'assimiler une évacuation incommode. C'était tout le secret du grand Frédéric, qui l'employait souvent.

Remède contre les douleurs occasionnées par la gêne de la chaussure ou la fatigue de la danse.

Quand un soulier trop étroit ou les plis des bas trop longs, ou les coutures des semelles en toile, auront froissé le pied, on en apaisera aussitôt la souffrance en mouillant

un morceau de savon blanc avec de l'eau-de-vie, et en
frottant de ce savon l'endroit affecté. On termine par laver
avec de l'eau-de-vie pure.

Cette opération calme subitement la cuisson que l'on
éprouve à la plante des pieds quand on a trop dansé ou
marché trop longtemps. Si l'impression douloureuse persistait après le premier frottement, on le réitérerait en employant un peu plus d'eau-de-vie.

**Remède contre la sueur immodérée des aisselles, des mains et des
pieds.**

La sueur sous les aisselles est, sans contredit, la plus
incommode, parce qu'elle tache le dessous de l'entournure
des manches et la partie correspondante du corsage : elle
donne au blanc de fil ou de coton une couleur jaunâtre
et une roideur très-désagréable. Quant aux étoffes de
couleur, de soie surtout, l'inconvénient est bien pire, car
la sueur, contenant des principes acides, détruit complétement les couleurs. De plus, le tissu, toujours ainsi humecté d'acide, se crispe, se corrode et se déchire à cet
endroit, tandis que la robe est encore toute neuve. La
santé souffre aussi de cette importune sueur, parce que la
manche de chemise, l'emmanchure du corset, de la robe,
une fois trempées, sont longues à sécher en hiver, se refroidissent et causent des rhumes fréquents et de vives
douleurs de poitrine. Pour surcroît, il arrive quelquefois
que cette sueur exhale une odeur extrêmement désagréable
et presque analogue à la vapeur méphitique du chanvre en
rouissage dans l'eau. Ce dernier cas est heureusement
fort rare, mais la sueur des aisselles incommode les trois
quarts des dames.

Plusieurs pratiques sont en usage pour combattre cette
incommodité. On garnit le dessous des manches de l'em-

manchure des robes de soie avec de la peau blanche de
gant, du coton en ouate, du taffetas gommé. J'ai l'expérience que chacune de ces choses a son désagrément : la
peau se tord , se durcit de manière à blesser, et produit
une odeur infecte , même quand la sueur n'en a pas ; le
coton apporte une chaleur gênante ; le taffetas gommé
se décompose souvent, et, quand la sueur est d'une nature
âcre, elle sent aussi fort mauvais. Au reste, tout cela ne
sert qu'à prévenir les taches, et ne combat nullement le mal
que la poitrine peut souffrir. Je vais donner un moyen pour
empêcher à la fois tout les inconvénients de la sueur
d'avoir lieu. La simplicité de ce moyen ne serait un motif
de défiance que pour les gens sans réflexion.

Comme il faut bien se garder d'arrêter le cours de cette
sueur, dont la nature se sert pour sécréter des humeurs
nuisibles, là seule propreté doit contribuer à vous en dé-
livrer : vous vous laverez, chaque matin, le dessous des
bras avec de l'eau tiède ; vous les essuierez bien avec un
linge chaud en hiver, puis, dès que vous sentirez la première atteinte de la sueur, vous glisserez sur le gousset de
la manche de chemise un petit morceau carré de toile fine
ou de batiste. Ce petit morceau, que l'on peut appeler
gousset mobile, aura environ 11 centimètres en tout sens;
il sera ourlé tout autour, et, au milieu de l'une des faces,
on adaptera un petit morceau de ganse plate pour attacher les deux goussets ensemble lorsqu'on voudra les
blanchir. Vous ferez bien d'en avoir une provision, afin
de les changer dès que vous les sentirez humides : de cette
manière, la sueur ne peut percer jusqu'à la robe, et même
jusqu'au corset ; elle ne demeure pas de manière à se
refroidir sur la peau, et son évaporation, ainsi favorisée ,
ne tarde pas à devenir moins incommode : le contact du
linge blanc, sans être froid, suffit quelquefois pour l'ar-

rêter. Les bains, sont aussi très-bons pour la sueur immodérée des aisselles, parce qu'en facilitant la transpiration générale , ils diminuent celle de cette partie. Si ces remèdes sont insuffisants (ce qui n'arriverait que dans le cas d'un flux de sueur extraordinaire), il faudrait laver encore le soir le dessous du bras et le saupoudrer d'iris de Florence en poudre, qui absorberait la sueur. Cette dernière pratique est surtont convenable quand elle a de l'odeur.

La sueur des mains est moins désagréable, mais elle l'est encore beaucoup, parce qu'elle ternit tous les ouvrages que l'on fait, et salit horriblement les gants. On peut la combattre aussi par la propreté et en saupoudrant de temps en temps les mains avec de la pâte d'amandes en poudre très-sèche.

Reste la sueur des pieds : elle est presque toujours accompagnée d'une odeur fétide insupportable, et l'on doit prendre les plus grandes précautions pour s'en garantir : se laver les pieds avec de l'eau tiède soir et matin ; prendre des bas blancs chaque jour ; porter des chaussons de batiste ou de percale fine, afin de ne pas grossir le pied, et les renouveler chaque matin; avoir dans son soulier une semelle de toile de coton velue pour absorber la sueur; arroser cette semelle d'eau de Cologne, d'eau-de-vie, de lavande, de menthe, etc. ; la changer fréquemment, et la fétidité des pieds diminuera d'abord et disparaîtra bientôt. Je ne conseille pas l'usage d'une semelle de taffetas gommé, parce qu'elle refroidit trop le pied. Une excellente pratique est de saupoudrer les pieds avec de la poudre d'alun brûlé. Cette poussière absorbe la mauvaise odeur et ne met point d'obstacle à la transpiration. Les personnes qui seraient sujettes à cette horrible exhalaison ne trouveront pas qu'elles payent trop cher, par ces minutieuses pratiques , la fin d'une véritable infirmité,

DES POMMADES.

La pommade ordinaire pour les cheveux est un mélange de graisse de porcs, bien pure et bien préparée, qu'on fait fondre avec un peu de cire blanche.

On a soin de conserver dans cette pommade une quantité d'eau qui reste mêlée à la totalité de la masse, et c'est ce qui lui donne cette apparence grenue qu'on lui connaît. Les *parfumeurs* nomment ce composé *pommade blanche sans odeur.*

Les *pommades de senteur* ordinaires, comme celles de *citron*, de *bergamote*, de *cédrat*, etc., se font en ajoutant à la pommade blanche dont nous venons de parler quelques gouttes d'huile essentielle, tirée de l'écorce de ces fruits.

Les pommades à la *fleur d'oranger*, à la *lavande*, au *jasmin*, etc., se font au bain-marie, en mettant infuser ces fleurs dans de la graisse de porc bien préparée.

Voici pour exemple le procédé d'une *pommade de fleurs de lavande*, tel que M. Baumé, de l'Académie royale des sciences, le décrit dans ses *Éléments de pharmacie;* on ne peut suivre la doctrine d'un maître plus célèbre ni plus instruit :

Prenez graisse de porc. . . . . 2 kil. 500 gram.
De fleurs de lavande récentes. . 12 kil.
De cire blanche. . . . . . . » 250 gram.

Pommade de concombres.

Prenez graisse de porc. . . . 1 kil.
Concombres et melons bien mûrs,
    ensemble. . . . . . . 3 kil.
Verjus. . . . . » 500 gram.

Pommes de reinette. . . . . N° 4.
Lait de vache. . . . . . . 1 kil.

On coupe grossièrement la chair des melons, des con-combres et les pommes de reinettes ; on sépare les écorces seulement ; on écrase le verjus. On met toutes ces choses dans le bain-marie d'un alambic, avec le lait et la graisse de porc.

On fait chauffer ce mélange au bain-marie pendant huit ou dix heures ; alors on passe avec expression, tandis que le mélange est chaud.

On expose la pommade dans un endroit frais pour la faire figer ; on la sépare de l'humidité qui se trouve des-sous ; on la lave dans plusieurs eaux, jusqu'à ce que la dernière soit claire ; on fait refondre cette pommade au bain-marie à plusieurs reprises, pour la séparer de toutes ses fèces et de toute son humidité, sans quoi elle rancirait en fort peu de temps. On la conserve dans des pots.

On fait encore une pommade simple de concombres, en faisant chauffer ensemble de la graisse de porc et des con-combres pelés et coupés par morceaux ; on procède, pour le reste de la préparation de cette pommade, comme pour la précédente, et on la conserve dans des pots.

L'une et l'autre pommade sont cosmétiques ; elles ser-vent à adoucir la peau et à la maintenir dans son état de souplesse et de fraîcheur.

Manière de colorer les cires pour les fleurs artificielles.

La fabrication des fleurs artificielles en cire est un art que peu de personnes possèdent, parce que les fabricants tiennent leurs procédés secrets, et les marchands laissent à un prix trop élevé leurs cires colorées. Nous avons fait des recherches dont les résultats ont été satisfaisants ; nous nous empressons de les communiquer.

Les fleurs artificielles en cire rivalisent d'éclat et de fraîcheur avec les fleurs naturelles. Par leur souplesse et la transparence qui les rapproche de la nature, on n'aperçoit pas les stries provenant des mailles du tissu, qui déparent les fleurs en étoffe.

La cire à employer est la cire blanche, dite vierge ; quoique en apparence de bonné qualité et fort blanche, elle ne peut toujours servir à la confection des fleurs, attendu qu'elle retient un peu des substances dont on s'est servi pour la blanchir. On devra donc rejeter toute cire dont la cassure est granuleuse ou devient friable sous la dent, ou qui, mise sur une pelle rouge, laisse après sa combustion une poudre blanche, car alors elle contient de l'alun, de la couperose ou de l'arsenic qui altéreraient les couleurs que l'on y incorpore.

Pour certaines parties de la fleur, la cire est trop dure et trop cassante ; on la ramollit en fondant une partie de térébenthine sur six de cire.

Quand on veut imiter les feuilles qui ont de la rigidité, comme celle de l'iris, on peut ajouter deux parties de blanc de baleine à huit de cire. Cette addition rend aussi cette cire translucide.

Toute addition d'un corps gras quelconque, en quelque petite quantité que ce soit, enlève à la cire le brillant que l'on cherche à obtenir, et empêche que l'on puisse lustrer la fleur en la présentant au feu.

Les précautions à prendre sont de fondre à un feu doux, de travailler dans une chambre bien chauffée, à 25 degrés environ. Les instruments sont un petit marbre et une molette, un réchaud, deux casseroles en cuivre ou en porcelaine, et deux ou trois spatules.

On commence par broyer les couleurs avec le plus grand

soin (1), d'abord à sec, ensuite avec l'essence de citron ou de lavande, dont on met peu à peu ce qu'il faut pour que la couleur soit en pâte. On a d'un autre côté de la cire fondue dont on verse la quantité qu'il plaît dans une casserole de porcelaine échauffée à l'avance, puis, à l'aide d'une spatule, on démêle la couleur dans cette cire, on agite vivement, et on continue jusqu'au moment où la cire va se figer ; il est temps alors de la couler dans un moule en carton ou en faïence.

Quand on n'est pas habitué, on se trompe souvent sur la quantité de couleur, qu'il est impossible de spécifier ; la dose un peu plus ou moins forte est une affaire dont le goût décide.

Blanc.

Le blanc de plomb, broyé comme il a été dit, est incorporé dans la cire ; on laisse un instant sur le feu pour faire évaporer l'essence de citron, et on coule dans le moule avec les précautions indiquées plus haut.

Rouge.

Se fait avec le vermillon de Chine bien choisi ;
Rose vif, avec cire blanche et carmin fin n° 40 ;
Rosé un peu violet, avec laque carminée.

Bleus.

Bleu foncé se fait avec cire jaune et indigo.
Bleu plus vif   —   bleu de Prusse.
Bleu de ciel   —   cendres bleues.

(1) Les personnes qui habitent les grandes villes peuvent acheter des couleurs toutes broyées qui sont conservées en torchis ; l'opération en devient plus simple et plus prompte.

Jaunes.

Jaune orange se fait avec jaune orange, chromate de
plomb.

Jaune citron — jaune de chrome, chromate
de plomb.

Jaune paille — un peu de blanc de plomb et
de jaune de chrome.

Jaune Nankin — ocre jaune, un peu de vermillon et de blanc.

Verts.

Vert jaunâtre se fait avec jaune chrome et bleu de
Prusse.

Vert plus foncé — jaune chrome et un peu de
bleu de Prusse.

Vert faux ou monstre — cendres vertes et bleu de
Prusse.

Vert d'eau — vert-de gris cristallisé.

Vert pomme — vert de Scheele, arséniate de
cuivre.

Violets.

Violet se fait avec carmin et bleu de Prusse.

Violet lilas — carmin, bleu de Prusse et blanc.

Saumon — rose, carmin ou laque, et un peu de
jaune.

Autre — vermillon, jaune et blanc.

Couleurs transparentes.

On peut faire deux couleurs transparentes sans rien
ajouter à la ciré, l'une rouge, en faisant infuser à chaud

13

de l'orcanette cassée dans la cire ; l'autre jaune, avec la racine de curcuma en poudre.

Quant à la mollesse, on l'obtient en ajoutant quelques gouttes d'essence de citron ou avec la térébenthine, comme nous l'avons dit plus haut.

Manière de velouter la cire.

Ce procédé, dont on fait un grand mystère, et qu'on croirait fort difficile à pratiquer lorsqu'on considère le prix élevé auquel on vend les cires veloutées, est cependant d'une extrême simplicité, et nous avons fait jouir, il y a longtemps, nos lecteurs de cette découverte, qui a toujours fourni des résultats au delà de toute espérance. Lorsque la cire est bien sèche et sortie de son moule, on la place sur une table, puis on se sert d'un couteau à deux manches, formé d'une lame d'acier, large de 3 centimètres et long de 11, et dont les côtés de la lame, taillés en biseaux prononcés très-affilés, sont opposés l'un à l'autre, afin de donner plus de facilité à l'opérateur lorsqu'il veut se servir alternativement des deux tranchants ; on fixe la cire devant soi, sur une table, au moyen d'une petite planchette qui l'empêche d'être entraînée (lorsque, plaçant l'instrument à la partie la plus éloignée du côté de la planchette, on tire les rubans) ; on saisit les manches du couteau, dont le biseau regarde le côté opposé à l'opérateur, avec les deux mains, et on le tire brusquement en raclant toute la surface de la cire, qui se lève en beaux rubans bien veloutés d'un côté et brillants du côté où la cire a été coupée. On conçoit aisément que, ramenant brusquement à soi la cire, toutes les molécules sont pressées les unes contre les autres avec beaucoup de régularité, ce qui donne l'apparence veloutée et produit une imitation parfaite des pétales des fleurs naturelles.

Si on veut obtenir une couleur très-intense et un velouté
mat, on mettra beaucoup dé couleur dans la cire ; ou bien,
si on veut obtenir un velouté dont le reflet soit un peu
différent de la teinte de la cire, on choisit la couleur dési-
rée et réduite en poudre impalpable, puis, à l'aide d'un
pinceau, on étend cette couleur à sec sur toute la surface,
avec autant d'égalité que possible : on pourrait l'étendre
aussi soit à l'aide d'un tampon de mousseline ou d'un morceau de drap fin sur lequel on aurait répandu la couleur en
poudre. Il est essentiel, pour quelques fleurs qui sont panachées, telles que les œillets, les tulipes, différentes espèces de roses, les giroflées, etc., de placer des couleurs
différentes ou nuancées sur un fond uni ; cela se pratique
aisément au moyen d'une dissolution de couleurs dans l'esprit-de-vin : on emploie les couleurs à l'esprit-de-vin des
fabricants de fleurs en batiste, et, à l'aide d'un pinceau,
on nuance la cire au moyen d'une ou plusieurs couches,
puis on la tire en rubans : il est difficile de voir quelque
chose qui imite mieux la grâce et la suavité des couleurs
dont sont ornées les fleurs naturelles.

MANIÈRE DE FAIRE LES FRUITS ARTIFICIELS.

Cerises.

On forme, avec un morceau de coton roulé, une petite
boule à laquelle on donne, autant que possible, la forme du
fruit ; on l'assujettit à un morceau de fil de fer qui doit lui
servir de queue. Avec un peu d'eau de colle légère, on
donne une couche ou deux à la volée ; on laisse sécher, et
on plonge ensuite à plusieurs reprises dans une colle plus
épaisse. Quand le fruit semble suffisamment solide et lustré,
on le peint le plus naturellement possible. Alors on le
plonge à deux fois dans une eau de colle de gants très-

légère ; quand il est sec, on le lisse légèrement avec une lime fine, et on plonge dans un vernis copal n° 1 des marchands ; un peu après, on tient le fruit par la queue, et on le tourne en divers sens pour que le vernis se répande également quand il commence à sécher ; on attache plusieurs fruits ainsi préparés autour d'une baguette trouée, et on les place dans un endroit chaud, tel qu'une étuve ou au-dessus d'un four. On recommence encore une ou deux fois l'immersion dans le vernis, en faisant sécher chaque fois pendant une heure pour les cerises noires, les cassis et les raisins noirs, dont le travail préparatoire est le même. Après avoir peint les cerises noires, les cassis et les raisins, on les trempe dans un vernis qui se prépare de la manière suivante :

Après avoir fait infuser un peu d'orseille dans de l'esprit-de-vin pour le colorer en rouge violet, on y met fondre, par 50 gram., 95 à 125 gram. de gomme laque et 8 gram. d'essence de térébenthine épaissie ; la dissolution est de 8 à 15 jours à s'opérer ; elle est rarement complète. On a soin d'agiter tous les jours et de bien boucher la bouteille ; au bout de ce temps, on soutire, et les fruits sont plongés dans ce vernis. Quand, après la première et la seconde immersion, il y a des inégalités, il faut les user avec un peu de pierre ponce en poudre, de l'huile et un chiffon ; on essuie et on replonge de nouveau dans le vernis. Ces petites opérations demandent de la patience en commençant ; mais les imitations, de cette manière, sont parfaites.

Fruits rouges.

Les fruits rouges, tels que les épines-vinettes, les fruits de sorbier, de l'aubépine et de l'églantier, se préparent en les peignant avec le vermillon mêlé à un peu de laque carminée, broyée à l'essence et délayée dans le vernis copal.

On donne plusieurs couches et on polit chaque fois pour que l'imitation soit complète.

Les fruits qui ne sont pas destinés à la parure des dames peuvent être préparés en cire moulée en plein ou coulée; les personnes peu expérimentées peuvent plus aisément imiter les formes. Quand le fruit est moulé, on le recouvre d'une couche ou deux de colle légère d'amidon, et on peint comme à l'ordinaire. Avec un peu d'habitude, on pourrait, avec les cires indiquées, imiter parfaitement les couleurs; on n'aurait plus qu'à les vernir.

DES CONFITURES.

On réduit toutes les confitures à 8 sortes, savoir : confitures liquides, marmelades, gelées, pâtes, confitures sèches, conserves, fruits candis et dragées.

Confitures liquides.

Les confitures liquides sont celles dont les fruits, ou tout entiers, ou en morceaux, ou en graines, sont confits dans un sirop fluide, transparent, qui prend sa couleur de celle des fruits qui y ont bouilli. Il y a beaucoup d'art à les bien préparer : si elles ne sont pas assez sucrées, elles se tournent; si elles le sont trop, elles se candissent. Les plus estimées des confitures liquides sont les prunes, particulièrement celles de mirabelle, l'épine-vinette, les groseilles, les abricots, les cerises, la fleur d'oranger, les petits citrons verts de Madère, la casse verte du Levant, les myrobolants, le gingembre, les clous de girofle, etc., etc.

Confitures de prunes.

Prenez telles prunes que vous jugerez à propos, comme de perdrigon, de reine-claude, de mirabelle ou d'autres

sortes; passez-les à l'eau chaude : quand elles seront bien
mollettes sous les doigts, vous les retirerez avec une écumoire et les mettrez dans de l'eau fraîche.

Clarifiez 2 kil. 1|2 de sucre pour un cent de prunes ;
mettez vos prunes dans nn vase bien propre une à une,
pour qu'elles ne s'écrasent pas, et ajoutez-y votre sucre
un peu plus que tiède. Tous les jours, soir et matin, pendant quatre ou cinq jours, vous mettez égoutter vos prunes
sur un tamis et vous faites bouillir votre sucre, que vous écumez toutes les fois, et remettez vos prunes dans votre vase,
et votre sucre par-dessus, toujours un peu plus que tiède.

Il faut que votre reine-claude soit verte, et si vous em-
ployez d'autres prunes, elles doivent conserver leur couleur également.

Si, à la fin, vous voyez que votre sucre n'est point assez
épais, vous le faites recuire en ajoutant deux verres d'eau
pour faciliter la clarification, et vous le jetez sur vos
prunes tout bouillant.

Confitures de poires de rousselet.

Les confitures de poires de rousselet se font de la même
façon que les confitures de prunes.

Confitures d'abricots entiers ou par moitié.

Les confitures d'abricots entiers ou par moitié se font
de la même façon que les confitures de prunes.

Confitures de cacao.

On fait choix d'écorces de cacao à demi mûres ; on en
tire promptement les amandes sans les endommager. On
les met tremper, pendant quelques jours, dans de l'eau de
fontaine que l'on change soir et matin ; après les avoir
retirées, on les essuie, on les larde avec de petits mor-

ceaux de citron et de cannelle ; on prépare un sirop de sucre clarifié et d'une faible consistance ; on l'ôte bouillant de dessus le feu, on y jette des grains de cacao, et on les y laisse tremper pendant vingt-quatre heures ; ensuite on les retire de ce sirop, et, pendant qu'on les laisse égoutter, on en fait un nouveau plus épais. On les fait tremper encore vingt-quatre heures ; on réitère cinq ou six fois cette opération, en augmentant chaque fois la quantité de sucre, sans jamais les mettre sur le feu ,ni leur donner d'autre cuisson. Enfin, ayant fait cuire un dernier sirop, plus épais que les précédents, on le verse sur le cacao, qu'on a mis , bien essuyé, dans un pot de faïence pour le conserver ; et, quand le sirop est presque refroidi, on y mêle quelques gouttes d'essence d'ambre. Lorsqu'on veut tirer cette confiture à sec, on ôte les amandes du sirop, et, après les avoir bien égouttées, on les plonge dans une bassine pleine d'un sirop bien clarifié et fort de sucre, et de suite on les met à l'étuve, où elles prennent le candi. Cette confiture, qui ressemble assez à la noix de Rouen, est excellente pour fortifier l'estomac sans trop l'échauffer. On peut même en donner aux malades qui ont la fièvre.

DES MARMELADES.

Les marmelades sont des espèces de pâtes à demi liquides, faites de la pulpe des fruits ou des fleurs qui ont quelque consistance, comme les abricots, les pommes, les poires, les prunes, les coings, les oranges et le gingembre : la marmelade de gingembre vient des Grandes-Indes par la Hollande ; on la regarde comme excellente pour ranimer la chaleur naturelle des vieillards.

Pour faire, par exemple, la marmelade d'abricots, on choisit des abricots bien mûrs, on les coupe en deux, on

en sépare les noyaux, on pèse quinze livres de ce fruit ;
d'une autre part, on fait cuire son sucre à la plume ; aussitôt on ajoute le fruit, on remue ce mélange, et on le fait
bouillir jusqu'à ce qu'il ait une consistance convenable, ce
que l'on reconnaît en en faisant refroidir un peu sur une
assiette ; alors on y met les amandes qu'on a séparées des
noyaux et dont on a ôté la peau, puis on coule dans des
pots la confiture tandis qu'elle est chaude, et on ne la
couvre que lorsqu'elle est entièrement refroidie.

Marmelade de pommes.

Faites bouillir des pommes de reinettes entières dans
de l'eau jusqu'à ce qu'elles commencent à fléchir sous les
doigts ; retirez-les pour leur ôter la peau ; prenez-en la
chair, que vous passez au travers d'un tamis, en la pressant fort ; mettez ce que vous avez de passé dans une
poêle sur le feu, jusqu'à ce qu'elle soit bien épaisse ; faites
cuire à la grande plume le même poids de sucre et de
marmelade ; mettez-les ensemble en les remuant avec une
spatule ou une cuiller de bois ; remettez sur le feu, seulement pour faire chauffer, en remuant toujours. Lorsque ce
mélange commence à bouillir, vous l'ôtez et le mettez dans
les pots quand il est un peu refroidi ; mais ne le couvrez
que lorsqu'il est tout à fait froid. Vous trouverez la
cuisson du sucre à la grande plume à la marmelade de
verjus, ci-après.

Marmelade de prunes.

Otez les noyaux des prunes que vous voulez employer ;
prenez-en la quantité que vous jugerez à propos ; faites-
les bouillir sur le feu avec un peu d'eau jusqu'à ce qu'elles
se mettent en marmelade ; passez cette marmelade dans
un tamis, remettez sur le feu ce que vous aurez passé, et

faites-la bouillir jusqu'à ce qu'elle soit prête à s'attacher à la poêle ; ensuite vous la pesez et mettez la même quantité de sucre que vous avez de marmelade, et un bon quart de litre d'eau ; faites bouillir le sucre et écumez bien. Vous connaîtrez qu'il sera cuit en trempant deux doigts dans de l'eau fraîche, ensuite dans le sucre, et après dans la même eau ; et si le sucre qui reste à vos doigts casse net, alors vous y mettez votre marmelade, que vous délayez avec le sucre, en remuant sur le feu seulement jusqu'à ce qu'elle frémisse ; puis mettez-la dans des pots quand elle est froide, et jetez un peu de sucre fin dessus.

Marmelade de poires.

Faites cuire dans de l'eau, jusqu'à ce qu'elles soient tendres dessous, la quantité de poires de rousselet que vous jugerez à propos ; ôtez-en la peau et n'en prenez que la chair, que vous passerez dans un tamis ; mettez-la sur le feu, et la remuez toujours jusqu'à ce qu'elle soit prête à s'attacher à la poêle ; ensuite vous la pesez, et mettez la même quantité de sucre dans une poêle avec un quart de litre d'eau ; vous faites bouillir et vous écumez. Continuez de faire bouillir jusqu'à ce que, trempant l'écumoire dedans, et la secouant, il se lève de longues étincelles qui se tiennent ensemble ; mettez-y la marmelade pour la délayer avec le sucre sur le feu ; quand elle commencera à frémir, vous la mettrez dans les pots, et, quand elle sera froide, vous mettrez par-dessus un peu de sucre fin.

Marmelade de verjus.

Mettez dans une eau prête à bouillir 2 kilog. de verjus presque mûrs, dont vous aurez ôté la grappe ; lorsqu'ils sont prêts à bouillir, vous les ôtez du feu, et les couvrez pour les faire reverdir,

Laissez-les dans la même eau jusqu'à ce qu'elle soit froide ; retirez-les pour les passer au tamis, et en tirez le plus de marmelade que vous pourrez en les pressant fortement avec une cuiller, et mettez cette marmelade dans une poêle sur le feu pour l'amener jusqu'à consistance bien épaisse. Sur 500 grammes, vous faites cuire 500 grammes de sucre à la grande plume, et vous y mettez la marmelade, que vous délayez bien avec le sucre ; remettez sur le feu en la remuant toujours jusqu'à ce qu'elle soit prête à bouillir ; alors vous la mettrez dans les pots.

Marmelade de verjus à la bourgeoise.

Prenez la quantité de verjus que vous jugerez à propos ; qu'il ne soit pas tout à fait mûr ; ôtez-en la grappe et mettez-le dans l'eau qui est sur le feu, prête à bouillir. Lorsque le verjus commence à pâlir et qu'il a monté sur l'eau, jetez-y un peu d'eau fraîche et retirez-le du feu ; couvrez jusqu'à ce qu'il soit devenu vert ; et, en cas qu'il ne redevienne pas assez vert, vous le laissez dans la même eau, que vous faites chauffer jusqu'à ce qu'il le soit assez ; après, vous l'égouttez et le passez au travers d'un tamis, en le pressant fortement avec une cuiller de bois. Pesez cette marmelade pour la mettre dans une casserole avec le même poids de sucre fin, que vous faites bouillir ensemble jusqu'à ce que, trempant un doigt dans la marmelade et l'appuyant contre l'autre, les deux doigts se collent ensemble sans beaucoup de résistance. Vous la mettez dans les pots après qu'elle sera un peu refroidie.

Marmelade de fraises.

Épluchez et lavez 250 grammes de fraises ; faites égoutter et passez-les dans un tamis pour les mettre en marmelade. Mettez sur le feu 500 gram. de sucre avec un verre d'eau ; faites-le bouillir et bien écumer ; continuez de le faire bouillir jusqu'à ce que, trempant l'écumoire dedans et la secouant, il en sorte de longues étincelles ; mettez-y votre marmelade de fraises pour la délayer avec le sucre, en la remuant toujours sur un feu doux, sans qu'elle bouille, et mettez-la dans des pots : cette dose est une règle pour la quantité que l'on veut faire.

Marmelade de framboises.

Faites cuire 500 grammes de sucre de la même façon que pour les fraises. Quand il est à son point de cuisson, vous y mettez les framboises préparées ainsi qu'il suit : épluchez un kilogramme de framboises, et passez-les dans un tamis pour les mettre en marmelade ; mettez cette marmelade sur le feu pour la faire dessécher, jusqu'à ce qu'elle soit prête à s'attacher à la poêle ; ensuite ajoutez-la au sucre, et faites-lui faire quelques bouillons, en la remuant toujours, puis mettez-la dans des pots.

Marmelade de cerises.

Faites cuire un kilogramme de sucre de la même façon que pour la marmelade de fraises ; ensuite mettez-y 2 kilogrammes de cerises, après avoir ôté les noyaux et les queues ; remuez-les avec du sucre, et faites bouillir ensemble jusqu'à ce que le sirop se colle dans vos doigts ; puis ôtez du feu pour le mettre dans les pots.

Marmelade de fleur d'oranger.

Mettez six cent vingt-cinq grammes de sucre dans une poêle avec un quart de litre d'eau ; faites-le bouillir et bien écumer ; après, vous continuez à le faire bouillir jusqu'à ce que, trempant l'écumoire dedans, la secouant sur le sucre et soufflant au travers des trous, il en sorte de petites étincelles de sucre. Vous y mettez ensuite votre fleur d'oranger préparée de cette façon : prenez deux cent cinquante gram. de fleur d'oranger épluchée, faites-la bouillir un demi-quart d'heure dans l'eau ; retirez cette eau du feu et y jetez une petite pincée d'alun ; mettez d'autre eau sur le feu , et , quand elle bouillira, pressez-y le jus d'un citron , puis retirez votre fleur d'oranger de sa première eau avec l'écumoire en laissant égoutter un peu , et faites-la bouillir dans l'eau de citron jusqu'à ce qu'elle soit bien tendre sous les doigts ; après, vous la mettez une demi-heure dans l'eau fraîche avec un peu de jus de citron ; ensuite vous la passez dans un linge pour en faire sortir l'eau, et la pilez dans un mortier pour la mettre en marmelade. Remettez le tout sur un feu doux, et versez le sucre en plusieurs fois sans faire bouillir ni même frémir ; dressez dans les pots , et jetez par-dessus un peu de sucre fin quand elle sera froide.

Marmelade de pêches.

Pelez des pêches, qu'elles ne soient pas trop mûres ; ôtez-en les noyaux et coupez-les en petits morceaux ; ensuite vous faites cette marmelade de la même façon que pour les abricots.

Marmelade d'épines-vinettes.

Faites cuire sept cent cinquante grammes de sucre de la même façon que pour la marmelade de poires ; ensuite vous y mettrez de l'épine-vinette préparée de la manière suivante : ayez cinq cents grammes d'épine-vinette tout égrénée, que vous mettez dans une casserole avec un verre d'eau, et la faites bouillir jusqu'à ce qu'elle soit en marmelade ; passez-la au tamis et la pressez jusqu'à ce qu'il

ne reste que les peaux dans le tamis ; remettez sur le feu
ce qui a passé au travers du tamis pour le faire bouillir, en
tournant toujours jusqu'à ce que la marmelade soit prête
à s'attacher à la poêle ; ensuite vous la mêlez avec le sucre
jusqu'à ce qu'elle soit prête à bouillir , et mettez-la dans
des pots.

Marmelade de coings.

Prenez la quantité de coings que vous jugerez à propos ;
faites les cuire dans l'eau jusqu'à ce qu'ils soient tendres ;
mettez-les à l'eau froide jusqu'à ce qu'ils soient tout à fait
refroidis ; coupez-les en quatre pour en ôter les cœurs et
les peaux, écrasez-les et passez-les dans un tamis ; mettez
ce que vous avez passé sur le feu, en remuant toujours jusqu'à ce qu'elle ait la consistance d'une marmelade épaisse ;
pesez-la et mettez le même poids de sucre que vous avez
de marmelade ; faites cuire le tout de la même façon que
pour la marmelade de poires , que vous trouverez ci-dessus ; ensuite vous la laissez refroidir à demi et vous la
mettez dans des pots.

DES GELÉES.

Les gelées sont faites de jus de fruits où l'on a fait dissoudre du sucre et qu'ensuite on a fait bouillir jusqu'à une
consistance un peu épaisse, de sorte qu'en se refroidissant,
il ressemble à une espèce de glu fine et transparente. On
fait des gelées d'un grand nombre de fruits, particulièrement de groseilles, de pommes et de coings.

Tous les sucs des fruits ne sont pas propres à former
des gelées ; il faut qu'ils soient un peu mucilagineux,
comme sont ceux de poires, de pommes, de verjus, de
coings, de groseilles, d'abricots, etc.

Gelée de groseilles.

On met dans une bassine sept kilogr. 500 gram. de groseilles égrenées, et six kilogr. de sucre concassé qu'on place sur le feu ; à mesure que les groseilles rendent leur suc ou jus, le sucre se dissout ; on remue dans le commencement avec une écumoire, afin que la matière ne s'attache pas au fond de la bassine. On fait bouillir ce mélange à petit feu, jusqu'à ce qu'il y ait environ un quart de l'humidité évaporé, ou qu'en mettant refroidir un peu de la liqueur sur une assiette, elle se fige et prenne l'apparence d'une colle. Alors on passe la liqueur au travers d'un tamis sans exprimer le marc. On verse dans des pots la liqueur tandis qu'elle est chaude ; lorsque la gelée est prise et refroidie, on couvre les pots.

On peut faire la gelée de groseilles avec le suc dépuré du fruit, comme avec le fruit entier, mais elle est plus agréable lorsqu'elle est faite de cette dernière façon, à cause du goût du fruit qu'elle conserve davantage.

La gelée de groseilles, pour être belle, doit être d'une couleur rouge-vermeil, bien transparente, bien tremblante, et d'une saveur aigrelette agréable. On peut lui donner une couleur plus foncée en y ajoutant un peu de cerises noires.

Gelée de cerises.

On prépare la gelée de cerises de la même manière que toutes les gelées de fruits mucilagineux qui rendent leur suc aussi facilement que ceux dont nous parlons.

Gelée de coings ou cotignac.

On choisit des coings qui ne soient point dans leur dernière maturité ; on les essuie avec un linge pour emporter le duvet cotonneux qui se trouve à leur surface ; on les

coupe en quatre, on sépare les pépins ; on fait cuire ce
fruit dans une suffisante quantité d'eau, on passe la décoction avec expression, on y fait dissoudre le sucre ; on
clarifie ce mélange avec quelques blancs d'œufs ; on fait
évaporer la liqueur jusqu'à ce qu'elle forme une gelée, ce
que l'on connaît de la manière qu'on l'a expliqué pour la
gelée de groseilles.

Gelée de pommes, poires, etc.

On prépare de la même manière la gelée de pommes,
de poires, etc. On aromatise ces dernières avec 31 gram.
d'eau de cannelle, qu'on ajoute sur la fin de l'opération.

Lorsqu'on garde longtemps les confitures et gelées de
fruits, le sucre s'élève à la partie supérieure, se cristallise
et forme une croûte dure et désagréable à manger ; alors,
pour les ramener à leur état naturel, il faut verser dessus
un peu d'eau tiède, et plonger le pot dans un bain-marie :
le sucre se fond, se combine de nouveau avec la substance
du fruit, et ces gelées peuvent être présentées ; mais il faut
les manger promptement, sans quoi il s'y établirait une
fermentation qui serait plus désagréable que la cristallisation.

On fait également des gelées de viande, de poisson, de
cornes de cerf, qui se gardent d'autant moins que les substances animales se gâtent facilement.

DES COMPOTES.

Compote de pommes à la bourgeoisie.

Prenez des pommes de reinette ce qu'il en faut pour
garnir le compotier ; ôtez-en le milieu avec une videlle de
fer-blanc ou avec un couteau, arrangez-les ensuite dans
une tourtière ou sur un plat d'argent ; mettez dans chaque
pomme un petit morceau de sucre, ou bien du sucre en

poudre, et un peu d'eau dans le fond de la tourtière, et faites-les cuire au four de campagne, feu dessus et dessous. Servez-les chaudes, après les avoir saupoudrées d'un peu de sucre.

Compote de pommes blanches.

Coupez les pommes par moitié ; ôtez-en le milieu et arrangez-les dans une poêle, la pelure dessus ; mettez-y environ 125 grammes de sucre et de l'eau suffisamment pour qu'elles puissent cuire : quand elles seront cuites d'un côté, vous les retournerez.

Lorsqu'elles seront cuites et le sirop assez réduit, arrangez-les dans un compotier, le sirop par-dessus , et servez-les chaudes ou froides , comme vous le jugerez à propos.

On doit procéder de la même manière pour toutes les pommes qui n'ont point, comme la reinette , une consistance assez ferme pour que la pelure doive être enlevée.

Compote de pommes farcie.

On prend des pommes de reinette qu'on laisse entières, pelées et vidées avec un petit couteau, sans les casser ; on les fait cuire dans un sucre à la grande plume, puis on les dresse dans le compotier, qu'on remplit de confitures ; on fait réduire le sirop de leur cuisson jusqu'à ce qu'il soit en gelée ; on le met refroidir sur une assiette, et, au moment de le mettre sur les pommes, on chauffe un peu l'assiette pour qu'il se détache plus facilement.

Compote de pommes en gelée.

On fait cuire des pommes comme les précédentes ; on les dresse dans le compotier sans y mettre de confitures, on les couvre avec une gelée faite de cette façon : on fait

cuire des pommes coupées par morceaux dans l'eau, jusqu'à ce qu'elles soient en marmelade ; on passe au tamis ,
on y met du sucre clarifié, et on les fait bouillir jusqu'à ce
qu'elles soient en gelée qui tombe en nappe.

Compote de poires de martin-sec ou de messire-jean.

Prenez des poires entières pelées ou non pelées ; rognez
les bouts de queues ; mettez-les dans un petit pot de terre
avec de l'eau et 125 grammes de sucre, ou davantage si
le pot est grand et qu'il y ait beaucoup de poires, un petit
morceau de cannelle , et faites-les cuire devant le feu.
Quand elles sont cuites, servez-les chaudes. Si on veut
leur donner une belle couleur rouge, il n'y a qu'à mettre
dedans un petit morceau d'étain.

Compote de poires de bon-chrétien, de doyenné , de virgouleuse, de saint-germain et autres.

Faites blanchir vos poires tout entières avec leur peau
dans l'eau bouillante, et quand elles sont au tiers cuites,
vous les retirez de l'eau ; vous les pelez entières ou par
moitié, et les jetez à mesure dans l'eau fraîche ; ensuite
vous faites bouillir votre sucre dans une poêle avec un
quart de litre d'eau ; alors vous mettez vos poires dedans
avec une tranche de citron pour qu'elles se conservent
blanches.

Quand elles seront bien cuites, servez-les chaudes ou
froides, suivant le goût du maître.

Compote de poires de rousselet et de blanquette.

Elles se font de la même façon que les précédentes, avec
la différence qu'il faut les servir entières.

Compote grillée de poires.

Prenez des poires à cuire, de celles qui ne sont pas bien mûres ; mettez-les dans un fourneau bien allumé, jusqu'à ce que toute la peau s'enlève en les frottant dans l'eau ; ayez soin de les retourner pour qu'elles grillent également. Lorsque vous aurez ôté la peau de cette façon, vous les coupez par la moitié et en ôtez les pépins, et les relavez encore dans plusieurs eaux ; ensuite vous les faites cuire dans un pot avec un demi-litre d'eau, un petit morceau de cannelle, 125 grammes de sucre ; vous couvrez le pot, et les faites cuire jusqu'à ce qu'elles fléchissent facilement sous les doigts, et, le tout réduit en consistance convenable, vous pouvez les servir chaudes, si vous voulez.

Compote de poires à la bonne-femme.

Prenez des poires à cuire, que vous mettez entières dans un pot avec un verre d'eau, un petit morceau de cannelle, deux clous de girofle, 62 grammes de sucre ; faites-les cuire bien couvertes sur un peu de cendres chaudes, et, à moitié de la cuisson, mettez-y un verre de vin rouge. Quand elles sont bien cuites, faites réduire le sirop, parce qu'il en faut très-peu, et versez sur les poires.

Compote de fraises.

Faites cuire 125 grammes de sucre avec un verre d'eau jusqu'à ce que le sirop soit bien fort, en ayant soin de le bien écumer ; ensuite vous avez de belles fraises, très-mûres, épluchées, lavées et bien égouttées, que vous mettez dans le sirop ; vous retirez de dessus le feu, pour les laisser reposer un moment ; ensuite vous leur faites faire un bouillon, et vous les retirez promptement si elles ne restent point entières.

Compote de groseilles.

Faites un sirop fort comme le précédent; ensuite vous avez 500 grammes de belles groseilles, lavées et égouttées, et avec la grappe si vous voulez; mettez-les dans le sirop pour leur faire faire deux ou trois grands bouillons couverts; retirez-les du feu, et écumez-les avant de les dresser dans le compotier.

Compote de framboises.

Vous faites cette compote de la même façon que celle de fraises, à cette différence près que vous ne lavez point les framboises.

Compote de verjus à la bourgeoise.

Otez les pépins de votre verjus, et mettez-le dans une poêle avec 125 grammes de sucre et un verre d'eau; faites-le bouillir à petit feu. Quand il sera bien vert et le sirop réduit, dressez-le dans un compotier et servez-le froid.

Compote de cerises.

Coupez le bout des queues de vos cerises, et mettez-les dans une poêle avec un demi-verre d'eau et 125 grammes de sucre; mettez-les sur le feu; faites-leur faire deux ou trois bouillons couverts; arrangez-les ensuite dans un compotier, la queue en haut, et mettez promptement votre sirop par-dessus et servez-les froides.

Compote d'abricots à la portugaise.

Prenez la quantité que vous voudrez d'abricots presque

mûrs, fendez-les par la moitié, et ôtez-en les noyaux;
mettez du sucre dans le fond d'un plat avec un demi-
verre d'eau, arrangez les abricots dessus, et mettez-les
sur un feu doux, pour les faire bouillir jusqu'à ce qu'ils
soient cuits en dessous et qu'il ne reste point de sirop;
après, vous les ôtez du feu et jetez du sucre par-dessus;
vous les couvrez avec un couvercle de tourtière et du feu
dessus, jusqu'à ce qu'ils soient cuits et d'une belle couleur
glacée, et vous les dressez dans le compotier pendant qu'ils
sont chauds.

Compote d'abricots mûrs entiers ou par moitié.

Faites blanchir vos abricots dans l'eau bouillante; quand
ils seront bien mollets, retirez-les avec une écumoire, et
mettez-les dans l'eau fraîche; faites bouillir 125 grammes
de sucre avec un verre d'eau dans une poêle; mettez-y
vos abricots faire deux ou trois bouillons, écumez-les bien,
et retirez-les après pour les arranger dans un compotier;
mettez votre sirop par-dessus pour les servir froids ou
chauds.

Compote de prunes de reine-claude, mirabelle, de perdrigon et autres.

Faites bouillir de l'eau, jetez vos prunes dedans pour
les faire blanchir. Quand elles seront bien mollettes sous
les doigts, vous les retirez avec une écumoire et les jetez
dans l'eau fraîche; mettez-les ensuite dans une poêle avec
un peu de sucre clarifié ou non, sur un feu doux, pour
qu'elles viennent bien vertes. Cette compote se sert froide.

Compote de prunes à la bonne-femme.

Faites bouillir pendant un quart d'heure 125 grammes
de sucre avec un verre d'eau; ayez soin de l'écumer. Quand
il sera en sirop, mettez-y 500 grammes de prunes presque

mûres ; faites faire quelques bouillons jusqu'à ce que les prunes soient cuites ; ôtez l'écume, et dressez-les dans le compotier : si le sirop est trop long, faites-le réduire avant de le verser sur les prunes.

Compote de pêches.

Prenez sept ou huit pêches presque mûres, fendez-les par moitié ; après avoir ôté le noyau, vous les mettez un moment à l'eau bouillante, et les retirez aussitôt que vous pouvez enlever la peau. Faites bouillir 125 grammes de sucre avec un verre d'eau ; ayez soin de l'écumer, et ensuite vous y mettrez les pêches pour les faire cuire, jusqu'à ce que le sirop soit à consistance.

Compote de pêches grillées.

Prenez huit ou dix pêches presque mûres que vous laissez entières, mettez-les sur un bon fourneau bien allumé ; faites-en brûler toute la peau également, en les retournant de temps en temps ; jetez-les dans l'eau fraîche. Quand vous avez ôté la peau et lavé dans plusieurs eaux, mettez-les cuire avec 125 grammes de sucre et un verre d'eau, jusqu'à ce qu'elles fléchissent sous les doigts, et dressez-les dans le compotier de manière à ce que ce sirop soit par-dessus.

Compote de pêches à la portugaise.

Mettez sept ou huit pêches sur un plat avec du sucre fin dessus et dessous, couvrez-les avec un couvercle de tourtière, et faites-les cuire à petit feu dessus et dessous. Quand elles sont cuites et bien glacées, servez-les chaudement.

Compote de tranches de pêches.

Prenez cinq ou six belles pêches bien mûres, pelez-les proprement, ôtez-en les noyaux, et coupez-les en tranches pour les arranger dans le compotier que vous devez servir, puis mettez du sucre fin dessous et dessus les pêches.

Compote de citrons, oranges, bergamotes, chinoise.

Il faut couper ces fruits par petits morceaux et les faire bien cuire dans l'eau, jusqu'à ce qu'ils soient bien mollets sous les doigts ; vous les retirez avec une écumoire et les mettez dans de l'eau fraîche ; vous faites ensuite un petit sirop avec un verre d'eau, 125 grammes de sucre ; vous mettez vos fruits dedans mijoter sur un petit feu pendant une demi-heure, et vous les servez froids.

DU RAISINÉ.

Raisiné composé avec du moût de raisin.

Avec de bon moût de raisin on fait d'excellent raisiné. Celui de Montpellier jouit de beaucoup de réputation : il est préparé avec du raisin blanc, et aromatisé avec du citron et du cédrat : il ressemble plutôt à une gelée qu'à une marmelade. Celui des départements de l'Yonne et du Loiret, quoique estimé, lui est inférieur : il est un peu plus aigre, et, pour l'adoucir, on y mêle des fruits à pépins et à noyaux, dont la pulpe est abondante en mucus.

Parmi les poires, on choisit de préférence la cressane, la cuisse-madame, le martin-sec, le messire-jean, le bon-chrétien d'hiver, le rousselet, ou toute autre espèce un peu ferme. Les coings occupent le second rang ; viennent ensuite les pommes et les prunes, et, en dernier lieu, le potiron, les côtes de melon qui n'ont pas mûri, les racines potagères les plus sucrées, telles que les carottes, les panais, etc. On coupe ces fruits, qu'on a soin de choisir bien sains et de les étendre sur la paille pour qu'ils perdent une partie de leur âpreté ; on les coupe par morceaux et on les fait cuire dans un sirop à moitié réduit ; mais, si l'époque de la vendange est encore éloignée, on les épluche et on les réduit en marmelade. Les fruits à couteau, c'est-à-dire ceux que l'on destine pour la table, ne valent rien pour faire le raisiné ; leur pulpe molasse et leur sucre doux perdent leur agrément par la combinaison avec le moût et pendant la cuisson. Les fruits les meilleurs sont les plus acerbes ; on profite aussi de ceux abattus et tombés avant la maturité, que l'on nettoie avec soin et que l'on émonde exactement de leurs peaux, de leurs pépins, de leurs noyaux et de leurs cœurs.

On prépare, non-seulement dans nos contrées du Midi, mais encore dans celles situées au Nord, deux sortes de raisiné, le simple et le composé. Celui préparé au Midi n'a pas besoin d'être réduit et cuit autant que celui du Nord ; il contient, toutes choses égales d'ailleurs, moins d'eau, de tartre et d'extrait, mais aussi beaucoup plus de matière sucrante.

Raisiné simple du Midi.

Le raisiné simple du Midi se fait en prenant vingt-quatre litres de moût : on en met la moitié dans une bassine qu'on ne perd pas de vue, et on établit promptement le bouillon, qu'on abaisse en ajoutant peu à peu l'autre moitié ; après quoi l'on écume à diverses reprises, et on passe à travers une toile serrée. On remet de nouveau au feu, et on continue l'évaporation, en remuant sans discontinuer avec une spatule de bois à long manche, jusqu'à ce qu'il ait acquis une consistance convenable, ce que l'on reconnaît en en versant sur une assiette, où il prend, en se réfroidissant, la consistance d'une gelée de fruits.

Pommade contre les hémorroïdes.

On mêle exactement 32 grammes de populéum, un jaune d'œuf et une forte cuillerée de bon vinaigre de vin, dont on se sert pour oindre les hémorroïdes si elles sont externes, ou pour en enduire des mèches qu'on enfonce dans le rectum si elles sont internes.

Ce remède, quoique simple, suffit presque toujours pour faire céder la douleur et flétrir en peu de temps les hémorroïdes les plus volumineuses. Nous pouvons assurer également que l'huile de lin toute récente est encore un remède qui, dans ce cas, peut rendre de grands services à ceux qui sont affectés de cette douloureuse maladie.

Vernis fin pour la dorure.

On met dans un matras au bain-marie 125 grammes d'alcool à 36 degrés, 12 grammes gomme laque plate, 6 grammes en grains et 4 grammes de safran oriental, de sang de dragon et de terra mérita, grossièrement pulvérisés, pendant quelques jours, en ayant soin de remuer de temps en temps pour faciliter la dissolution des substances dont l'alcool est susceptible de se charger. On filtre ensuite à travers un papier, et on le conserve dans des bouteilles bien bouchées.

Ce vernis avive l'or et permet qu'on puisse le laver à grande eau avec un pinceau très-doux, quand il est sali ou taché par les mouches.

Elixir de longue vie.

Faites infuser dans deux litres d'eau-de-vie à 22 degrés, pendant huit jours, 45 grammes d'aloès et 6 gram. de poudre de gentiane, de zédoaire, de rhubarbe, d'agaric blanc, de cannelle et de thériaque de Venise, et filtrez ensuite à travers un papier.

Cet élixir se conserve indéfiniment et est considéré, à juste titre, comme un excellent stomachique, vermifuge, vulnéraire, et, par conséquent, très-convenable pour rétablir les organes digestifs et les intestins; il se donne aussi dans les chutes et lorsqu'on éprouve une forte impression, pour éviter les contre-coups et le trouble qui peut survenir dans le système nerveux.

On le prend ordinairement par cuillerée à bouche ou par petit verre à eau-de-vie, le matin à jeun, et même trois fois dans la journée quand on veut produire quelques évacuations.

Poudre contre les toux suffocantes et la coqueluche.

Mêlez ensemble très-exactement un gramme de poudre de belladone, de scille, de gomme ammoniaque, deux de kermès minéral et quatre de poudre de réglisse, que vous divisez ensuite en vingt-quatre paquets égaux.

De tous les remèdes employés jusqu'à ce jour, peu ont réussi à guérir promptement la coqueluche, si funeste aux enfants, parce que les quintes qu'ils éprouvent et les efforts qu'ils font pour rejeter les matières glaireuses leur occasionnent parfois des convulsions et des crachements de sang qu'il n'est pas toujours facile d'arrêter.

Mais notre poudre, dont l'expérimentation a justifié les merveilleux effets, est employée avec succès dans cette cruelle maladie, qui conduit infailliblement à la mort, si on n'y apporte un prompt et puissant remède.

La dose, pour les enfants d'un an, est d'un demi-paquet le matin et d'un demi-paquet le soir, pris dans une cuillerée de lait ; de deux à quatre ans, d'un paquet tous les matins ; de quatre à huit ans, un paquet le matin et le soir, toujours une heure au moins avant ou après avoir mangé.

Cette poudre pectorale et incisive convient également dans les rhumes et les catarrhes, qu'elle résout vivement, soit en facilitant l'expectoration souvent pénible, soit en incisant les glaires qui obstruent les organes digestifs ou empêchent la libre circulation de l'air.

Blanchiment du linge taché par des préparations de mercure et de plomb.

On fait une lessive avec cinquante parties d'eau, une de potasse et une et demie de chaux, dans laquelle on lave les linges tachés. Lorsque la graisse est dissoute par l'alcali et qu'il ne reste plus sur le linge que l'oxyde de mercure, on le plonge dans un baquet contenant une liqueur composée de douze parties d'eau et une partie d'acide muriatique très-oxygéné, à la température de 10 degrés ; on laisse tremper le linge jusqu'à ce que la tache disparaisse ; on le lave ensuite dans de l'eau de fontaine, et on le passe dans une eau de savon pour lui enlever son odeur, et, si on veut lui donner un beau blanc, on le plonge, pendant quelques heures, dans un bain où l'on aura mêlé 0,001 d'acide sulfurique.

Cire pour les meubles et les parquets.

On prend 120 grammes de cire jaune coupée menu, 200 grammes de potasse d'Amérique, 64 grammes de savon vert et un litre d'eau ; on fait bouillir pendant une demi-heure ; au bout de ce temps, on retire du feu et on laisse refroidir. Cette cire, s'épaississant et devenant comme du savon, est broyée avec de l'eau pour former une pâte plus ou moins liquide, appelée encaustique, qu'on applique sur les meubles et les planchers après les avoir nettoyés. On peut donner à cette cire une couleur plus foncée en y ajoutant du roucou.

Remède excellent contre les pâles couleurs.

Prenez 5 grammes de sulfate de fer, 1 gramme d'aloès, 1 de cannelle et 2 de bicarbonate de soude, le tout en poudre fine ; mêlez exactement et faites-en vingt-quatre doses, dont le malade doit prendre une matin et soir dans ses aliments.

Les pâles couleurs sont, à la vérité, peu dangereuses dans leur début, mais elles peuvent le devenir, comme toutes les autres affections chroniques, qui, à la longue, affaiblissent, exténuent, et mènent enfin au marasme et même à la mort. Il est donc utile de traiter cette maladie dans le principe, pour empêcher la dépravation des sucs nourriciers qui peuvent donner lieu à des obstructions, des squirrhes, la fièvre lente et des hydropisies mortelles.

Nous avons voulu rendre la beauté et la vie aux personnes qui sont affectées de cette maladie, et nous ne craignons point de dire que nous y sommes parvenu au moyen de nos paquets, dont l'efficacité a été reconnue par une longue expérimentation ; aussi pouvons-nous dire avec orgueil que nous aurons les bénédictions des mères de famille, souvent affligées du dépérissement et de la pâleur de leurs enfants, qui, petit à petit, reprendront, en faisant usage de ce remède, leur énergie avec la coloration du visage.

Teinture aromatique des Anglais.

On fait infuser pendant huit jours 24 grammes de cannelle, 12 de cardamome mineur, 8 de poivre long et de gingembre, dans 500 grammes d'alcool à 33 degrés Réaumur ; on filtre ensuite dans un entonnoir fermé, et on conserve dans des bouteilles bien bouchées.

Cette teinture, très-stomachique et digestive, convient aux tempéraments lymphatiques et aux personnes qui mangent beaucoup de viandes ; on en prend dix ou douze gouttes après les repas, soit dans du thé ou toute autre boisson, soit même dans du café ou de l'eau-de-vie.

Fabrication du chocolat.

On prend 1 kilo de cacao caraque, 500 grammes de celui des Indes, 2 kilos de cassonade ou sucre en poudre, et 4 grammes de cannelle en poudre très-fine ; on torréfie légèrement le cacao dans une poêle de fer ou dans un grilloir à café ; on le retire et on l'écrase un peu avec un rouleau de bois pour qu'il se monde plus facilement. Quand il est à demi refroidi, on le sépare de son écorce à l'aide d'un crible à larges mailles ; puis on l'agite dans un van, afin que l'air et le mouvement soulèvent et chassent les portions de l'arille qui y restent encore. Alors on l'étend sur une table, et on enlève les corps étrangers et le germe du cacao, dont la texture ligneuse donnerait au chocolat une saveur désagréable ; puis on le remet encore au feu dans une marmite de fer, en ayant soin de remuer sans cesse pour l'empêcher de brûler ; on le vanne de nouveau vivement et encore chaud, pour le purger complétement de ses féces.

Ainsi préparé et mondé, le cacao est mis avec la cassonade dans un mortier de fer, préalablement chauffé avec de la braise ardente ; on réduit le tout en pâte en pilant jusqu'à ce que le pilon s'y enfonce par son propre poids, et on laisse refroidir. Pour le broyer, on chauffe une pierre ou porphyre avec de la braise allumée et couverte de cendres, sur laquelle on met la pâte de cacao par petites portions pour qu'elle s'y ramollisse et se broie plus promptement ; et, afin de ne point être obligé de suspendre le broyage, on conserve le reste de la masse dans une marmite placée sur des cendres chaudes. Ainsi disposé sur la pierre, on opère le broiement au moyen d'un cylindre en fer poli qu'on roule successivement d'avant en arrière, jusqu'à ce que la pâte soit bien ténue et bien homogène ; alors on y incorpore très-exactement les aromates, et l'opération est terminée.

Le chocolat, arrivé à ce point, est entassé par portions de 125 grammes dans des moules en fer-blanc qu'on frappe un peu sur la pierre pour mieux étendre la pâte, qui, en écartant les bords, s'en détache facilement. Les tablettes, sur lesquelles on peut mettre un cachet, s'enveloppent dans des feuilles de plomb pour le soustraire au contact de l'air, qui a l'inconvénient de le blanchir et d'enlever par son action prolongée sa saveur délicate et si recherchée des amateurs.

. On a, bien entendu, trouvé le moyen de falsifier le chocolat en y incorporant des farines, des fécules, et même de la gomme et du beurre ; mais, de toutes les farines qui ont été employées, celles des pois et des lentilles s'y lient beaucoup mieux que toutes les autres.

Le chocolat, ne craignons pas de le dire, a obtenu la préférence sur toutes les autres substances alimentaires ; aussi nous avons pensé qu'on ne serait point fâché, dans les petites localités, de connaître son mode de fabrication. Si, d'un côté, nous devons donner cette formule dans notre livre, de l'autre, il est de notre devoir de prémunir nos lecteurs contre l'usage immodéré de cet aliment huileux, qui a été cause, nous n'en doutons point, de bon nombre de gastrites dont, aujourd'hui, beaucoup de personnes se plaignent. Cette pensée nous a été suggérée par l'aveu des personnes qui, après avoir mangé du chocolat, restaient une journée entière sans éprouver la faim ; car on doit conclure de là qu'il se digère avec une grande difficulté et qu'il fatigue considérablement l'estomac, pour ôter l'appétit pendant un temps si long. Nous savons aussi que des personnes, à qui l'on avait conseillé cet aliment après de longues maladies, avaient été prises de diarrhées qui n'ont cessé qu'en ne l'employant plus.

Pommade pour les lèvres.

On fait fondre dans 36 grammes d'huile d'amandes douces 13 grammes de blanc de baleine, 10 grammes de cire blanche, et on met un peu d'orcanette pour colorer ; on passe ensuite à travers un linge, on aromatise avec quelques gouttes d'essence de rose, et on coule dans des boîtes.

Poudre pour augmenter et modifier le lait des nourrices.

Mêlez 30 grammes de magnésie carbonatée, 4 grammes d'écorces d'oranges, de semence de fenouil, et 8 grammes de sucre, le tout en poudre fine.

On prend de cette poudre une cuillerée à café, deux ou trois fois par jour, dans un peu d'eau, et, selon Rostan, elle donne, tout en l'augmentant, d'excellentes qualités au lait des nourrices.

Remède rationnel contre les coups, les chutes, la peur ou toute autre impression violente qui peut jeter le trouble dans l'économie.

L'esprit public est tellement épouvanté des accidents qui surviennent quelquefois à la suite de coups, de chutes ou de grandes émotions, que nous avons voulu donner une prescription *ad hoc* pour dissiper toute inquiétude sous ce rapport ; car nous savons, il y a longtemps, que les moyens employés jusqu'aujourd'hui servent tout au plus à tranquilliser le moral des malades , comme si les contre-coups n'avaient point donné lieu à des épanchements mortels, après quatre mois et même à des époques plus reculées.

Si l'on s'est contenté, jusqu'à présent , de prendre les pilules de l'Hôpital, l'élixir vulnéraire , qui sont, à vrai dire , des remèdes illusoires, c'est parce que la médecine a laissé l'art de guérir au hasard, pour s'adonner à l'étude des fonctions organiques qui n'apprennent rien ; mais , comme nous voulons, nous, qu'il y ait dans notre livre de quoi guérir la plupart des maux, et entre autres ceux-ci , nous donnons la recette de notre remède , dont les propriétés dissolvantes , dérivatives et anti-céphalites suffiront, nous n'en doutons pas, pour remédier aux dangers auxquels ces accidents exposent notre fragile humanité.

Mêlez 64 grammes de fleurs de tilleul, de feuilles d'oranger coupées menu, 30 d'arnica montana et 15 d'aloès succotrin dans 690 grammes d'eau-de-vie à 18 degrés Réaumur ; laissez infuser pendant six jours, puis ajoutez 10 gr. d'alcali volatil, en agitant de temps en temps pendant vingt-quatre heures ; filtrez ensuite à travers un papier gris et conservez dans une bouteille bien bouchée.

On prend de cet élixir une cuillerée à soupe ou un petit verre à eau-de-vie tous les matins, deux heures avant de manger, trois jours de suite ; on met aussi les pieds à l'eau bien chaude, tous les jours, deux pouces environ au-dessus des chevilles , parce qu'il est certain que le bain à mi-jambe, comme on a l'habitude de le prendre, produit souvent un effet contraire.

Il est positif, en prenant ces précautions, qu'on ne doit craindre aucun mauvais retour de ces sortes d'accidents,

qui, malheureusement , causent la mort, la surdité ou
l'otite , maladies assez désagréables pour qu'on y fasse
attention.

Apiculture, ou soins à donner aux essaims à l'approche de l'hiver.

Au moment où s'approche l'hiver, cette saison qui fait
périr un grand nombre d'essaims et porte avec elle plus
d'un danger pour les abeilles, nous croyons qu'il est de
notre devoir de mettre l'agriculteur vigilant sur ses gardes.
Avec des soins, il sauvera ses petites travailleuses, qui
sauront bien le payer l'année suivante, en évitant la dyssenterie occasionnée par la vieille cire et le miel corrompu,
la famine qui suit la disparition des fleurs, et les promenades imprudentes auxquelles sollicitent les rayons d'un
soleil trompeur. Elles croient au retour du printemps , et
périssent par les fraîcheurs dangereuses de l'automne.
Pour remédier à ces diverses causes de désastres, il faut
transvaser les abeilles de la mauvaise ruche dans une nouvelle qui ne serait pas assez peuplée, visiter les ruches et
leur donner à toutes la provision nécessaire. Si le mauvais
miel est rare, on peut leur donner des fruits cuits, pommes,
poires, pruneaux, cerises sèches , fèves cuites et autres
denrées dont les abeilles sont friandes. Il faut enfin mettre
un paillasson devant la ruche, où la porter dans un grenier sec et aéré, en ayant soin de l'entreposer sur deux ou
trois centimètres d'avoine qui recevra toute l'humidité, à
part l'odeur qui leur est agréable, et dont on doit retirer
de fructueux avantages. Mais, au grenier, il faudra entourer les abeilles de trappes, de piéges de toutes sortes,
même de pâtes phosphorées, car les ruches seront assié-
gées par les rats et les souris , et il ne faudrait pas se
garantir d'un danger pour tomber dans un pire. C'est à
l'intelligence de l'homme à pourvoir à tout.

Conseils à l'horticulteur.

Il ne sera pas inutile, croyons-nous, de dire quels sont les travaux que réclament les jardins durant le mois d'octobre pour en tirer parti. Dans le potager, on peut encore semer les plantes indiquées en août, et, si l'automne est favorable, elles donneront leurs produits en mars suivant.

On plante les fraisiers; il faut préférer les pousses venues sur semis. Cette plante demande une bonne exposition, des arrosements copieux et une terre riche d'engrais bien consommés. On plante des racines de persil dans de grands pots et on les rentre pendant l'hiver. On repique en terre légère l'oignon blanc semé en août. On coupe, à la fin du mois, les tiges d'asperges ; on fume et on laboure. On coupe aussi les tiges d'artichauts tardifs ; on en nettoie les pieds ; on laboure, afin de faciliter le buttage, qui devra être fait en novembre.

Il faut commencer à faire sa provision de fumier ; car, dans le mois suivant, on en fera une grande consommation.

L'entretien du jardin fleuriste devient, pendant ce mois, assez difficile; car les feuilles commencent à tomber. Les tiges des plantes vivaces qui ont cessé de fleurir doivent être coupées, les plates-bandes fumées et labourées; afin d'y planter de suite campanules, œillets de poëte, mufles de veau, scabieuses, valérianes, etc. On met en terre tous les oignons à fleurs, et en pots les fuchsias qu'on avait mis en pleine terre pendant l'été. Comme dans le mois précédent, on multiplie un très-grand nombre de plantes.

Emplois et effets de certains engrais d'après la nature des terrains
qu'ils modifient.

Lorsque le temps est fort sec, on fait provision de
terre, de chaux, de marne, de sable, de cendre, etc.,
pour les faire entrer dans les étables et dans les cours ou
enclos destinés aux bestiaux. On conduit également les
engrais humains et les fumiers de ferme sur les prairies,
et l'on jette dans les fosses d'aisances du sulfate de fer
étendu d'eau pour les désinfecter.

On améliore un sol argileux par un procédé simple à
mettre en pratique. Il consiste à faire calciner de l'argile
pour la pulvériser ensuite et la mélanger au sol. La craie
augmente la fertilité des terres sablonneuses ; la chaux
amende presque tous les terrains ; mais c'est sur les sols
tourbeux, froids et aigres, sur les landes, les bruyères et
dans les localités montagneuses, riches en silex (pierre à
feu), qu'elle produit de bons résultats.

Le *plâtre* active la végétation des plantes légumineuses et oléagineuses ; répandu sur les froments mal
venants, il rétablit promptement la végétation et assure
une récolte abondante.

Les *écailles d'huîtres* et les débris de *poissons* s'emploient sur les sols humides, compactes, alumineux, qu'ils
divisent, allégent et dessèchent.

La *marne* grasse convient aux terres calcaires ; sèche,
aux terres fortes et argileuses.

Les *cendres de nos foyers*, où l'on brûle du bois, sti-
mulent le sol des terres argilo-siliceuses. Le sarrasin, le
colza, le chanvre, le froment, l'orge, le maïs, les
pommes de terre sont particulièrement améliorés par les
cendres.

Les *cendres lessivées* ne produisent aucun effet sur les terres humides.

La *suie* se répand sur les prairies abondantes en joncs ou infestées par la mousse, ainsi que sur l'avoine, les chanvres, les blés qui jaunissent et les prairies irriguées. Elle produit de merveilleux effets sur les pâturages médiocres ; mais gardez-vous de l'employer sur des terrains secs.

La *tourbe* a des propriétés extraordinaires. Décomposée à l'air, mélangée avec du fumier, avec de la chaux, de la suie et des cendres, elle devient un amendement précieux. Convertie en cendres, elle accroît la germination et imprime au sol léger une telle vigueur, que ses produits deviennent magnifiques et abondants. Ces cendres répandues sur les prairies, les trèfles, le sainfoin, la luzerne, fournissent de très-beaux produits.

La *houille* convient aux terrains forts, argileux, compactés, glaiseux, tenaces à l'excès ; elle en facilite la division. Elle les empêche de garder longtemps l'eau dont ils sont imprégnés et que, d'ordinaire, ils ne laissent ni égoutter ni évaporer. Elle ne vaut rien sur une terre siliceuse et aride, ni sur une récolte de froment.

La houille a besoin d'être longtemps exposée à l'action de l'air.

Les *cendres de charbon de terre* sont employées avec succès sur les prés, les trèfles, le sainfoin, etc.; les *cendres de forge*, sur les terres humides, et les *cendres de savonnerie*, sur des terrains marécageux.

Le *sel*, le *salpêtre*, le *nitrate de soude* s'emploient avec succès sur presque toutes les récoltes.

Le *tan* qu'on retire des fosses des tanneurs est fort utile quand il est mélangé avec du fumier de bétail, à l'exception de celui de mouton. La *sciure de bois*, les *copeaux* peuvent être utilisés de même.

Le résidu des brasseries, la poussière de drêche forment un bon engrais pour les navets, l'orge, les racines, les pommes de terre, etc.

Les déchets de chiffons de laine, le suint, voilà encore des engrais négligés, et qui, cependant, sont fort importants.

Le *sang* est actuellement reconnu très-utile à la végétation. Voici un des procédés les plus simples pour l'utiliser chez les petits cultivateurs :

On fait sécher au four, immédiatement après la cuisson du pain, de la terre exempte de mottes, en la remuant de temps à autre au moyen d'un râteau. Il en faut environ quatre fois plus que l'on a de sang liquide à mélanger avec elle. On conserve le tout dans de vieux barils ou caisses, à l'abri de la pluie, pour s'en servir au besoin.

Cinquante kilogrammes de sang séché et mélangé à la terre équivalent à 7,200 kilogr. de fumier de cheval.

Les *cendres de savonnerie*, composées de chaux, de sel commun et de quelques autres sels, sont excellentes sur les prairies et sur les terrains humides.

Drainage naturel.

Le moyen de drainage ou d'égouttement souterrain employé par M. Mouché de Puplinges nous paraît trop ingénieux pour ne point lui donner une place dans notre ouvrage, qui doit ouvrir ses pages à tout ce qui est utile.

Après des observations sur la composition géologique du terrain, dans une prairie qu'il possède à l'ouest du hameau, il a remarqué que les couches s'y succèdent de haut en bas dans l'ordre suivant : 1° une couche de terre

végétale d'environ un pied ; 2° une couche de terre glaise,
soit d'argile compacte, à peu près de la même épaisseur ;
3° une couche de sable ; 4° une couche de gravier, à travers laquelle paraît circuler une nappe d'eau souterraine.
Dans l'état naturel des choses, ce pré était marécageux et
souvent inondé, parce que l'eau, après avoir traversé la
terre végétale, était arrêtée par la glaise, qui l'empêchait
de passer, la retenait et l'accumulait à la surface. Le
propriétaire eut l'idée de creuser un certain nombre de
petits puits pour mettre la surface du terrain en communication avec le sable et le gravier souterrains. L'expérience
réussit : toutes les eaux qui inondaient la terre végétale,
et transformaient le pré en une sorte de marécage, pas-
sèrent dans la partie du sol qui était perméable et assé-
chèrent convenablement la couche extérieure.

Nous croyons que le procédé employé dans ce cas peut
l'être toutes les fois qu'au-dessous de couches imperméables se trouvent des couches par lesquelles l'eau peut
être absorbée.

OEufs. — Moyen de les conserver frais pendant longtemps.

Il suffit de mettre la quantité d'œufs frais qu'on veut
conserver dans un vase rempli d'eau de chaux, avec excès
de chaux, pour être sûr que l'eau ne perdra pas sa propriété.

On a vu, au bout d'un an, retrouver les œufs aussi frais
et aussi délicats que s'ils étaient nouvellement pondus.

C'est donc à la privation de l'air que l'on doit la conservation des œufs ; car bon nombre de naturalistes ont
rapporté d'Amérique et des Indes des œufs d'oiseaux
enduits d'une légère couche de cire, qui se trouvèrent si
bien conservés que plusieurs, dit-on, furent couvés avec
succès.

Il y a peu d'années, on a trouvé dans un village près du

lac Majeur, en démolissant un mur très-ancien, trois œufs qui reposaient sur un lit de pierres, encaissés dans du mortier, et l'on fut bien surpris de les trouver encore frais. Il y avait plus de trois cents ans qu'on n'avait point travaillé à ce bâtiment.

Autre moyen de conserver les œufs.

On choisit les œufs pondus par un temps frais, aux mois de mars et de septembre. Ceux de cette dernière saison se conservent pendant tout l'hiver.

Les œufs non fécondés se conservent plus longtemps que les autres ; on ferait donc bien d'isoler des coqs un certain nombre de poules.

Il ne faut pas mettre les œufs dans des caves ; ils s'y gâtent et prennent un mauvais goût.

C'est principalement de la position de l'œuf que dépend sa conservation. Recouvrez le fond d'un vase ou d'une corbeille d'un pouce de cendre ; posez-y les œufs la pointe en l'air ; recouvrez le tout d'une nouvelle couche de cendre qui dépasse la pointe d'un pouce, et continuez ainsi. Déposez ensuite le vase dans un lieu frais et sec.

Ambroisie.

En donnant cette fois la recette de notre ambroisie dans cet ouvrage, nous avons voulu prouver aux personnes éloignées de nous et qui la réclament depuis longtemps, que l'intérêt pour nous n'est rien quand il s'agit d'être utile aux autres.

Vous faites infuser dans deux litres d'eau-de-vie, pendant deux jours, 4 grammes de semence d'ambrette, 1 gramme et demi d'anis étoilé, d'anis vert, de fenouil, d'angélique, de baies de genièvre, 1 gramme de cochenille, le tout concassé et auquel on ajoute environ 1 gramme

d'alun pour aviver la couleur ; ensuite vous passez à travers
un linge, et vous faites fondre 750 grammes de sucre dans
850 grammes d'eau que vous mêlez à la colature, et après
trois jours de mélange vous filtrez enfin à travers un papier
gris.

Cette liqueur, d'un goût fort agréable, se prend comme
toute autre liqueur d'agrément ; mais comme elle chasse
les vents et facilite la digestion , il y a beaucoup de personnes qui en font un usage journalier.

Sirop contre les vers.

Beaucoup de mères de famille étant souvent fort embar-
rassées pour savoir ce qu'elles peuvent donner à leurs
enfants qui , selon toute apparence, sont affectés de vers,
nous nous empressons de venir à leur aide en les engageant
à préparer elles-mêmes le sirop ci-dessous, dont l'efficacité
mettra un terme à leurs angoisses, si, après en avoir fait
usage, leurs enfants n'en rendent point.

On prend 32 grammes de séné mondé, 16 grammes de
semen-contrà d'Alep, de mousse de Corse , de rhubarbe ,
de fougère mâle, d'absinthe marine', et 8 grammes de
cannelle qu'on fait infuser dans un litre d'eau bouillante
pendant douze heures au moins ; on passe ensuite à travers
un linge , on exprime légèrement et on ajoute trois livres
de sucre et une glaire d'œuf battue dans un peu d'eau ; on
fait chauffer le tout au bain-marie , et , lorsque le sucre est
fondu, on passe de nouveau à travers un linge sans exprimer. Quand il est refroidi, on le met en bouteilles et on le
conserve dans un endroit frais.

Ce sirop se donne aux enfants de tout âge , à la dose
d'une cuillerée à soupe, le matin, et même plusieurs fois
par jour quand ils sont malingres, par la raison qu'il ne

peut pas nuire à leur santé ; c'est, au contraire, un laxatif fort utile au développement et à l'activité des organes.

Elixir de garus sans distillation.

On met dans un litre d'alcool à **33** degrés **5** grammes de teinture de safran, deux de teinture de myrrhe et dix gouttes de teinture d'aloès ; on met, d'un autre côté, deux gouttes d'essence de cannelle et de girofle et **130** grammes d'eau de fleur d'oranger dans **780** grammes de sirop de sucre, puis on mêle le tout ensemble ; on bat de temps en temps pendant **24** heures ; ensuite on filtre à travers un papier gris ou une chausse.

Si l'on plonge cet élixir dans la glace et qu'on l'y laisse quelques heures, il devient de suite plus agréable. C'est un excellent stomachique et cordial usité dans les coliques et les indigestions.

Marrons glacés.

On jette des marrons choisis dans l'eau bouillante ; on les y laisse quelques minutes ; on les pèle et on les fait bouillir dans l'eau pendant un bon quart d'heure pour enlever la seconde enveloppe ; ensuite on les fait cuire dans du sirop ; on les retire du feu et on les roule dans du sucre en poudre : on les met alors sur un gril à une douce chaleur, et on les fait sécher à l'étuve.

Des moyens curatifs des érésipèles.

L'érésipèle est une éruption non circonscrite, disparaissant par la pression du doigt, et se terminant par la desquamation.

Cette maladie s'accroît pendant trois à quatre jours ; elle reste stationnaire jusqu'au septième, en donnant de petites vessies remplies d'un fluide ténu, âcre, jaunâtre,

presque semblable à la matière des ampoules de la brûlure. La rougeur, la douleur diminuent, et les vessies se
flétrissent le plus souvent en quelques jours, et la desquamation vers le quatorzième, époque de la terminaison de
cette maladie quand elle n'est point de mauvaise nature.

Cette affection, qui se présente si souvent dans les pays
humides ou marécageux, ou qui provient de quelques vices
dans les organes de la digestion et surtout du foie, est
presque toujours dépendante d'une cause bilieuse ; ainsi
l'on pourrait dire, avec juste raison, que l'érésipèle annonce la bile comme les hirondelles le printemps; c'est
pourquoi les tisanes adoucissantes légèrement acidulées et
les limonades sont de rigueur.

Voici ce qu'il faut employer dans ce cas :

Faites infuser une forte poignée de fleurs de sureau
dans un litre d'eau ; passez à travers un linge, ajoutez un
verre à bière d'eau d'arquebusade et frottez-en toutes les
parties érésipélateuses le matin et le soir.

Ensuite prenez un verre à bière, tous les matins à
jeun, d'une tisane composée de 16 grammes de séné, de
50 de sulfate de magnésie et de 16 de sel de nitre ; faites
bouillir le séné dans un litre d'eau pendant six à huit minutes, ajoutez-y les autres substances et passez à travers
un linge.

Nous ferons observer qu'il faut aider l'effet de ce remède en prenant un peu de bouillon aux herbes dans la
matinée.

Poudre de la princesse de Carignan.

On prend 40 grammes de gui de chêne, de racine de
fraxinelle, de corne de cerf et de succin préparés, 20 gram.
de racine de pivoine et de carbonate d'ammoniaque, le
tout finement pulvérisé et mêlé avec soin pour former une

poudre homogène qu'on conserve dans des flacons bien bouchés.

Cette poudre s'emploie contre les convulsions à la dose d'un gramme pour les enfants d'un an, du double pour ceux de deux ans, de deux et demi pour trois ans, de quatre et au delà pour les enfants de quatre ans ; elle se prend dans du lait ou de l'eau d'orge.

Pilules canicures contre les maladies des chiens.

On mêle ensemble 16 grammes de calomélas, de poudre de tribus et 20 grammes d'oxyde d'antimoine sulfuré rouge avec quantité suffisante de sirop de nerprun, de manière à former une masse qu'on divise en trois cents pilules dont on fait prendre à l'animal deux ou trois, selon l'âge, pendant deux ou trois jours de suite. Il est inutile de dire qu'on doit recommencer quelques jours après, s'il ne va point mieux.

Soda-Water.

Chez la plupart des pharmaciens de Londres et dans les tavernes, on vend une boisson rafraîchissante gazeuse et fort analogue à une limonade qui serait chargée d'acide carbonique, qu'on appelle soda-water ; on la vend dans des bouteilles en grès ficelées ou goudronnées, comme les vins.

Elle se compose de 16 grammes de bicarbonate de soude, 24 grammes d'acide tartrique, 16 grammes de sucre et 1 gramme d'esprit de citron.

Il y a beaucoup d'Anglais qui préfèrent la poudre, afin de faire l'eau au moment de la boire ; avec la dose indiquée ci-dessus on en fait trois bouteilles.

Liqueur des Indiens.

Mettez dans trois litres d'eau-de-vie à 24 degrés Réaumur 90 amandes amères, 30 clous de girofles, 8 grammes de macis, 4 grammes de safran, 2 grammes de vanille, 1 centigramme de musc, 3 citrons coupés par tranches ; sucre blanc, 1,125 grammes ; lait bouilli, 500 grammes ; on laisse macérer pendant quinze jours à une douce chaleur, en ayant soin d'agiter de temps en temps, et on filtre ensuite au papier gris.

Si l'on ajoute à la liqueur filtrée des feuilles d'or, on a ce qu'on appelle l'*agua vita d'orodi Torino*.

Potion contre les hydropisies, l'ascite ou l'anasarque.

On mêle ensemble 5 grammes de teinture de scille, de digitale, d'aloès, un d'alcali volatil, 45 grammes de sirop des cinq racines apéritives et 250 grammes d'eau.

On prend de ce remède une cuillerée à soupe tous les jours, matin, midi et soir, n'importe dans quelle hydropisie ; il est certain que ses effets sont prompts et d'une efficacité incontestable.

L'hydropisie, chacun le sait, est une des plus fâcheuses maladies de l'espèce humaine, soit qu'elle se forme d'elle-même, soit qu'elle survienne à la suite d'autres affections ; c'est, en un mot, l'épanchement d'un fluide lymphatico-séreux dans une cavité ou son infiltration dans le tissu cellulaire d'une ou de plusieurs parties ou même de tout le corps, avec tuméfaction et mollesse, le plus souvent accompagnée d'une fluctuation sensible au toucher. La lenteur de sa marche, ses progrès insensibles multiplient, en les prolongeant, les souffrances des personnes qui en sont attaquées ; mais, par bonheur, une sorte d'illusion, commune à tous les hydropiques, nourrit en eux l'espoir d'une guérison prochaine, et vient adoucir le sentiment pénible de leurs maux.

Ayant désiré que notre livre soit utile à tout le monde, nous avons cherché le moyen de remédier à cette affection, assez répandue aujourd'hui pour s'y intéresser ; car, encore bien qu'on prétende les statistiques comparatives favorables aux nouvelles sciences médicales, il n'est pas moins vrai que les accidents morbides de tous genres sont tellement nombreux dans toutes les classes de la société, qu'il est permis de croire que l'art de guérir perdit considérablement de sa précision dès qu'il fut remplacé par la médecine physiologique, qui est une science de pur agrément, dont le bagage a obstrué la route déjà bien obscure par elle-même.

Remède contre l'épilepsie ou mal caduc.

La tâche imposée à nos travaux étant toujours la plus difficile, personne ne sera surpris que nous nous soyons occupé spécialement de l'épilepsie, dont la guérison est abandonnée depuis longtemps par les hautes sommités de la science médicale ; car, si nous guérissons les maladies soi-disant incurables, nous aurons fait un grand pas, puisque nous obligerons les médecins à revenir à la raison et à reconnaître leurs erreurs.

Le mal caduc est, à coup sûr, de tous les malheurs qui affligent notre pauvre humanité, le plus triste et le plus déplorable, parce qu'il est un objet d'épouvante pour tous et une bien affreuse calamité pour celui qui en est affecté. Il n'en fallait, certes, point davantage pour que nous portions nos recherches sur les moyens d'arrêter ce mal, dont la médecine moderne ne tente même plus la guérison lorsque les accès se sont multipliés au point d'en imprimer très-profondément l'idée dans le cerveau, ainsi que celui dont le germe funeste a été transmis avec la vie ; mais, comme nous partageons l'opinion de Sydenham, l'Hippocrate anglais, qui n'admet l'incurabilité d'aucune maladie quand on la connaît bien, nous avons pensé que l'épilepsie devait être susceptible de guérison quand elle est accompagnée de circonstances favorables, et nous sommes heureux de pouvoir annoncer que nos succès ont couronné nos prétentions audacieuses.

Sans doute, il est des causes qui ne permettent pas toujours de guérir les maladies, parce qu'il existe des lésions organiques auxquelles il est difficile de remédier ; cependant ce n'est pas une raison, selon nous, pour cesser d'en étudier les anomalies et laisser le patient livré à lui-même ; le beau de la science est de vaincre les grandes difficultés.

Pour guérir les épilepsies, il suffit de mettre un petit sachet rempli de mercure coulant sur le creux de l'estomac, assujetti au moyen d'un ruban passé au col, ce qui exempte d'une ceinture, beaucoup plus incommode ; puis on fait prendre au malade, seulement jusqu'à cessation des accès, une pilule matin et soir (eu égard à l'âge, bien entendu), deux heures avant et après les repas, composée de 2 grammes de calomélas et 8 grammes d'assa-fœtida bien mêlés ensemble et dont on fait 72 pilules.

J'ai vu souvent, par ce moyen, les accès d'épilepsie, que le sujet ait été vieux ou jeune et le mal ancien ou récent, disparaître après un mois ou six semaines de temps ; il faut néanmoins, si la maladie cesse, garder le sachet pendant plusieurs années, dans la crainte d'une récidive qui est souvent funeste.

Eau d'arquebusade.

On mêle ensemble eau-de-vie à 18° Réaumur 500

grammes, 500 grammes de bon vinaigre et 350 grammes de sucre pulvérisé ; on remue de temps en temps, et, lorsque le sucre est fondu, on filtre à travers un papier gris.

Cette eau sert à déterger les ulcères, à modérer la suppuration des blessures et à arrêter les hémorragies ; on peut en appliquer aussi des comprerses sur les contusions, les fractures et les luxations.

Dans les maladies putrides, on la donne à l'intérieur, à la dose de 20 à 30 gouttes, une ou plusieurs fois par jour, dans une infusion de camomille ou de petite centaurée.

Vernis pour empêcher les vers d'attaquer les livres.

Mettez dans un littre d'alcool à 33 degrés Réaumur : 16 grammes de coloquinte, 6 d'aloès, 40 de mastic, de sandaraque, d'huile de pétrole, et 10 de térébenthine de Venise ; laissez macérer pendant 15 jours en remuant de temps en temps, puis filtrez à travers un papier gris et conservez dans des bouteilles bien bouchées.

Faites bouillir 64 grammes de staphysaigre par 500 grammes d'eau ; passez à travers un linge et faites-y fondre de la colle forte et un peu d'alun, de manière à ce que l'eau ne soit point trop épaisse ; étendez-en une légère couche avec la main sur la couverture, et, lorsqu'elle est bien séchée, vous appliquez le vernis indiqué plus haut. Si vous voulez que l'opération soit complète, c'est d'en enduire les cartons et le dos avant de les recouvrir de peau ou de papier peint.

Cette recette nous ayant valu une mention dans le rapport de la commission de l'industrie du département de la Somme, en 1845, nous ne doutons pas que les bibliophiles ne soient très-satisfaits de connaître le moyen de soustraire leurs livres à la voracité des vers, qui, parfois, causent de si grands ravages dans leur bibliothèque.

Moyen de teindre et de parfumer les fleurs.

On a parlé récemment, comme d'une nouveauté piquante, d'un secret pour parfumer et teindre les fleurs, et leur donner la couleur et l'odeur qu'elles n'ont pas naturellement. Un savant botaniste, M. Charles Morren, rappelle que le procédé permettant de teindre et de parfumer les fleurs est connu depuis longtemps.

Le noir, le vert et le bleu sont trois couleurs particulièrement rares chez les fleurs, et que les curieux désireraient y introduire. Il n'est point difficile d'arriver à ce résultat.

Voici le moyen que M. Morren prescrit à cet effet, d'après les anciens auteurs :

Pour obtenir la matière de la couleur noire à communiquer aux fleurs, on cueille les petits fruits qui croissent sur les aunes ; quand ils sont bien desséchés, on les réduit en poudre. Le suc de rue desséché sert à obtenir la couleur verte ; le bleu s'obtient avec les bluets qui croissent dans les blés. Ces deux matières étant bien sèches, on les réduit en poudre fine pour servir à produire la couleur verte ou bleue.

M. Morren recommande d'opérer de la manière suivante, pour communiquer aux fleurs l'une des trois couleurs précédentes : On prend, dit notre botaniste, la couleur dont on veut imprégner une plante, et on la mêle avec du fumier de mouton, une pinte de vinaigre et un peu de sel marin. Il faut qu'il y ait dans la composition un tiers de la couleur. On dépose cette matière, qui doit être épaisse comme de la pâte, sur la racine d'une plante dont les fleurs sont blanches ; on l'arrose d'eau un peu teinte de la même couleur, et, du reste, on la traite comme à l'ordinaire ; on a bientôt le plaisir de voir les œillets qui étaient blancs devenir noirs.

Pour le vert et le bleu, on emploie la même méthode. Pour mieux réussir, on prépare la terre. Il faut la choisir légère et bien grasse, la sécher au soleil, la réduire en poudre et la tamiser. On en remplit un vase, et l'on met au milieu une giroflée blanche, ou un œillet blanc, car la couleur blanche est seule susceptible de subir ce genre de modification. Il ne faut point que la pluie ni la rosée de la nuit tombe sur cette plante. Durant le jour, on doit l'exposer au soleil.

Si on veut que cette fleur blanche se revête de la couleur pourpre, on se sert de bois de Brésil pour la pâte et pour teindre l'eau des arrosements. On peut avoir, par ce moyen, des lis charmants. En arrosant la pâte avec les trois ou quatre teintures, en trois ou quatre différents endroits, on obtient des lis de diverses couleurs.

Un Hollandais, grand amateur de tulipes, mettait macérer les oignons de cette fleur dans des liqueurs préparées dont ils prenaient la couleur. D'autres découpaient un peu ces oignons, et insinuaient des couleurs sèches dans les petites scissures.

Voici enfin le complément de ce curieux procédé, c'est-à-dire la manière de communiquer artificiellement un suave parfum à toute plante, même à celles qui exhalent une insupportable odeur.

On peut commencer, dit M. Morren, à remédier à la mauvaise odeur d'une plante dès avant sa naissance, c'est-à-dire lorsqu'on sème la graine, si elle vient en graine. On détrempe du fumier de mouton dans du vinaigre, auquel on ajoute un peu de musc, de civette ou d'ambre en poudre. On met les graines, où même les oignons, durant quelques jours, macérer dans cette liqueur. Les fleurs qui viendront répandront un parfum très-doux et très-agréable. Pour plus de sûreté, il faut arroser les plantes naissantes de la mixtion où l'on a mis tremper les semences.

Le P. Ferrari dit qu'un de ses amis, bel esprit et grand philosophe, entreprit d'ôter au souci d'Afrique son odeur si choquante, et qu'il y parvint. Il mit tremper, durant deux jours ses graines dans de l'eau de rose où il avait fait infuser un peu de musc. Il les laissa sécher quelque peu, et puis les sema. Ces fleurs n'étaient pas entièrement dépouillées de leur mauvaise odeur, mais on ne laissait pas de ressentir, à travers cette odeur primitive, certains « petits esprits étrangers, suaves et flatteurs, dit le P. Ferrari, qui faisaient supporter avec quelque plaisir ce défaut naturel. » De ces plantes déjà un peu amendées, il sema la graine avec la même préparation décrite plus haut. Il en naquit des fleurs qui pouvaient le disputer par la bonne odeur aux jasmins et aux violettes. Ainsi, d'une fleur auparavant le plaisir de la vue et le fléau de l'odorat, il fit un miracle qui charmait à la fois ces deux sens.

A l'égard des plantes qui viennent de racine, de bouture, de marcotte, l'opération se fait au pied comme pour les couleurs.

Telles sont les indications données par un savant botaniste, d'après les anciens auteurs d'horticulture, pour opérer ces curieuses transformations. Nous rappellerons aussi que plusieurs recettes analogues se trouvent dans l'ouvrage du docteur Quesneville, qui a pour titre : *Secrets des arts.*

Procédé pour hâter la maturité du raisin.

Un procédé fort simple permet de faire porter des fruits

aux arbres stériles ; il consiste à enlever, en forme d'anneau, l'épiderme de la branchette à fruit au-dessous du fruit lui-même. La largeur de cet anneau d'écorce doit égaler la moitié du diamètre du rameau sur lequel on agit. C'est ce qui se pratique quelquefois sur la vigne, et dans la Touraine, par exemple; on a usé de ce moyen pour faire mûrir des raisins qui exigeaient une température plus élevée que celle de ce pays.

Le numéro de janvier de 1858 du Bulletin de la Société d'encouragement pour l'industrie renferme une notice intéressante de M. Bourgeois sur les effets de l'incision annulaire de la vigne.

L'incision annulaire n'est pas chose nouvelle ; déjà, en 1776, Landry publiait des expériences à ce sujet. Plus tard, la valeur du procédé fut vivement controversée, parce que ses partisans prétendaient qu'outre son influence sur la grosseur et la maturité des fruits, il prévenait encore la coulure de la vigne. C'était aller trop loin, et il est probable que l'espèce de discrédit dans lequel est tombée l'opération vient en grande partie de ce qu'on a exagéré sa vertu. Mais ce qui est bien positif, ce que des expériences décisives ont démontré, c'est que l'incision annulaire a pour effet, lorsqu'elle a été pratiquée en temps opportun, à l'époque de la floraison, de rendre les grappes plus volumineuses et d'avancer leur maturité de deux semaines environ. Or, quand on réfléchit aux prix élevés qu'obtiennent toujours les primeurs, on voit tous les avantages qu'offre ce procédé à ceux qui l'adoptent.

L'incision annulaire permettrait aux habitants de nos départements où la vigne ne mûrit que dans les années exceptionnellement favorables, de récolter de bons fruits à la place du mauvais verjus que leur donnent ordinairement leurs treilles, auxquelles il ne manque, le plus souvent, que quinze jours de soleil pour mûrir leurs grappes d'une façon satisfaisante.

Nous ajoutons néanmoins que le procédé d'incision annulaire de la vigne a été expérimenté très en grand, en 1857, dans le département de l'Hérault, comme moyen curatif de l'oïdium. M. Bancillon, qui avait conçu de grandes espérances de l'emploi de cette méthode, et qui avait fait exécuter un petit instrument très-ingénieux pour opérer l'incision du rameau, avait passé avec un très-grand nombre de propriétaires des marchés pour le traitement de leurs vignes malades par cette méthode.

Mais les ravages de l'oïdium ne furent nullement arrêtés par ce procédé.

Nouvelle peinture à l'oxychlorure de zinc.

M. Sorel, industriel distingué, a fait une découverte importante au double point de vue de l'hygiène et de l'économie, en imaginant un système tout nouveau de peinture, destiné à remplacer la peinture avec les huiles et l'essence, dont les inconvénients sont si connus. Le prix élevé de l'huile, le temps qu'elle exige pour sécher, l'action fâcheuse que l'essence de térébenthine exerce sur la santé, ont toujours fait désirer pouvoir s'affranchir de ces substances dans les diverses opérations de la peinture. C'est ce que M. Sorel paraît avoir résolu par l'emploi de substances chimiques et sans autres liquides que l'eau.

Voici sur quel principe est fondé le nouveau système de peinture de M. Sorel, qui a déjà été expérimenté avec succès dans plusieurs établissements de l'Etat :

Si l'on mêle à une dissolution de chlorure de zinc de l'oxyde de zinc en poudre, aussitôt les deux matières se combinent, et elles forment de l'oxychlorure de zinc insoluble, qui provoque la solidification du mélange et le transforme en une masse d'un très-beau blanc et d'une grande dureté. Déjà M. Sorel avait mis à profit cette réaction pour mouler des objets d'art avec une finesse remarquable, pour sceller les métaux dans la pierre. Voici par quel moyen pratique il a appliqué ce fait à la peinture :

Le liquide qui, dans la nouvelle peinture, remplace l'huile et l'essence de térébenthine dont on fait usage dans la peinture ordinaire pour délayer les couleurs, est une dissolution aqueuse de chlorure de zinc additionnée de tartrate de potasse. Pour donner à ce liquide du liant, on ajoute une certaine quantité de fécule. En faisant chauffer le mélange, la fécule se dissout, et, par le refroidissement, elle forme un empois qui donne au mélange la consistance nécessaire pour l'usage. D'autre part, on a mélangé d'avance à l'oxyde de zinc en poudre les couleurs minérales ou végétales que l'on veut appliquer. On mêle ensemble cet oxyde de zinc contenant la couleur et la dissolution aqueuse de chlorure, et l'on applique alors ce mélange à l'aide du pinceau sur les surfaces à couvrir. Le mélange s'épaissit, peu de temps après son application, par la production d'oxychlorure de zinc, et la peinture est ainsi solidifiée en une demi-heure. Le tartrate alcalin ajouté a pour effet de retarder cet épaississement, qui, sans cette précaution, serait immédiat et par conséquent trop prompt. Pour la couleur blanche, on emploie le mélange ci-dessus sans addition, l'oxydo-chlorure de zinc donnant une couleur blanche très-belle. Pour la peinture de couleur, on emploie les substances colorantes qui sont en usage dans la peinture ordinaire, mais sans excipient, c'est-à-dire simplement pulvérisées.

La peinture à l'oxychlorure de zinc offre les avantages suivants, d'après M. Sorel :

1° Elle est plus belle et aussi solide que les peintures à

l'huile; elle né noircit pas par les émanations sulfureuses, comme les peintures à la céruse ou autres à base de plomb.

2° Elle n'a absolument aucune odeur et elle sèche très-promptement; on peut donner une couche toutes les deux heures en hiver et une couche par heure en été, ce qui permet de peindre un appartement dans un seul jour et de l'habiter le même jour, sans que l'on soit incommodé par l'odeur.

3° Elle résiste à l'humidité et à l'eau, même bouillante, et peut être savonnée comme les peintures à l'huile.

4° Cette peinture, à cause du chlorure de zinc qu'elle contient, est éminemment antiseptique; c'est-à-dire propre à préserver les bois de la pourriture.

5° Elle possède la propriété de diminuer la combustibilité du bois, des tissus et du papier, et de rendre ces matières non inflammables : ce dernier effet est produit par le chlore, qui rend l'hydrogène incombustible en se combinant avec ce gaz pour former de l'acide chlorhydrique indécomposable par le feu. Pour augmenter l'incombustibilité, il est bon d'ajouter au liquide du borax ou de l'acide borique.

On peut préserver les corps de la combustion avec le liquide seul, sans ajouter la poudre qui entre dans la peinture.

6° La nouvelle peinture ne présente aucun danger pour ceux qui la préparent, ni pour ceux qui l'emploient.

Les éléments qui composent cette peinture, c'est-à-dire l'oxyde et le chlorure de zinc, sont à très-bas prix, très-abondants, et ne peuvent jamais manquer. Ils peuvent se conserver indéfiniment et être transportés dans tous les climats sans éprouver d'altération.

Si la pratique confirme les promesses de l'inventeur, cette nouvelle méthode, qui constitue une très-ingénieuse application d'un phénomène chimique de laboratoire, rendrait un précieux service, sous le rapport de l'hygiène, aux ouvriers et aux personnes qui manient les couleurs ou habitent des appartements fraîchement peints.

L'art de faire le pain sans levain.

On s'est beaucoup occupé en Angleterre, en 1858, d'un nouveau procédé de panification d'où la fermentation est bannie. Le docteur Danglish, inventeur de ce procédé, constatant que la fermentation de la pâte du pain amène une perte d'environ 10 pour 0[0 sur la quantité de matière nutritive soumise à cette opération, n'admettant point d'ailleurs, comme on l'a fait jusqu'ici, que le pain levé soit d'une digestion plus facile que celui qui n'a point subi de fermentation, mais expliquant tout simplement ce fait par la plus faible quantité de matière nutritive contenue sous le même poids dans le pain levé, a prescrit hardiment de supprimer toute fermentation préalable dans la confection du pain. Voici donc comment on procède pour avoir la panification dans la nouvelle méthode anglaise :

On place la pâte dans un pétrin exactement clos que l'on met en communication avec un gazomètre rempli d'acide carbonique comprimé à quelques atmosphères. On pétrit, par un moyen mécanique, la pâte ainsi mélangée au gaz carbonique qui en augmente la division. Quand le travail du pétrissage est terminé, on interrompt la communication avec le réservoir du gaz acide carbonique. Le gaz, dissous dans l'eau et mêlé intérieurement à la pâte, se dégage de ce milieu élastique; mais, demeurant en partie emprisonné dans son intérieur, il donne à la pâte un volume de cinq ou six fois supérieur à son volume primitif. En cet état, on la façonne rapidement en pains et on la porte au four. D'après M. Danglish, cette nouvelle méthode de panification, d'où la levûre est supprimée, donnerait économie de 10 pour 0|0 ; le pain obtenu serait absolument pur et d'une saveur agréable ; enfin tout le travail serait achevé en une demi-heure, tandis que le procédé ordinaire par la fermentation exige plusieurs heures.

Cette proposition inattendue de fabriquer le pain sans levain va faire naître bien des surprises. Eh quoi ! diront les personnes peu enthousiastes du progrès, depuis quatre ou cinq mille ans le pain se prépare avec de la pâte fermentée. Faut-il admettre que, depuis ces temps reculés, les hommes se soient trompés, et que chez tous les peuples et dans tous les temps on ait perdu, de gaîté de cœur, 10 pour 100 de matière par le mode de confection du produit alimentaire par excellence ! — Et pourquoi pas ? répondrons-nous. Le temps n'a jamais été une garantie contre l'erreur, et, dans une question de ce genre, c'est à l'expérience seule qu'il appartient de prononcer. Or, en Angleterre, l'expérience ne s'est pas montrée défavorable à cette idée nouvelle. Essayons donc, à notre tour, en France, de goûter les douceurs et les avantages du pain sans levain.

Gravure sur pierres et poteries.

MM. Jadin et Blamond ont fait connaître le procédé suivant pour obtenir des gravures sur les pierres siliceuses, les poteries, la porcelaine ou le verre.

On commence par couvrir la pierre qu'on veut graver d'une couche de cire et de térébenthine ou de tout autre vernis convenable, après quoi on y trace à la pointe le dessin qu'on veut graver. On établit une muraille en cire autour de ce dessin, et on verse dessus de l'acide fluorhydrique qui agit immédiatement sur les parties découvertes. Au bout d'un certain temps, réglé par l'expérience, on examine cette pièce, et si l'acide a suffisamment mordu, on enlève l'acide ; dans le cas contraire, on reverse l'acide et on laisse encore mordre le temps nécessaire ; enfin, si le dessin l'exige, on retouche avec un instrument, burin, échoppe, etc. Mais, dans tous les cas, il faut veiller à ce que l'acide ne détruise pas la pureté du dessin.

Lorsque l'acide a mordu jusqu'à la profondeur voulue, on lave la pièce avec soin et on la fait sécher. On efface les traits du dessin mordu avec du vernis, de manière que par l'application de l'acide il n'y ait que le fond qui soit attaqué, et au contraire, si l'on veut que ce dessin présente un trait plus large au fond qu'à la surface, les bords seuls sont chargés de vernis protecteur, et on applique un acide plus fort.

Dans les traits ainsi produits, on place et fixe des fils d'argent, d'or, de platine, d'aluminium, etc., pour produire un damasquinage ou un genre d'ornement analogue.

En chargeant ces traits avec des verres colorés ou non, réduits en poudre, on produit des pièces qui ressemblent aux émaux byzantins ou du moyen âge. On applique la chaleur pour fondre ce verre, dont on enlève ensuite l'excès par des moyens mécaniques. On peut aussi avoir recours à l'électrotypie pour remplir avec un métal ces traits gravés à l'eau-forte, après qu'on les a rendus conducteurs.

Gravure en relief sur ardoise.

D'après M. Raphaël Carmana, l'ardoise pourrait très-bien remplacer le bois pour la gravure en relief ; les traits les plus fins sont reproduits avec une exactitude surprenante et résistent plus longtemps à l'action de la presse typographique ; de telle sorte qu'avec une ardoise ainsi taillée en gravure de relief, on peut tirer plusieurs milliers d'exemplaires, sans que l'on puisse reconnaître aucune différence, sur les dernières épreuves, pour la précision et la netteté du dessin.

Argenture des tissus et des étoffes.

Un problème de chimie industrielle qui était depuis longtemps poursuivi a été résolu en Angleterre en 1859. Il s'agit du moyen d'argenter les fils des tissus par une opération chimique, afin de produire à moins de frais ces étoffes tissées d'or et d'argent que l'on n'a pu fabriquer encore qu'en mêlant aux matières textiles des fils d'or ou d'argent. Voici comment on parvient à obtenir cette teinture métallique, qui s'applique également aux fils de coton, de soie, de chanvre et de lin :

Les fils ayant été lavés avec beaucoup de soin, on les trempe pendant quelques instants dans une dissolution concentrée d'acide gallique; on les plonge ensuite dans de l'eau distillée contenant un cinquantième de son poids d'azotate d'argent. L'acide gallique dont les fils ont été imprégnés réduit le sel d'argent; ce métal se précipite sur ces fils avec une forte adhérence et en conservant tout son brillant métallique. Il faut répéter cette opération plusieurs fois, jusqu'à ce que les fils aient pris une belle teinte d'argent. L'opération n'est pas terminée là, car on n'a de cette manière revêtu les matières textiles que d'une légère couche d'argent. Pour obtenir une enveloppe métallique tenace et durable, il faut tremper les tissus, faiblement métallisés par la première opération, dans un nouveau bain. D'après M. Ch. Gaillard, qui donne ces renseignements, ce bain est préparé de la manière suivante : d'une part, on prend 2 parties d'acide gallique, 2 de chaux vive et 5 de glycose; on les dissout dans 650 parties d'eau distillée, et on filtre; d'autre part, on ajoute 650 parties d'eau distillée, 20 parties d'azotate d'argent et 20 parties d'ammoniaque liquide. Ces deux dissolutions, étant mélangées à parties égales au moment de s'en servir, constituent le bain destiné à donner une argenture solide aux fils. On plonge dans ce bain les matières textiles ; on les porte de là dans une dissolution bouillante de crème de tartre, enfin on lave les tissus ainsi métallisés et on les fait sécher.

On pourrait, sans doute, dorer les étoffes par le même procédé chimique, car le chlorure d'or est aussi facilement réduit par l'acide gallique que l'azotate d'argent.

Le rouge de sorgho.

Le sorgho, cette plante si précieuse par sa richesse saccharifère, contient, en outre du sucre, une matière colorante rouge, qui est extraite et utilisée en Chine sur une grande échelle. Un chimiste étranger, M. Winter, a fait connaître le moyen d'extraire cette matière colorante rouge de sorgho, qui est cultivé aujourd'hui en France. Voici comment M. Winter prescrit d'opérer pour extraire cette matière colorante, qui pourra trouver son emploi dans nos ateliers de teinturerie.

C'est de la tige du sorgho, pressée et exprimée pour en retirer le jus sucré, que l'on obtient cette matière colorante. Les tiges sont abandonnées à la fermentation pendant quinze jours ; au bout de ce temps, elles ont acquis une forte coloration rouge par le développement d'un principe colorant organique. On sèche alors la matière et on la divise dans une auge de moulin.

Pour isoler la matière colorante, on fait infuser la poudre pendant douze heures dans l'eau froide. Celle-ci dissout peu de substances colorantes, mais enlève une certaine quantité de matières étrangères. On exprime la masse très-fortement, et on fait digérer le résidu avec une lessive alcaline caustique très-faible. On filtre ou l'on exprime, et on neutralise très-exactement par de l'acide sulfurique les liqueurs colorées claires : la matière colorante se sépare alors en flocons rouges, qu'on recueille sur un filtre, qu'on lave et qu'on fait ensuite sécher. La couleur rouge ainsi obtenue est presque pure ; elle se dissout facilement dans l'alcool, dans des liqueurs alcalines, dans des acides faibles, etc. Pour teindre avec cette matière la laine et la soie, on fait usage des mordants d'étain ordinaires. M. Winter a trouvé que les teintures rouges ainsi obtenues résistent très-bien à la lumière et à un savonnage modéré, même donné à chaud.

Découverte de la formation artificielle de l'acide tartrique, par M. Liebig.

M. Liebig a fait, en 1859, une découverte d'une égale importance au point de vue théorique et au point de vue des applications industrielles. En traitant par l'acide azotique le sucre de lait et les gommes, il est parvenu à obtenir de l'acide tartrique artificiel. Cet acide se trouve dissous dans les eaux mères de cristallisation de l'acide oxalique que laisse cette réaction. L'examen approfondi des propriétés et de la composition de ce produit artificiel n'a laissé aucun doute sur sa parfaite identité avec l'acide tartrique du raisin. L'acide tartrique, qui se forme comme il vient d'être dit, est accompagné d'un second acide isomérique avec l'acide oxalhydrique de Guérin-Warry.

S'il était possible de fabriquer en grand, à peu de frais, avec le sucre et les gommes, un acide tartrique identique par ses propriétés à celui qui fournit le tartre du raisin, toute une branche importante de notre industrie, et consécutivement de notre agriculture, subirait une révolution. Le fait annoncé par le chimiste de Berlin a donc un haut degré d'importance, et mérite d'être expérimenté en grand par nos fabricants de produits chimiques.

Procédé pour la désinfection des alcools.

M. Breton, professeur à l'école de médecine de Grenoble, a mis en pratique un procédé très-original pour débarrasser les alcools de diverses provenances (alcools de grains, de fécule, de garance, etc.) de leur odeur désagréable, toujours due, comme on le sait, à des huiles volatiles. Ce procédé est une ingénieuse application de la méthode opératoire d'enlever, au moyen de l'éther, le brome à sa dissolution dans l'eau. En ajoutant de l'éther à la solution aqueuse du brome et agitant ce mélange, l'éther enlève tout le brome à l'eau, et quand on laisse le mélange en repos, on voit une couche éthérée saturée de brome surnager l'eau, devenue incolore.

On comprend que ce procédé puisse s'appliquer à débarrasser les alcools des huiles volatiles qu'ils renferment et qui leur communiquent leur mauvais goût. Si l'on mêle, en effet, à une certaine quantité d'alcool de grains, de marc, etc., un peu d'huile d'olive, et que l'on agite le mélange, l'huile d'olive, qui dissout très-bien les huiles volatiles, s'emparera de ce dernier liquide, et s'en séparera ensuite par sa légèreté spécifique, effectuant ainsi la purification de l'alcool, sans qu'il soit nécessaire de recourir à l'opération si longue et si dispendieuse de la distillation.

Dans un laboratoire de chimie, ce procédé serait d'une exécution très-simple : il suffirait de verser quelques gouttes d'huile dans un flacon contenant de l'alcool infecte, d'agiter, puis de laisser reposer le mélange et de décanter. Mais, industriellement, ce procédé serait impraticable, puisqu'il s'agit, en ce cas, de traiter des centaines d'hectolitres de liquide. Il fallait donc trouver un autre mode opératoire pour la fabrication en grand. M. Brétoh eut d'abord l'idée de se servir d'un filtre composé de disques de molleton de laine légèrement imbibés d'huile et maintenus entre deux plateaux de tôle percés de trous. La désinfection de l'alcool s'opérait, mais seulement jusqu'au moment où l'étoffe de laine saturée d'huiles volatiles refusait d'en absorber davantage. Alors, au moyen d'un courant de vapeur, on débarrassait la laine des huiles volatiles en les vaporisant. Mais la laine soumise à cette température finissait par devenir impropre à fonctionner de nouveau. Cette matière fut donc abandonnée, et remplacée par une couche de pierre ponce pulvérisée, qui, à l'avantage d'agir exactement comme la laine, joint celui de supporter, sans perdre sa puissance absorbante, la température nécessaire pour volatiliser les huiles volatiles dont elle s'est chargée.

L'appareil du professeur de Grenoble fonctionne dans une distillerie de Brie-Comte-Robert (Seine-et-Oise).

Méthode nouvelle pour la rectification des alcools.

Dans les laboratoires de chimie, on dépouille promptement l'alcool de toute l'eau qu'il renferme et on l'amène à l'état d'alcool absolu, en y mêlant des sels très-avides d'eau, tels que le carbonate de potasse, le chlorure de calcium ou l'azotate de chaux, qui s'emparent de toute l'eau étrangère à l'alcool. Ainsi déshydraté, l'alcool se sépare en une couche qui surnage la dissolution saline ; il suffit de séparer ces deux couches, et une simple distillation donne l'alcool pur et privé d'eau. M. A. Gibbée a réussi à appliquer en grand cette méthode simple et commode. Il opère avec une dissolution aqueuse de carbonate de potasse marquant de 44 à 60° à l'aréomètre de Beaumé. Une simple agitation de la liqueur spiritueuse avec la dissolution de carbonate de potasse fixe toute l'eau de l'alcool ; ainsi déflegmé, l'alcool surnage en une couche que l'on sépare par décantation. « Si cet alcool est à un haut degré de force, dit M. Gibbée, il retiendra si peu d'alcali, qu'il n'est pas nécessaire de le faire rectifier par distillation. » Nous pensons néanmoins que cette rectification sera indispensable dans tous les cas.

Le même carbonate de potasse peut servir indéfiniment à ces opérations, car il suffit de concentrer par la chaleur cette dissolution pour la ramener à son degré primitif de concentration, et la rendre de cette manière propre à une opération nouvelle.

Dans les distilleries industrielles ou agricoles, on fera usage avec profit de ce mode de concentration des eaux-de-vie. On pourrait par cette nouvelle méthode réduire très-notablement la dimension des appareils distillatoires, la plus grande partie de la concentration de l'alcool se faisant à froid. Avec un même matériel, on obtiendrait donc une plus grande quantité de produits.

Moyen facile d'extraire les corps étrangers des paupières.

Voici un moyen fort simple pour extraire, sans le secours d'aucun instrument, les corps étrangers qui s'engagent sous la paupière supérieure et y demeurent parfois retenus fort longtemps. Au lieu de faire, selon l'usage, la recherche de ce corps étranger en renversant la paupière, de passer une bague ou tout autre corps entre les paupières, moyens qui irritent l'œil et demeurent souvent sans résultat, M. le docteur Léon Rerard, médecin aide-major de l'un de nos régiments de ligne, recommande le moyen suivant, qui peut dispenser de tous les autres :

La paupière supérieure étant saisie, près de ses angles interne et externe, avec le pouce et l'index de l'une et l'autre main, on l'attire légèrement en avant et on l'abaisse immédiatement aussi bas que possible sur la paupière inférieure ; on la maintient ainsi pendant une minute environ, en ayant soin d'empêcher la sortie des larmes. Lorsque, après ce temps, on laisse reprendre sa position à la paupière supérieure, un flot de larmes a entraîné le petit corps étranger ; on le retrouve sur le bord libre de la paupière inférieure, ou sur un cil, ou sur la peau de la paupière et de la joue.

Il est facile d'expliquer ce qui se passe sous la paupière supérieure pendant cette petite opération. Par l'effet de l'abaissement considérable de la paupière supérieure et de la rotation du globe oculaire, le pli conjonctival supérieur n'existe plus ; les muqueuses oculaire et palpébrale, tout à l'heure en contact, sont écartées l'une de l'autre et forment la voûte d'une cavité dont la base est la partie supérieure et antérieure de la paupière inférieure. Cette cavité, qu'on a le soin de bien clore, se remplit de larmes qui, faisant fonction d'une injection, détachent de la muqueuse le corps étranger. S'il est plus lourd que le liquide lacrymal, il tombe immédiatement sur le bord de la paupière inférieure ; sinon, il est entraîné par le liquide au moment où l'on abandonne subitement la paupière supérieure.

Moyen d'anéantir la cuscute.

Le sulfate de fer en dissolution dans l'eau jouit d'une puissance remarquable pour anéantir la cuscute (barbe de moine, rogne, etc.), cette plante parasite qui est si nuisible aux luzernes. On doit à M. Ponsard, président du comice agricole de la Marne, l'idée de cette application du sulfate de fer.

L'analyse chimique avait établi l'existence d'une proportion considérable d'acide tannique dans la cuscute.

M. Ponsard eut donc l'espoir de détruire cette plante en l'arrosant avec une dissolution de sulfate de fer ; il devait se former ainsi un sel insoluble, c'est-à-dire du tannate de fer, composé différant peu du gallate de fer, qui est la base de l'encre à écrire. La pratique a confirmé cette prévision. Quand on arrose la cuscute ou le sol sur lequel elle végète avec une dissolution de sulfate de fer, il se fait presque aussitôt du tannate de fer, et la plante est détruite en quelques heures ; il ne reste sur le sol que des filaments noirs. Voici comment il faut pratiquer en grand l'opération. Dans un tonneau monté sur des roues et contenant cinq hectolitres d'eau, on fait dissoudre une quantité de sulfate de fer (vitriol vert) représentant le dixième du poids de cette eau ; à l'arrière du tonneau se trouve un robinet muni d'un tuyau de caoutchouc avec sa lance. On fait enlever à la faux et au râteau le plus gros de la luzerne et de la cuscute, de manière à permettre que l'arrosement pénètre jusqu'au sol. Le produit de ce fauchage est mis en tas, séché et brûlé. On fait alors arroser de sulfate de fer les places où abonde la cuscute ; il est bon d'arroser au delà de la zone envahie, afin d'attaquer tous les filaments. Le sulfate de fer étant un adjuvant puissant de la végétation, la luzerne repousse de plus belle aux places attaquées, sans jamais souffrir de cet arrosage.

On a proposé bien d'autres moyens pour faire disparaître la cuscute ; mais ce mode nouveau que la chimie propose mérite d'être particulièrement recommandé, parce qu'il ne compte que des succès.

Alliage métallique que l'on peut modeler avec les doigts.

Un chimiste suédois, M. Gersheim, a donné un procédé pour obtenir un alliage métallique tellement mou qu'on peut le modeler avec les doigts. Cet alliage s'attache non-seulement aux autres substances ou composés métalliques, ainsi qu'au verre et à la porcelaine, mais encore peut servir à les réunir, comme le ferait un mastic. Après dix ou douze heures, cette masse, d'abord molle, prend tant de dureté, qu'elle est susceptible de poli, comme l'argent ou le laiton.

Comme un composé plastique de ce genre peut trouver beaucoup d'applications dans les arts industriels, dans les laboratoires de chimie ou d'anatomie, qu'il donne surtout le moyen, depuis longtemps cherché, de souder à froid les pièces métalliques dont la soudure au feu présenterait des inconvénients, nous rapporterons ici le procédé que donne M. Gersheim pour le préparer. On réduit de l'oxyde de cuivre au moyen de l'hydrogène, ou bien on précipite, avec des rognures de zinc, le métal du sulfate de cuivre. On se procure ainsi du cuivre qui doit être parfaitement pur, et l'on en prend 20, 30 ou 36 parties, selon le degré de dureté que l'on veut donner à la composition, qui en possède d'autant plus qu'elle contient plus de cuivre. On les humecte parfaitement, dans un mortier de fonte ou de porcelaine, avec de l'acide sulfurique concentré (à 1,85 de densité); puis à cette espèce de pâte métallique on ajoute, en agitant continuellement, 70 parties en poids de mercure.

Quand le cuivre est complétement amalgamé, on lave le composé avec de l'eau bouillante pour enlever l'acide sulfurique; on le laisse alors refroidir, et 10 à 12 heures suffisent pour le durcir si bien qu'il raye facilement l'étain et l'or. Il n'est attaqué ni par les acides faibles, ni par l'alcool, l'éther ou l'eau bouillante; qu'il soit encore dans son premier état de mollesse ou qu'il ait pris toute sa dureté, il possède la même densité. Lorsqu'on veut l'employer comme mastic, on peut toujours le ramener facile-

ment à l'état mou et plastique en le chauffant à environ
375 degrés centigrades, et en le triturant dans un mortier de fer élevé à 125 degrés centigrades, jusqu'à ce
qu'il ait pris la malléabilité et la consistance de la cire. Si,
dans cet état, on le place entre deux surfaces métalliques
bien exemptes d'oxyde, il les unit si parfaitement, que
les pièces, 10 ou 12 heures après, peuvent être soumises à
un travail quelconque.

Ce composé, à l'état mou, peut aussi être foulé dans
des creux auxquels il adhère très-fortement après son
durcissement, parce que ce changement n'est accompagné
d'aucune diminution de volume.

Préparation de l'écume de mer artificielle.

Ce que l'on désigne vulgairement sous le nom d'*écume
de mer* est un minerai naturel composé de silicate de
magnésie hydraté et d'une certaine proportion de silice
libre. On le trouve, mêlé à des portions de silex, dans
différents terrains. C'est avec une variété de *magnésite*
homogène et blanche, qui vient de l'Asie-Mineure, que
l'on fabrique les pipes dites d'*écume de mer*, si recherchées des amateurs. On a essayé de faire agir la dissolution de silicate de potasse sur la magnésie pour fabriquer
artificiellement cette substance. M. Bertolia l'a obtenue
en plongeant des fragments de carbonate de magnésie
spongieux et léger, tel qu'il existe dans le commerce,
dans une dissolution chaude de silicate de potasse (verre
soluble), et en abandonnant plusieurs mois ce produit à
l'air, afin que le carbonate de potasse résultant de la réaction s'écoule par sa déliquescence. Au bout de sept à huit
mois, cette matière, d'une éclatante blancheur, est assez
dure pour être travaillée.

M. Wagner, qui a répété ces essais de M. Bertolia,

trouve que la substance que l'on produit par le moyen précédent ne rappelle qu'imparfaitement l'écume de mer naturelle. Il assure avoir obtenu une imitation parfaite de la substance dont il s'agit en incorporant à une certaine quantité de caséum du lait six parties de magnésie calcinée et une d'oxyde de zinc, et faisant dessécher ce mélange.

Moyen de combattre les incendies dans les magasins à fourrage.

M. le docteur Gaucher s'est préoccupé des moyens de combattre les incendies des magasins à fourrage, sinistres qui ont pris depuis quelque temps une recrudescence marquée.

L'auteur part de ce fait, vrai pour la généralité des cas, que l'incendie des magasins à fourrage et celui des fermes, qui en est trop souvent la conséquence, a pour cause une fermentation qui s'établit dans cette masse végétale, et qui en élève peu à peu la température jusqu'au point de provoquer une inflammation spontanée. Pour prévenir cet événement, M. Gaucher s'est proposé de chercher un moyen simple et économique de signaler au dehors l'approche et l'imminence du danger. Il a imaginé, dans ce but, un petit système d'*appareil avertisseur*, aussi simple qu'ingénieux.

Avant de s'embraser spontanément, une masse de foin, entassée dans un grenier, s'échauffe peu à peu, et reste assez longtemps maintenue à une température voisine de 90 à 100 degrés. M. Gaucher a donc disposé un petit artifice mécanique destiné à faire connaître au dehors, par un fait physique frappant, la haute et normale température à laquelle est en proie la masse végétale, et par conséquent le danger dont on est menacé. D'un mur à l'autre du grenier, il tend un fil de fer qui, se trouvant enveloppé par le foin, doit participer à sa température. Sur le trajet de ce fil, il interpose un petit cylindre de fonte de 25 centimètres de longueur sur 8 centimètres de diamètre : c'est ce qu'il appelle le *thermo-indicateur*. Ce petit cylindre est soudé au fil de fer transversal au moyen d'un alliage métallique *fusible à la température de 90 degrés*. Si une température élevée vient à se manifester au sein du fourrage, ce cylindre s'échauffe, et, quand sa température s'est élevée à 90 degrés, l'alliage entre en fusion; dès lors, étant devenu liquide, il ne peut plus retenir le fil de fer, et si l'on a eu la précaution d'enrouler l'extrémité libre de ce fil de fer sur une petite poulie, et de le munir à cette extrémité d'un poids d'une quinzaine de livres, placé dans un lieu apparent, ce poids tombe subitement, et, par sa chute, avertit du danger.

Voilà, sans nul doute, une idée ingénieuse. Profiter de l'élément même qui nous menace pour démontrer au dehors son existence, c'est une pensée heureuse, une solution élégante du problème ; et si cette solution n'est applicable qu'à un cas particulier, ce cas est assez fréquent pour que l'on s'applaudisse de pouvoir si facilement se prémunir contre sa redoutable occurrence.

Bois artificiel.

Dans une de ses leçons au Conservatoire des arts et métiers, M. Payen a appelé l'attention de ses auditeurs sur les procédés de fabrication d'une sorte de bois artificiel, très-dur, très-lourd, susceptible de recevoir un très-beau poli et un vernis brillant. M. Ladry, l'inventeur de ce procédé, prend de la sciure de bois très-fine, il la mélange à du sang pris aux abattoirs, et soumet la pâte qui en résulte à une très-forte pression, obtenue au moyen d'une puissante presse hydraulique. Si la pression a été exercée sur la pâte enfermée dans des moules creux, elle prendra exactement la forme du moule et sortira toute modelée.

Le bois artificiel de M. Ladry est beaucoup plus pesant que les bois les plus lourds.

Pour rendre imperméables toute sorte de tissus.

MM. Muzmann et Krakowiser recommandent d'opérer de la manière suivante pour obtenir l'imperméabilisation des tissus, si souvent tentée, si rarement obtenue. On prend 500 grammes de gélatine et 500 grammes de savon; on les faits dissoudre dans 17 litres d'eau bouillante, et l'on ajoute aussitôt, par petites parties, 750 grammes d'alun; on prolonge ensuite l'ébullition pendant un quart d'heure. On attend que le liquide laiteux ainsi obtenu soit retombé à la température de 50 degrés centigrades, et l'on y plonge alors le tissu, qu'on laisse bien se pénétrer du liquide. On le retire, on le fait égoutter, et on le suspend, sans le tendre, pour le faire sécher complétement. On le lave avec soin, on le sèche de nouveau, et on le passe à la calandre.

Voici ce qui se produit dans cette opération. Lorsque la gélatine et le savon sont mis en présence de l'alun, une partie de l'acide sulfurique de ce sel s'unit à la soude du savon pour former du sulfate de soude, tandis que les acides gras du savon sont mis en liberté. Les éléments gras du savon ainsi précipités par l'action de l'acide sulfurique, et qui sont dans un très-grand état de division, restent si intimement mêlés à la gélatine, qu'ils forment avec elle une gelée insoluble dans l'eau froide. On ne pourrait par aucun autre moyen mélanger à la gélatine liquide un corps gras dans un semblable état de division. C'est cet enduit de corps gras et de gélatine enveloppant de toutes parts les étoffes, qui les rend imperméables à l'eau.

Le savon employé doit être du savon de suif ; tout autre corps gras ne resterait pas suspendu dans la gélatine après sa décomposition, et viendrait se rassembler à la surface liquide.

Remède infaillible contre la coqueluche.

Faites bouillir trois beaux blancs de poreaux dans environ trois litres d'eau jusqu'à réduction d'un tiers, tirez au clair et remettez dans un vase de sa contenance ; ajoutez 500 grammes de sucre fin, faites rebouillir encore jusqu'à réduction d'un tiers, tirez au clair et mettez en bouteille. On prend ce sirop par cuillerée matin et soir.

Nettoyage des couvertures de laine.

Faites-les tremper dans un bain de savon et de sous-carbonate de soude, frottez-les fortement avec une brosse demi-dure et battez-les avec un bâton ; enfin rincez-les à l'eau claire et tordez-les à la main pour en extraire l'eau. Pour éviter le déchirement, vous mettez la couverture dans un filet, et vous tordez celui-ci en sens inverse ; vous renouvelez l'opération une ou deux fois, si cela est nécessaire ; pour obtenir la blancheur convenable, vous passez la couverture au soufre sans la rincer à l'eau, après le savonnage et le tordage ; après le soufrage, on la lave et on la peigne avec un chardon pour relever et coucher le poil : c'est le dernier apprêt. Vous lavez la couverture, après le soufrage, dans un bain composé : 100 litres d'eau, 3 kilogrammes de savon, auquel on ajoute 500 grammes d'ammoniaque. Elles acquerront un très-beau blanc qui ne jaunira pas. Ce savonnage enlève entièrement l'odeur du soufre.

Baromètre vivant.

Les Anglais, toujours fertiles en idées originales, ont eu, je crois, les premiers, l'idée d'interroger les sangsues sur l'état de l'atmosphère. Pour obliger ces animaux à formuler leur réponse, ils enferment l'un d'eux dans un flacon ou dans une fiole de verre blanc de la contenance d'un demi-litre environ; le flacon est rempli d'eau jusqu'aux trois quarts, bouché avec un morceau de vieux linge; en été, on renouvelle l'eau toutes les semaines, et en hiver tous les quinze jours. Si le temps est beau ou s'il va le devenir, la sangsue reste sans mouvement, roulée en spiral au fond du bocal; par la gelée, elle garde la même position; s'il doit pleuvoir, elle grimpe au sommet de son habitation, y reste tant que la pluie continue, et redescend lorsque le temps veut se mettre au beau.

Si le vent doit souffler, la pauvre prisonnière nage avec une étonnante rapidité, et s'arrête rarement avant que le vent soit bien établi.

Si un grand orage doit éclater, elle reste hors de l'eau et témoigne par des spasmes et des mouvements convulsifs, un malaise extraordinaire.

Moyen populaire pour guérir les panaris.

Ce moyen réussit, d'après un praticien distingué, dans toutes les formes et à toutes les époques de la maladie. On écrase des escargots avec leurs coquilles en une bouillie bien homogène avec laquelle on enveloppe le doigt; un linge sert à la retenir; trois heures après, au plus tard, la douleur a complétement cessé. La pâte se dessèche aussitôt, elle est enlevée vingt-quatre heures après en plongeant le doigt dans l'eau chaude, et on la remplace par une nouvelle application ; on continue ainsi pendant trois, quatre ou cinq jours, au bout desquels le panaris a disparu.

Moyen pour empêcher la vigne de geler.

On vient de découvrir dernièrement que le plâtre cuit répandu sur les bourgeons de la vigne a la propriété d'empêcher les effets désastreux produits par la gelée et par les rayons du soleil qui en rendent l'action pernicieuse. Cent kilogrammes de plâtre suffiraient pour mettre plus de trente kectares à l'abri de tout danger. En serait-il du plâtre cuit comme de la fleur de soufre, dont on ne découvrit la propriété préservatrice qu'après avoir inutilement mis en œuvre une foule d'ingrédients plus ou moins bizarres? c'est ce qu'on va savoir au printemps prochain.

Moyen d'économiser l'avoine.

Ce moyen est de la faire tremper dans l'eau pendant quelques heures ; il résulte des expériences faites sur cet usage qu'on peut diminuer la ration environ d'un tiers, ce qui sera parfaitement avantageux dans la circonstance présente. Les chevaux dont les dents sont usées mâchent très-imparfaitement l'avoine; d'autres la mangent avec tant d'avidité, que la plus grande partie échappe à la mastication et est en pure perte pour la digestion; la macération dans l'eau remédie à cet inconvénient; le grain se gonfle, et les chevaux le mâchent et le digèrent mieux. Trois heures de macération suffisent, quand surtout l'eau n'est pas glaciale.

Lessives économiques.

Voici qui intéresse les menagères : il s'agit d'un procédé de nouvelle lessive économique et rapide. M. Chapoteau, pharmacien, vient de communiquer la note suivante : on fait dissoudre un kilogramme de savon dans 50 litres d'eau de rivière ou de fontaine ; lorsqu'à l'aide de la chaleur la dissolution est complète, on retire du feu et on ajoute : essence de térébenthine rectifiée, 15 grammes ; ammoniaque liquide à 22°, 30 grammes ; remuer le mélange avec une baguette pendant quelques minutes, et le verser encore chaud sur la quantité de linge à lessiver ; au bout de quatre heures de contact, on frotte le linge entre les doigts ; on le passe à l'eau ; il est d'un blanc parfait.

Procédé pour la régénération des plantes, des arbustes et arbres.

Quelques horticulteurs mettent depuis plusieurs années en pratique un mode de régénération qui doit être connu de tous. Quel que soit l'étiolement d'une plante , d'un arbuste, d'un arbrisseau, il suffit, dit un journal spécial, pour le faire renaître et donner aux feuilles cette couleur verte, signe infaillible de la bonne végétation, de l'arroser avec une dissolution de sulfate de fer, dans la proportion de six à dix grammes par litre d'eau. Ce sel, d'une préparation facile, d'un prix minime, et que l'on peut faire soi-même à la campagne, possédant l'élément essentiel à la fabrication, devient ainsi d'un emploi avantageux en horticulture ; les résultats sont, dit-on, merveilleux.

Du revenu des abeilles.

De toutes les branches de l'agriculture, la *culture des abeilles* est assurément celle qui produit le plus avec le moins de capitaux. D'après la statistique officielle, l'APICULTURE rendrait annuellement, et avec une avance de moins d'un million , plus de treize millions de produit ; et cependant, sauf dans quelques localités du Gâtinais et de la Normandie, la culture du précieux insecte est presque partout abandonnée à la routine la plus arriérée. Avec des soins plus judicieux et une connaissance mieux entendue des pratiques modernes, fait remarquer le savant Royer, on pourrait, sans peine, porter à CENT TRENTE MILLIONS la récolte de nos ruches. Cette évaluation, fort modérée, appelle l'examen des hommes de progrès sur cette branche que l'on dit encore vierge.

Déjà quelques praticiens intelligents des contrées que nous venons de citer sont entrés dans la voie du progrès, qui est devenue pour eux le chemin de la fortune. Pourquoi cet exemple ne serait-il pas suivi? Pourquoi, dans cette occurrence comme dans tant d'autres, le capital ne s'associerait-il pas à l'intelligence pour obtenir tous les bénéfices que peut donner l'industrie des abeilles, bénéfices qui sont en grande partie perdus lorsque l'un et l'autre restent isolés ou agissent séparément?

Pour se former une idée de ces bénéfices, il faut savoir que, sur quatre années, les abeilles font une récolte très-bonne, deux ordinaires et une médiocre. La bonne récolte donne 150 p. 100 de bénéfice; les deux ordinaires, 50 p. 100, et la médiocre, environ 5 p. 100, tous les frais d'exploitation couverts. En moyenne, l'on obtient, dans beaucoup de localités et lorsqu'on apporte de l'intelligence, 40 p. 100 au moins de bénéfices nets. Est-il une autre branche de l'agriculture qui procure cela? Est-il beaucoup d'industries et même de jeux de bourse qui procurent souvent autant?

On ne se figure pas la quantité de miel et de cire que l'on pourrait récolter dans beaucoup de localités, sans qu'on soit obligé de faire d'autres frais que ceux d'y établir des ruches; car, pour la culture des abeilles, il ne faut ni labour, ni engrais, ni ensemencement. Dans la Bretagne, dans les landes de la Gascogne et dans les cantons de culture de sainfoin et autres plantes mellifères, c'est par milliers de kilogrammes que ces produits sont perdus, faute d'abeilles pour les récolter et faute de personnes intelligentes pour soigner ces industrieuses ouvrières. Là, comme dans le Gâtinais et la Normandie, il est nombre de communes qui peuvent en produire pour plus de *trente mille francs* annuellement.

Le premier conseil à donner aux apiculteurs, c'est de diviser leurs ruches en plusieurs compartiments. Cette division est indispensable pour faire l'application d'une bonne méthode apiculturale.

Un second conseil à ajouter au premier, c'est de limiter le nombre des peuplades aux ressources dont les abeilles peuvent disposer. Les essaims qui dépassent ce chiffre doivent être vendus ; on pourrait aussi les utiliser en les éparpillant sur des points convenablement éloignés les uns des autres, ou en les faisant voyager.

Quant à la récolte, on est dans l'habitude de faire la part du propriétaire trop large, et celle des mouches à miel trop restreinte. Il arrive alors qu'on est obligé de nourrir pendant l'hiver les peuplades trop appauvries, et, malgré les soins les plus attentifs, plusieurs essaims périssent d'inanition avant la fin de l'hiver, quelquefois même avant la fin de l'automne. Lorsque cette dernière saison est sèche, agitée par des vents tempétueux, un certain nombre de peuplades, ne pouvant s'approvisionner suffisamment, succombent avant l'arrivée des temps froids. C'est là une cause de destruction et qui est très-meurtrière ; il est probable que si on y ajoutait celle de l'asphyxie complète au moment de la dépouille, comme on la pratique ailleurs, le nombre des essaims y serait reduit à un chiffre des plus minimes.

Un dernier conseil à donner aux apiculteurs, c'est d'avoir le soin de nettoyer, avant l'hiver, l'extérieur des ruches, d'en rétrécir les ouvertures et d'en boucher toutes les fentes, afin d'éloigner les fausses teignes, toujours prêtes à exercer leurs ravages parmi les peuplades trop appauvries. Alors aussi on peut essayer de détacher les rayons inférieurs des vieilles ruches, et acheter les essaims dont on a besoin; mais, soit pour la récolte de cette cire, soit pour l'achat des essaims, il est plus convenable d'attendre la fin de la saison hivernale.

Pour ce qui est de la réunion des petites peuplades, il est bon de s'en occuper de bonne heure; pour exécuter une opération de ce genre avec quelque profit, on doit avoir le soin d'associer un essaim faible avec une riche peuplade; on doit aussi mettre en commun les provisions des uns et des autres, afin de mieux assurer leur existence; or un pareil travail ne peut guère être tenté qu'avec des ruches divisées en plusieurs compartiments.

Nouvelle greffe.

Une découverte qui doit vivement intéresser les amateurs d'arboriculture est celle d'une nouvelle greffe que le célèbre Tschudy aurait laissée inédite et qui a été retrouvée dans ses manuscrits par M. Dubreuil. Elle tient à la fois des greffes en fente et des greffes par approche. Voici comme elle s'opère : on commence par tailler à peu près à mi-bois le sujet et le rameau; puis on le lie avec des bandes de toile, ou des lanières d'écorce d'orme, d'osier ou de tilleul; enfin on mastique le tout. On dispose alors un vase plein d'eau, de telle sorte que la partie intérieure du scion y soit plongée sur une longueur proportionnée à son volume; on coupe ensuite le haut du jet à un bouton au-dessus de la greffe; la séve reflue alors en partie dans celle-ci, et la réussite est assurée. Cette greffe peut s'effectuer sur des sujets presque herbacés. Tschudy a greffé sur des drageons d'églantier des rameaux en pleine séve.

Destruction des courtilières.

La société impériale et centrale d'agriculture a reçu dernièrement communication d'un procédé qui paraît avoir été employé avec beaucoup de succès dans le midi de la France pour la destruction des courtilières ou taupes-grillons.

On sait les ravages que ces insectes, de la famille des orthoptères, causent dans les terres légères, et notamment dans les cultures des jardins potagers. Aussi s'est-on préoccupé depuis longtemps des moyens d'y remédier. La méthode généralement en usage consiste à bien niveler la superficie du terrain avec un râteau, et à l'arroser légèrement avec la pomme d'un arrosoir. Le lendemain matin, et même dans la journée, il est facile de voir, par la terre soulevée, les galeries plus ou moins sinueuses, qui ont été creusées par l'insecte en quête des vers dont il fait sa nourriture. On suit avec le doigt ces petits couloirs qui ont beaucoup d'analogie avec les galeries que creusent les taupes, et l'on ne tarde pas à découvrir le trou où se tient la courtilière. On y verse alors, à l'aide d'un entonnoir, un peu d'eau, puis quatre ou cinq gouttes d'huile commune, qui pénètre plus facilement jusqu'à l'animal en glissant sur la terre imbibée d'eau. La courtilière, atteinte par ce liquide, ne tarde pas à sortir de sa retraite, qui n'est le plus souvent qu'à huit ou dix centimètres de profondeur, pour venir mourir sur le sol.

D'après le procédé qui vient d'être soumis à l'examen de la société d'agriculture, il suffit, pour obtenir le même résultat, de verser dans les trous occupés par les courti-

lières trois cuillerées d'eau de savon préalablement chauffée. Le prix de revient du liquide est des plus minimes,
car il ne faut pas plus de cinq grammes de savon par
chaque litre d'eau. Déjà M. Héricart de Thury avait recommandé ce moyen de détruire les courtilières, mais
c'est seulement dans ces derniers temps qu'il a été mis en
usage, et qu'on a pu en reconnaître les bons effets.

Destruction des insectes qui dévorent les grains.

Pour détruire les charançons et les artisons, insectes
rongeurs des grains, la section verviétoise de la société
agricole de l'est de la Belgique recommande vivement
l'emploi de l'absinthe verte. Voici, à ce sujet, ce qui vient
de lui être communiqué par M. le docteur Lenger :

Depuis des siècles, les populations allemandes du Luxem-
bourg ont l'habitude de faire bénir chaque année, le jour
de l'Assomption, une botte d'herbes aromatiques, composée d'absinthe, d'armoise, de sauge, de rue, de fleurs
de sureau, de camomille, etc., pour faire servir, en cas
de maladies d'hommes ou de bestiaux, en fumigations et
en tisanes.

Pour éviter l'odeur trop forte de ces plantes, on les
pend ordinairement au grenier, et lorsqu'on ne s'en sert
pas, elles s'y accumulent bientôt, l'air du grenier et de la
maison s'en imprègne, et jamais on n'y voit un charançon
ni un artison.

Dans le département voisin de la Moselle, chacun sait
que presque toutes les maisons des cultivateurs sont infestées de ces insectes qui font des ravages considérables.

Or, du blé venant de cette contrée ayant été mis dans le
grenier du moulin de Differt, appartenant à l'auteur de la
communication, il en est résulté qu'en moins de trois semaines, tout le blé qui s'y trouvait auparavant était éga-

lement envahi par une innombrable quantité de ces animaux. Voici alors ce qu'il imagina pour s'en débarrasser :
il fit pendre dans le grenier une botte d'absinthe verte, et
plaça quelques branches de cette plante dans le tas de blé.
Au bout de six heures, dit-il, on vit sortir et grimper le
long des murs, qui en étaient noirs comme s'ils eussent été
tapissés par une fumée épaisse, tous les parasites dont peu
auparavant il redoutait tant les ravages.

Le docteur Lenger considère bien comme d'excellents
moyens préservatifs ou curatifs le camphre, le goudron et
les gousses de chanvre, que l'on a préconisés tour à tour ;
mais il faut remarquer que, vu la grande volatilité de l'huile
empyreumatique qu'ils contiennent, leur action se perd
vite. L'absinthe, au contraire, et les plantes précitées
conservent leur odeur propre toute une année au moins, à
partir du moment où elles viennent d'être cueillies vertes,
bien entendu.

Il en est des artisons comme des charançons ; on peut
les éviter ou les combattre avec quelques branches d'absinthe, laquelle doit être préférée entre toutes à cause de
son odeur plus forte et plus constante.

L'absinthe d'ailleurs peut être cultivée sans grands frais
dans un coin du jardin, et chacun peut en faire placer ensuite dans son grenier, et même jusque dans ses armoires
à toilette, partout enfin où il y a des étoffes de laine, des
pelleteries et des tablettes en bois.

Moyen de conserver les abeilles pendant l'hiver. (Extrait du *Moniteur*
du 3 août 1856.)

Jusque dans ces derniers temps, on n'était pas encore
complétement fixé sur l'efficacité du procédé qui consiste
à enfouir les abeilles pendant l'hiver pour assurer leur conservation. Réaumur, dans ses Mémoires, s'occupe longue-

ment des moyens d'atteindre ce but ; il en décrit un, entre autres, avec les plus grands détails, qui consistait à former sur la planche qui supporte les mouches une longue boîte qu'il faisait recouvrir de terre bien au-dessus de la ruche. On trouve dans le Mémoire de Zeghers, qui remporta, en 1779, à l'académie de Bruxelles, le premier prix sur la question que cette savante société avait posée, que, dans certaines localités des Pays-Bas, on plaçait les ruches dans la terre pour les conserver pendant l'hiver.

D'après une communication faite par M. le docteur Beauvoys à la société impériale zoologique d'acclimatation, cette méthode est pratiquée avec un plein succès depuis une douzaine d'années par un ouvrier de Reims, M. Antoine. C'est vers le 15 novembre que cet apiculteur enfouit ses ruches. Il recommande de n'en pas mettre ensemble un trop grand nombre, afin d'éviter qu'elles ne s'échauffent et ne périssent. Vingt peuvent être mises dans la même fosse lorsqu'elles sont petites ; c'est assez de huit, si elles sont fortes. Il est essentiel d'opérer avec le moins de mouvement et de bruit possible, et, de préférence, le soir, par un temps froid. Il faut aussi choisir un endroit éloigné des grandes routes, des granges et des usines. Le silo destiné à cet usage doit avoir 1 mètre de largeur sur 70 centimètres de profondeur, et une longueur proportionnée à la quantité de ruches qu'il recevra. Au fond l'on place des plateaux, puis sur les madriers formant traverse on met les ruches, que l'on entoure de force paille et que l'on recouvre de planches. Par-dessus l'on étend la terre provenant de l'excavation ; on la foule sans secousse et on l'ensemence si l'on veut. Dès le 15 février, ou un mois plus tard, suivant les temps, on peut ouvrir le silo et rendre la liberté aux abeilles. Ainsi privées d'air et de lumière, les mouches consomment, dit-on, un tiers de

moins environ que dans les conditions ordinaires ; leur
mortalité est presque nulle, et la reine pond trois semaines
plus tôt.

De l'organisation des abeilles.

Les abeilles, comme tout le monde le sait, vivent en
commun dans une ruche, sous la direction de l'une d'entre
elles, qu'à cause de cela on nomme *la reine*. On distingue,
dans toute ruche, trois sortes d'abeilles ou mouches à miel :
les *abeilles* proprement dites, les *bourdons* et la *reine*.

La *reine*. Elle est la mère de tous les habitants de la
ruche, abeilles et bourdons, car tous proviennent d'elle.
Elle est moins grosse que les bourdons, mais plus grosse
et plus longue que les abeilles. Ses ailes sont remarquables
par leur petitesse, son aiguillon est grand et recourbé.
Jeune, elle est d'une couleur brune ; mais, à mesure qu'elle
avance en âge, elle prend la couleur rougeâtre qui est commune à toutes.

Elle ne va point aux champs comme les autres abeilles ;
elle reste constamment dans la ruche, où sa présence semble toujours nécessaire pour surveiller, dit-on, et diriger
les travaux qui s'y font, mais surtout pour renouveler la
ruche et donner de nouveaux essaims.

Les *bourdons* sont les mâles ; ce sont eux qui peuplent
la ruche en s'accouplant avec la reine et en fécondant ses
œufs ; ils n'ont ni aiguillon, ni palette ou cuiller aux pattes,
comme les abeilles. Ils ne travaillent pas et vivent du miel
de la ruche.

Les *abeilles* composent la presque totalité de la population d'un essaim ; elles sont quelquefois au nombre de 12
ou 15,000, et plus, dans une ruche. Ce sont elles qui font
tout l'ouvrage. Elles sont plus petites que les bourdons et
que la reine. Elles sont pourvues de deux serres ou pinces

et d'une trompe qui leur sert à recueillir le suc des fleurs ;
leurs pattes, au nombre de six , sont velues et armées à
leur extrémité de deux pinces entre lesquelles on aperçoit
une quantité de petits poils. Les pattes de derrière, beaucoup plus couvertes de poils que les autres, sont terminées
en forme de cuiller ou de spatule dentelée. C'est avec ces
pattes qu'elles recueillent, dans les corolles de fleurs, les
matériaux qui sont destinés à la composition du miel ; elles
leur servent aussi à se brosser le corps, pour en faire tomber la poussière, dont elles se sont chargées, en se roulant
dans les fleurs. Les abeilles ont en outre, à l'extrémité du
ventre, un aiguillon composé de deux dards accolés, qui
lancent une liqueur venimeuse, dans la piqûre qu'ils ont
faite ; c'est leur arme défensive.

Les abeilles se nourrissent d'une partie du miel qu'elles
font et de la matière à cire qu'elles ont ramassée sur les
fleurs.

Génération.—Les abeilles naissent toutes d'œufs que la
reine dépose dans les alvéoles. Les bourdons commencent
à éclore vers la fin d'avril, dans des alvéoles plus grands
que ceux où sont déposées les abeilles. La reine jouit seule
du privilége de la génération : elle engendre à elle seule
de 12 à 15 mille mouches dont un essaim est composé, et
elle donne deux ou trois essaims par an. Il y a souvent
dans une ruche jusqu'à mille bourdons ou mâles pour une
seule reine. Les abeilles n'ont pas de sexe.

Couvain. — On donne ce nom au produit de la reine
abeille, qu'il soit indistinctement à l'état d'œuf, ou de ver,
ou de nymphe. Le temps qu'il met à éclore varie suivant
les saisons. Le couvain formé en automne se conserve,
faute de chaleur, pendant tout l'hiver, pour donner les premiers essaims en mai. Les autres essaims viennent successivement dans tout le cours de l'été.

Deux ou trois jours après que l'œuf a été collé par la reine dans un des angles de l'alvéole, il en sort un petit ver blanc, allongé et sans pattes, qui reste couvert pendant quinze jours, plus ou moins, sous une enveloppe artificielle que lui font les abeilles avec de la cire. C'est là que se fait la transformation du ver en nymphe. Au bout de quinze jours en été, un peu plus par les temps moins chauds, l'embryon quitte la forme de nymphe, et perce lui-même sa prison pour sortir à l'état de mouche.

Police des abeilles.

L'activité, le zèle, l'ordre qui règnent parmi les abeilles sont trop proverbialement connus pour y insister longuement ici. Il nous suffira de rappeler quelques-unes des principales dispositions de cette merveilleuse police, qui fait d'une ruche le modèle d'un petit Etat. Aux approches du printemps, les abeilles commencent à nettoyer leurs ruches; elles emportent les couvains avortés et les mouches mortes; elles nettoient les gâteaux de leur pourriture, qu'elles transportent hors de la ruche; elles réparent les dégâts qui peuvent y être survenus, bouchent les crevasses et remettent tout en état. L'amour du travail est si grand chez elles, que toutes sont occupées; les valides ne se reposent que la nuit et pendant le mauvais temps; celles dont les forces sont épuisées par l'âge se retirent et vont mourir hors de la ruche. Les unes vont aux champs, pour réparer les pertes de l'hiver; les autres sont occupées à attacher les rayons, à goudronner la ruche. D'autres ont pour tâche de repousser les guêpes, les frelons et les insectes nuisibles; quelques-unes n'ont d'autre occupation que d'accompagner la reine pour lui prodiguer leurs soins et leurs caresses. En un mot, toutes travaillent, toutes se rendent utiles à la communauté, et la plus grande union règne constamment parmi elles.

Récolte.

Les abeilles ont leurs règles pour aller aux champs, comme pour tout ce qui se fait dans l'intérieur de la ruche. Ordinairement, pendant les fraîcheurs du printemps et de l'automne, elles ne sortent pas avant le lever du soleil, et elles rentrent avant son coucher. En tout temps, avant d'aller aux champs, les trois ou quatre premières mouches qui sortent semblent consulter le temps avant d'appeler leurs compagnes à les suivre. Si le temps est mauvais, elles rentrent, et la journée est consacrée pour toutes au travail intérieur.

Quand les abeilles ne trouvent point de fleurs auprès de leur ruche, elles vont en chercher souvent très-loin, à plusieurs lieues de distance. On les voit courir de fleur en fleur, parce qu'elles ne trouvent pas dans une seule la quantité suffisante de suc pour faire leur provision. Elles recueillent également le miel et la cire sur les fleurs, mais avec des organes différents; elles lapent le miel avec leurs trompes, l'avalent et le tiennent en dépôt dans une sorte de poche ou d'estomac destiné à cet usage. Quant à la matière à cire, elles la recueillent dans le calice des fleurs en se roulant dedans et pénétrant leur duvet de la poussière des étamines qui constitue la matière première de la cire.

Elles proportionnent leur charge à la distance et au temps. Elles mettent en général une demi-heure à chaque charge; elles peuvent, par conséquent, rapporter cinq ou six fois le jour.

Travail de la ruche.

Nous avons déjà à peu près indiqué les différents genres de travaux auxquels se livrent les abeilles dans la ruche ; il nous suffira d'entrer ici dans quelques détails sur la manière dont elles font leurs rayons de cire et de miel.

La matière à cire que les abeilles ont avalée, après avoir été élaborée dans leur estomac, est rendue sous forme d'écume ; c'est avec cette matière, ainsi modifiée par la digestion, qu'elles font leurs rayons. Chaque abeille, attachée sur un trou, à l'extrémité du rayon, y jette son écume, la pétrit, et lui donne la forme sous laquelle on la recueille. Un bon essaim remplit la moitié de la ruche en huit ou dix jours ; un jour lui suffit quelquefois pour développer un rayon de 30 centim. de long, qui contient trois mille alvéoles.

Mortalité. — Il meurt tous les ans une grande quantité d'abeilles. L'époque de la plus grande mortalité est l'automne. On évalue à la moitié ou au tiers au moins environ la mortalité d'une ruche en une année, d'où l'on doit conclure, malgré l'assertion de plusieurs auteurs, que la durée moyenne de la vie des abeilles ne dépasse pas deux ans au plus.

Moyen de conserver les pommes.

Une bonne manière de conserver les pommes, pratiquée par quelques fermiers d'Amérique, consiste à les mettre dans des tonneaux avec du sable. A cet effet, on emploie du sable qu'on a eu soin de faire sécher pendant l'été ; on en répand au fond du tonneau une couche sur laquelle on place un lit de pommes qu'on recouvre d'une seconde couche de sable sur laquelle on met un nouveau lit de pommes, et ainsi successivement jusqu'à ce que le tonneau soit rempli. Cette méthode a l'avantage de préserver les pommes du contact immédiat de l'air, qui est la cause la plus active de leur corruption. Elles les préserve aussi d'une humidité surabondante qui ne leur est pas moins nuisible. Le sable, répandu également entre les pommes, absorbe une partie de leur humidité, de sorte qu'elles n'en conservent que ce qui est nécessaire pour les maintenir en bon état. On a aussi l'avantage de leur conserver l'arome ou le bouquet qui leur est propre, et qui se perd lorsque les fruits restent exposés à l'air. Ainsi, en disposant de cette manière les pommes dans des tonneaux ou dans des caisses, ou même dans le coin d'une chambre, elles seront bien moins exposées à la gelée, aux variations de température et à l'humidité du lieu où on les aura placées. On pourra par ce moyen prolonger la durée de ce fruit jusqu'aux mois de mai et de juin.

De la conservation des navets pendant et après l'hiver.

Nos fermiers grands et petits n'ignorent plus que rien n'est meilleur dans une ferme que les plantes racines; avec elles, disent-ils, on nourrit, l'hiver, à l'étable, et l'on fait une grande quantité de fumier. Ils comprennent facilement qu'un bon bétail, bien entretenu, est le *nerf de la culture.* Et, en effet, ne voyons-nous pas tous les jours une foule de cultivateurs s'enrichir par le bétail, tandis que beaucoup d'autres périclitent par l'extension qu'ils donnent à la production des céréales ?

En général, la conservation des racines s'effectue à l'aide de silos; mais on a reconnu que les navets s'en trouvaient mal, et qu'il y avait lieu d'adopter pour ce produit une méthode plus sûre, plus expéditive et plus rationnelle. Cette méthode, peu connue, présente de très-grands avantages et mérite, à ce titre, une description détaillée.

Aux approches de l'hiver, quand la neige et les gelées blanches commencent à se faire sentir, on remarque, dans quelques contrées, un grand nombre de champs emblavés de navets, qui doivent encore presque tous être ensemencés avant l'hiver.

Arracher et enlever cette masse de racines est une opération qui peut sembler très-longue et très-dispendieuse ; mais elle ne présente en définitive aucune difficulté sérieuse. Lorsque l'époque de la récolte est arrivée, tout le personnel de la ferme est mis en œuvre. On arrache les produits, on les transporte à la ferme à l'aide de chariots, puis on les dépose soit dans la cour à meules, soit dans un coin du verger, pour les enfouir à une très-petite profondeur, et de façon à maintenir les fanes à l'air libre.

Voici comment on s'y prend pour que cette opération marche rapidement et produise de bons résultats :

Deux hommes armés d'une bêche retournent d'abord la parcelle de terre dans laquelle doivent être rangés les navets ; après quoi ils pratiquent à l'un des côtés une petite rigole de la profondeur d'un demi-pied. Deux autres personnes enfouissent, par poignées, dans cette rigole la plante avec plus ou moins d'ordre ou de régularité, ou bien, pour accélérer davantage le travail, prennent une botte entière, qu'ils placent dans la rigole et qu'ils répandent régulièrement en ayant soin de laisser les fanes exposées à l'air.

Lorsque les racines sont convenablement rangées, les deux premiers ouvriers tracent une nouvelle rigole par devant celle qui vient d'être remplie, et avec la terre qu'ils en extraient ils recouvrent la partie charnue des navets disposés dans l'excavation précédente.

Aux yeux de beaucoup de personnes, cette méthode paraîtra de peu d'importance, mais elle n'en possède pas moins de grands avantages. D'une part, elle donne au cultivateur le moyen d'obtenir après l'hiver des racines aussi fraîches et aussi saines que si elles venaient d'être enlevées des champs; de l'autre, elle procure une verdure des plus précieuses pour les vaches laitières, et particulièrement pour les bêtes fraîchement vêlées ; car, une fois à l'abri des vents du nord et placées dans une bonne situation, les feuilles commencent à reverdir et donnent des pousses abondantes, qui viennent puissamment en aide à l'alimentation du bétail.

Maladie des plantes horticoles.

Pour guérir de différentes maladies les plantes cultivées en pots, M. Ed. Lucas, d'Hohenheim, vient de recommander l'emploi de l'eau chaude. La société impériale et centrale d'horticulture fait connaître, ainsi qu'il va suivre, les avantages que présente ce procédé, dont l'application est des plus simples :

Beaucoup d'horticulteurs ignorent l'action avantageuse qu'exercent des arrosements pratiqués avec de l'eau tiède à 45 ou 50 degrés R., dans les cas où les plantes cultivées en pots sont tombées dans un état maladif, à la suite d'arrosements surabondants, par l'effet d'un trop grand enfoncement en terre, de l'emploi de pots trop cuits, et par conséquent trop peu poreux, ou par différents autres motifs.

Les arrosements avec de l'eau chaude rendent même inutile le changement de terre, auquel on a recours habituellement dans les cas où les plantes doivent leur triste état à ce qu'il s'est produit des substances (acides humique, ulmique, etc.) qui, mélangées au sol et absorbées par les racines, agissent sur les végétaux comme de véritables poisons. On voit, en effet, sous l'action de ces substances, les radicelles brunir, perdre leur activité; par suite, les parties supérieures et les plus jeunes des plantes jaunir, et les feuilles se couvrir de taches qui indiquent nettement un état morbide.

Ordinairement, dans ces cas, on transplante dans de nouvelles terres assez meubles, on nettoie les pots, on pratique un bon drainage, etc., et ces diverses opérations produisent souvent l'effet qu'on en attend.

Mais M. Lucas se contente, depuis plusieurs années, d'un traitement beaucoup plus simple, consistant uniquement à arroser avec de l'eau chaude, et il assure que ce moyen lui a toujours réussi, tant pour les palmiers que pour les rosiers, tant pour les arbres cultivés en pots que pour le *ficus elastica*. Il rapporte en détail une expérience faite sur deux pieds de cette dernière plante, qu'il tenait, dans une chambre, plantés dans des pots vernissés, dont il déclare par la même occasion l'emploi très-désavantageux.

Ces *ficus*, très-vigoureux jusque-là, tombèrent dans un état qui paraissait devoir amener promptement leur mort. Leurs feuilles jaunes se rabattirent, et leur feuillage se couvrit de taches noirâtres qui s'agrandissaient presque à vue d'œil.

La terre dans laquelle ils étaient plantés fut labourée, après quoi elle fut arrosée avec de l'eau chaude à 50° R., assez copieusement pour que le liquide coulât en abondance par le fond des pots. L'eau qui coulait ainsi restait d'abord claire; mais plus tard elle passa sensiblement colorée en brun, et elle présenta dès lors une réaction acide appréciable. Après ce lavage de la terre à grande eau, les plantes furent placées près du poêle.

Le lendemain, leurs jeunes feuilles se redressèrent ; les taches cessèrent de s'étendre, et, après trois jours, les deux figuiers avaient repris l'air de santé et de vigueur qu'ils avaient auparavant.

Enfin les plantes ne tardèrent pas à végéter avec vigueur, et elles donnèrent bientôt une grande quantité de nouvelles racines.

On a remarqué que cette terre, lavée comme il vient d'être dit, redevient bientôt meuble, et qu'étant sèche elle ressemble tout à fait à de la terre neuve.

Moyen économique d'aciérer les socs en fer des charrues.

Quand le soc en fer est fini, comme à l'ordinaire, on pose sur l'extrémité un morceau de fonte gros comme le pouce, et l'on chauffe au blanc, un peu moins toutefois que pour le soudage. Aussitôt que le morceau de fonte commence à fondre, on le promène avec une tige de fer sur toutes les parties du soc que l'on veut aciérer. La fonte s'incorpore avec le fer, et le soc, ainsi préparé, se trempe au rouge-cerise sans recuit. Cette opération est plus facile que la soudure de l'acier avec le fer ; elle est moins dispendieuse, puisqu'elle n'exige qu'une chaude. Avec une vieille marmite de fonte, on peut, pendant deux ou trois ans, aciérer tous les socs d'une ferme.

C'est à M. Desjoberts que nous devons la connaissance de ce procédé.

Conservation des arbres contre les attaques des animaux.

Indiquer les moyens très-simples d'empêcher les mammifères, notamment ceux qui vivent dans les bois, de ronger les arbres, et les *loirs* de détruire les fruits des jardins, tel est l'objet de la communication suivante, qui vient d'être faite à la société impériale et centrale d'agriculture par M. Eugène Robert, l'un de ses membres correspondants pour le département de la Seine.

Au nombre de ces dangereux rongeurs, l'auteur de la communication cite en première ligne : 1° les lapins de garenne, qui, principalement sur la lisière des bois et dans le voisinage des garennes, dépouillent les jeunes arbres de leur écorce, et 2° les loirs, qui s'en prennent aux fruits des vergers et des jardins ; il ajoute encore les chèvres et les moutons, qui, dans les promenades publiques et sur les routes, décortiquent trop souvent les jeunes arbres.

Les moyens préservatifs dont on s'est servi jusqu'à présent consistent à détruire les uns en leur faisant la chasse ou en leur tendant des piéges, et à éloigner les autres en garnissant d'épines les troncs des arbres ; mais M. Robert trouve que ces moyens sont insuffisants.

En effet, malgré la destruction des lapins et des loirs, il reste toujours assez de ces animaux rongeurs pour faire le désespoir des arboriculteurs et des jardiniers, et les épines protectrices, à moins d'être renouvelées tous les trois ou quatre ans, tombent en poussière avant que l'écorce des jeunes arbres ait acquis une assez grande épaisseur pour résister aux dents meurtrières de ces divers ennemis.

Renonçant donc à l'espoir de préserver, par une destruction complète ou par un obstacle matériel, les végétaux et les fruits que l'on a intérêt à conserver, il a cherché à faire usage d'une grande substance pour laquelle les animaux aient une profonde antipathie, et qui cependant ne

fût pas de nature à nuire aux arbres sur lesquels elle serait appliquée.

A cet effet, il a choisi la *glu marine*, et il assure qu'il
en a obtenu un succès complet. Voici comment s'emploie
cette substance : au moyen d'une brosse à peintre en bâtiment, il la répand sur le tronc des arbres et sur les branches qui sont à portée des animaux. Les gouttelettes de
cette liqueur épaisse disséminée sur l'écorce y demeurent
très-longtemps sans se dessécher, et suffisent, par l'odeur
qu'elles exhalent, pour éloigner les animaux qui seraient
tentés de la ronger ou de s'en servir comme point d'appui.

D'après lui, le remède est *infaillible* pour les lapins, les
chèvres et les moutons. Quant aux loirs, il lui a semblé
qu'ils cessaient de circuler sur les branches chargées de
fruits, et par conséquent de toucher à ces derniers, lorsqu'elles étaient maculées de glu marine.

M. Robert s'est servi avec intention du mot *maculé*,
parce que, bien que cette substance ne soit pas un poison
pour les végétaux, il faudrait cependant se garder d'en
imprégner complétement les tiges et les branches, car
alors on s'exposerait à les faire périr par asphyxie, et le
remède serait pire que le mal; mais une aspersion de glu
marine, ainsi qu'il en a acquis la preuve, ne saurait nuire,
en aucune manière, à l'accroissement des arbres ni au développement des fruits.

Il résulte encore de cette communication que la glu
marine, et même le goudron ordinaire, répandu dans la
terre et à petites doses, suffit également pour empêcher
les animaux rongeurs et autres de fouiller aux pieds des
arbres, et par conséquent de nuire aux racines. En effet,
M. Robert, ne sachant qu'imaginer pour empêcher des
chiens de fouiller aux pieds de glycines, qui paraissent
avoir beaucoup d'attrait sur leur odorat, il lui a suffi d'y

verser quelques gouttes de glu marine ou de goudron, qui la remplace parfaitement dans cet usage, pour leur ôter l'envie de recommencer.

Culture forcée des asperges.

Ordinairement, pour obtenir des asperges en hiver, on prend les pieds dans les planches et on les replante sur couches, puis on entretient une douce chaleur avec des réchauds de fumier ou par tout autre moyen.

Cette méthode est mauvaise, en ce qu'il est impossible de lever les plantes sans briser une partie des racines, ce qui nuit sensiblement à leur vigueur. Au château de Raby, on emploie avec succès le moyen suivant :

On a 16 couches de 4 m. 80 de long sur 1 m. 35 de large et 1 m. 50 de profondeur. Elles sont séparées par des sentiers larges de 0 m. 75, et entourées par de petits murs qui vont jusqu'au fond des couches, et qui sont construits en briques superposées de manière à laisser des vides qui simulent assez bien les nids d'un pigeonnier. Ces murs sont recouverts de dalles en pierres de taille. Pour que les racines d'asperge ne sortent pas par ces trous, on les bouche en dedans avec des ardoises.

On fait le fond de la couche avec une épaisseur de 0 m. 30 de tuile cassée, sur laquelle on place le compost; c'est dans ce compost qu'on plante des pieds d'un an, que l'on laisse pousser ensuite pendant trois années; ils sont alors bons à forcer. Quatre couches sont parfaitement suffisantes pour fournir à la consommation du château, et, comme on en a seize, on peut donc donner à chacune trois ans de repos avant de la forcer de nouveau.

On emploie des cadres mobiles en bois léger, qui s'adaptent parfaitement sur le dallage qui surmonte les murs ; chacun d'eux est muni de chaque côté de quatre châssis, dont deux sont en verre et deux en bois ; il entre par ce moyen assez de lumière pour donner au sommet des asperges la belle teinte violette qui lui est particulière.

Dès que les châssis sont placés, on commence à arroser alternativement avec de l'eau légèrement salée et du jus de fumier affaibli, le tout porté à la température de 25 degrés, et on continue ces arrosages pendant toute la saison. Par cette méthode, on obtient des asperges qui ont souvent de 0 m. 025 à 0 m. 030 de diamètre.

Des ruches.

Choix des mouches et des paniers. — Les meilleurs paniers sont ceux qui présentent des ouvrages et des mouches en proportion. On connaît l'âge de celles-ci par l'aspect de la cire ; celle de l'année est blanche, celle qui est jaune ou brune est de deux ans ; la noire, de trois ans et plus. On prendra garde qu'il n'y ait aux ruches ni vers ni teignes. Une bonne ruche doit être lourde, pleine et peuplée ; la population, jeune, vive et nombreuse.

Transport et arrangement des ruches. — On ne peut transporter les ruches en sûreté que depuis le commencement de novembre jusqu'à la mi-mars. Il faut choisir pour cela le matin ou le soir, par un jour sombre et pluvieux, pour éviter les piqûres. Une ruche doit être portée à bras sur des civières, ou à la manière dont on porte les lustres, en la suspendant à un bâton appuyé sur les épaules de deux hommes. Pendant le transport, la ruche devra être enveloppée d'une toile claire.

Arrivé à destination, on place la ruche sur un siége formé de pierres, d'ardoises ou de bois ; on choisit ordinairement un tronc d'arbre : le sapin est préféré pour cet usage. On aura dû remarquer, avant d'enlever la ruche, l'exposition qu'elle avait, pour lui en donner une semblable.

La ruche placée, on fixera avec du ciment sa base sur le siége.

Forme des ruches. — Il n'y a rien de fixe à l'égard de la forme des ruches : il y en a de rondes, de carrées, de cylindriques, de pyramidales, etc. Le plus grand nombre cependant a la forme conique ou d'une cloche.

Emplacement des ruches. — On préfère généralement, pour l'emplacement des ruches, les lieux abrités du nord et du couchant; les vallées arrosées de quelques ruisseaux et environnées de prairies sont ce qu'il y a de plus convenable.

Cristallisation du miel.

On sait que le miel est composé d'une certaine quantité de glucose et de différents autres sucs incristallisables. M. Seigle est parvenu à cristalliser d'une manière toute particulière la glucose que contient le miel, en étalant du miel sur des briques poreuses. Au bout de deux ou trois jours, les briques sont recouvertes d'une masse blanche formée d'aiguilles cristallines.

En recueillant le produit et le faisant dissoudre au bain-marie dans huit fois son volume d'alcool et filtrant à chaud, le sucre de raisin se sépare en cristaux blancs groupés en choux-fleurs. Si la solution alcoolique est colorée, on la décolore par le charbon. Les cristaux obtenus retiennent un peu d'alcool qu'on élimine en les exposant pendant quelques heures sur de l'acide sulfurique ; en cet état, le sucre est incolore, inodore et facile à pulvériser. Le miel ordinaire en fournit environ un quart de son poids.

Des essaims.

Jet ou sortie des essaims. — Les essaims sortent dans le courant de mai et de juin, plus tôt ou plus tard, suivant le temps et le climat. Quand on voit des essaims sortis avant le temps, ce sont ordinairement de vieilles mouches qui sont chassées ou qui abandonnent leurs paniers faute de provisions. Pour veiller à la sortie des essaims, il faut se régler sur le temps où les mouches ont coutume de jeter, dans chaque pays, et les garder à vue pendant plusieurs jours et même plusieurs semaines, depuis le matin jusque vers quatre heures de l'après-midi.

Moyen d'empêcher les mouches de jeter ou essaimer. — Lorsque les mouches essaiment trop, c'est-à-dire plus d'une ou deux fois par année, on a intérêt à les empêcher d'essaimer de nouveau ; car dans ce cas la ruche est menacée d'épuisement. On s'y prend de la manière suivante : on tourne le panier devant derrière, en bouchant la première entrée et en en faisant une autre sur le côté mis par devant. Si le panier est bien plein de miel et qu'il y ait peu de mouches, il faut lui donner de l'air, en l'élevant de dessus le siége à l'aide d'une tuile ou d'un morceau de bois.

Moyen de forcer les mouches à jeter. — Quand, au contraire, les mouches n'essaiment pas, qu'elles s'attachent autour de la ruche, on cherche d'abord à les faire rentrer, ce que l'on obtient facilement en les enfumant avec du vieux linge ou du papier brûlé, dont elles fuient l'odeur ; une fois rentrées, elles se trouvent tellement pressées et échauffées, qu'elles ne tardent pas à essaimer. Il suffit encore souvent, pour les déterminer à jeter, de découvrir la ruche pendant une heure à la chaleur du jour.

Moyens de profiter des essaims sans qu'ils sortent des ruches. — Quand le temps de jeter approche, on prend une ruche vide et ouverte des deux bouts; on recouvre l'ouverture supérieure d'une planche percée de trous, et on la place par-dessus la ruche-mère qui doit essaimer. L'entrée de cette dernière est bouchée, et on lie cette ruche, au moyen de terre grasse, avec la ruche supérieure. Les mères-mouches de la ruche pleine émigreront dans la ruche supérieure, y attireront leur essaim, et l'y feront travailler avec elles jusqu'à ce que leur nouvelle habitation soit parfaitement pleine. Ce transvasement terminé , on sépare les ruches, et l'on ferme soigneusement les ouvertures qui avaient été nécessaires pour déterminer l'émigration.

Moyen d'arrêter les essaims sortis des ruches. — Le meilleur moyen d'empêcher les essaims de s'éloigner consiste à planter des perches au devant des ruches, ou entre chaque rangée, à lier ces perches les unes aux autres par le haut avec des cordes, et à y attacher quelques poignées de paille, de jonc ou de genêt, sur lesquelles on jette quelques vieux filets de pêcheur. Les mouches ne tardent pas à s'y fixer. Mais lorsqu'un essaim est parti , on lui jette, avec un balai, de l'eau ou du sable ; il s'arrête alors et se fixe à un arbre voisin, comme s'il voulait se soustraire à un orage. Ce procédé est plus sûr que celui qui consiste à faire du bruit en frappant sur des casseroles.

Soufrage des vignes.

On a découvert un remède souverain, absolu, contre la maladie de la vigne qui, depuis plusieurs années, a ruiné des contrées entières. Croyez-vous que les vignerons, en apprenant cette heureuse nouvelle, se soient empressés d'appliquer à leurs ceps la panacée qui doit leur rendre leur antique fécondité ?

Pas le moins du monde.

Les novateurs, c'est-à-dire les fous, ont expérimenté le remède, et bien leur en a pris ; ils ont retrouvé, pour une dépense légère, leurs récoltes d'autrefois ; les sages se sont abstenus.

En France, les sages sont les plus nombreux ; ils ne croient pas à l'efficacité du soufrage ; ils espèrent que la maladie s'en ira comme elle est venue ; les plus sages entre tous les sages ont arraché leurs vignes. C'est encore une manière de guérir la maladie : tuer le malade.

Mais voici un propriétaire de l'Hérault dont la récolte a été sauvée par le soufrage, et qui cherche à faire pénétrer la vérité dans l'esprit de ses voisins. Ecoutez son histoire ; le croirait-on dans un siècle qui a cru devoir s'attribuer la dénomination prétentieuse de *siècle des lumières ?*

Je cite textuellement le mémoire :

« M. Laforgue possède une petite vigne de trente-six ans, enclavée au milieu du domaine de Saint-Martin, de la commune de Quarante (Hérault). On n'a pas soufré dans ce domaine ; la récolte a été presque nulle depuis trois ans, et la petite vigne entourée de ce vignoble infesté a toujours produit sa récolte ordinaire. En 1855, elle en a donné une magnifique : 49 hectolitres de beau vin, 135 litres par are.

» Un de ses voisins de terre n'avait pas vendangé une vigne pendant trois ans ; il se décide à l'arracher, et il en avait déjà arraché une partie. Témoin de cette faute, M. Laforgue lui offre de soufrer la vigne pour son compte, à condition que ses frais lui seront remboursés s'il y a belle récolte ; sur ses instances, on soufre cette vigne perdue et condamnée ; elle donne, aux vendanges, un revenu énorme.

» Le sieur Barthez, agent rural de M. Laforgue, homme très-intelligent, acheta, en 1851, une vigne d'un hectare, qu'il partagea avec son frère. Barthez a soufré sa moitié comme les vignes de son maître, il a toujours eu belle récolte ; son frère, qui s'est obstiné à ne pas soufrer, n'a pas vendangé sa moitié pendant trois ans. Quittant le pays, il vend, en hiver 1854, sa moitié de vigne à Barthez ; celui-ci soufre également les deux moitiés en 1855 ; plus de différence entre les deux portions : le produit de l'hectare total fut de 42 hectolitres.

» On a déjà dit que des propriétaires de Quarante ont été lents à imiter leur habile compatriote ; mais peu à peu ils se sont rendus à l'évidence, et il est remarquable que chacun d'eux, en soufrant, a eu de belles récoltes sur les mêmes vignes qui ne produisaient rien auparavant. En 1855, tous les propriétaires ont soufré, et ils ont eu de beaux produits. Un seul a persisté à ne pas vouloir faire comme les autres, M. M..., et c'est ici la preuve la plus incontestable de l'efficacité du soufrage ; pendant que tous les propriétaires de la commune ont eu bonne récolte, il n'a eu, lui, sur environ vingt hectares de vignes, que quarante-deux hectolitres de vin, moins que la petite vigne d'un tiers d'hectare dont nous avons parlé plus haut !... On ne peut certes trouver de preuve plus concluante. »

Un nouvel appareil très-commode pour le soufrage, la brosse de M. Marsal, vient s'ajouter à la boîte à houpe de M. Ouin, au sablier de M. Laforgue, au soufflet de M. de la Vergne, etc., pour armer le viticulteur contre son ennemi.

Il y a eu une baisse considérable dans le prix des soufres sublimés ; de 36 fr. ils sont tombés à 24 fr. 50 c. les

100 kil. Il y a eu une légère reprise. L'efficacité des soufres triturés n'est plus contestée; mais ils restent toujours à 25 p. 100 au moins meilleur marché que les sublimés. L'Angleterre a fait des demandes très-considérables de soufres bruts, et cette circonstance pourra influer sur le marché français.

On compte cinq journées de femme et 50 kilogrammes de soufre pour chaque soufrage sur un hectare. Le prix du soufre est encore très-variable. On le paye de 25 à 50 fr. les 100 kilogrammes; mais si la consommation se régularise, il ne vaudra pas plus de 10 à 12 fr.

Il faut, au maximum, trois soufrages. Le premier soufrage se fait pendant la floraison ou en mai ; il est presque préventif. On doit faire le second soufrage vers la seconde moitié du mois de juin, lorsque l'oïdium apparaît de nouveau. Le troisième et dernier soufrage se fait en juillet et conduit les raisins jusqu'à la récolte à l'abri des atteintes de la maladie. Les raisins guéris au moment de la floraison n'ont plus rien à redouter de l'oïdium.

Il va sans dire que si la maladie cède à la première application, il est inutile d'appliquer des remèdes à un malade déjà guéri.

Donc, il est bien démontré aujourd'hui que nous aurons du vin si nous voulons; ou plutôt si messieurs les vignerons consentent à ne plus se laisser ruiner.

Mais on fait une objection : le produit de la vigne traité par le soufre n'aura-t-il pas un goût désagréable? Et, s'il se fait qu'on guérisse le cep pour rendre malade le vin, cela ressemble assez à cette manière de guérir qui supprime un mal pour en faire naître au moins un autre équivalent.

Cette objection est grave. On a d'abord jugé convenable d'y répondre en niant que le vin pût garder le moindre

goût ou odeur de soufre ; puis on a dit que les vins blancs
du Rhin sont soufrés, ont le goût un peu de soufre, et n'en
sont pas plus mauvais pour cela ; enfin on a cru trouver un
remède efficace contre cet arrière-goût qui n'était plus à
nier. Une lettre de M. Lesclide dit :

« J'ai voulu essayer de l'acide sulfureux, du charbon
et de la ventilation, sur des vins reçus des départements
de l'Aude et de l'Hérault, et tâcher de guérir l'odeur
d'hydrogène sulfuré qu'ils conservaient encore six mois
après leur récolte.

» Bien que le charbon et l'acide sulfureux aient été employés avec une grande modération, le vin, en sortant de
la pomme d'arrosoir qu'il a traversée, avait perdu environ
un tiers de sa couleur.

» Au bout de quelques jours, tout vice de goût avait
disparu, mais l'intensité de la couleur du liquide pouvait
s'évaluer au tiers de celle qu'il avait avant l'opération.

» Les quantités traitées s'élevaient à 100 hectolitres,
pour lesquels 250 grammes de soufre et 10 litres de charbon non broyé ont suffi.

» Vous n'ignorez pas que les vins de ces provenances se
vendent surtout en raison de leur couleur. — Cet essai a
donc eu de très-fâcheux résultats comme spéculation. »

On répond :

C'est là un fait que nous avions prévu, et contre lequel
on ne pourra remédier que par l'addition d'une certaine
quantité de vin très-chargé en couleur.

La cécidomye.

La cécidomye est un insecte diptère (à deux ailes), de
la grosseur à peu près du cousin, mais d'un jaune citron,
plus foncé chez le mâle, plus clair chez la femelle. Son
apparition fut signalée en Amérique vers la vin du dernier

siècle; de là, introduit en Angleterre d'abord, puis au delà du détroit, peut-être encore inconnu au delà du Rhin, il a causé, depuis dix ans, en France de grands ravages; il en peut causer de plus terribles, si, par incurie, on lui permet de se multiplier. Le faire connaître, c'est déjà engager à combattre un mal, le remède viendra ensuite.

« La femelle est munie d'un appareil ovoposteur, ou tarière, dont la longueur égale celle de son corps. C'est dans le mois de juin qu'on peut observer ce destructeur, entre le temps de la formation de l'épi et celui de la floraison; on le trouve sur les épis, pendant les soirées calmes et chaudes, de quatre heures du soir à la chute du soleil; plusieurs individus sont souvent répandus sur le même épi, et nous en avons pu constater jusqu'à dix épars sur une seule tige. La femelle dépose ses œufs, dont le nombre varie de deux à vingt, dans l'intérieur de la balle; ces œufs sont réunis et fixés au moyen d'une sécrétion albumieuse à la place de l'ovaire, en sorte que le pollen des anthères ne parvient pas sur le pistil et que la fécondation ne peut avoir lieu. A l'époque de la floraison des blés, on trouve dans l'intérieur des glumes une nichée de petites larves jaunes qui absorbent évidemment la séve destinée à la production du grain. Quelques épis sont absolument dépourvus de graines et ne renferment dans les balles qu'une quantité de ces petits magots; d'autres n'ont que la moitié de leurs grains avortés, et c'est ordinairement le côté externe tout entier; d'autres enfin présentent des glumes contenant alternativement des grains fécondés et des nids de larves. Le dommage causé par cet insecte microscopique est tellement considérable, que, dans certaines cultures, la diminution du rendement s'est trouvée du tiers et même de la moitié d'une récolte ordinaire. Et

ce qu'il y a de particulier dans cette calamité, c'est que
les épis paraissent forts et vigoureux dans le moment de
leur inflorescence, et que ce n'est qu'à l'époque de la
maturité qu'on s'aperçoit de la teinte maladive des tiges,
qui restent droites et ne prennent pas l'inclinaison que détermine le poids d'une heureuse fécondité.

» La mouche du blé disparaît quand elle a accompli sa
ponte ; elle périt probablement, comme c'est le sort de
tous les insectes éphémères dont l'organisation est analogue à la sienne. Les larves vivent en famille dans la
balle du blé où elles sont nées, et quand le grain arrive à
maturité et ne leur présente plus une nourriture molle en
rapport avec leurs organes, elles s'échappent de leur ber-
ceau au moyen d'un élan élastique qu'elles effectuent à la
manière de quelques insectes sauteurs, la larve du fromage par exemple. Les naturalistes anglais ne sont pas
d'accord sur le mode de transformation de la larve de la
cécidomye ; les uns croient qu'elle s'insinue dans le sillon
longitudinal du grain de blé ; les autres soutiennent qu'elle
s'enfonce dans le sol, où elle se transforme en chrysalide ;
d'autres enfin pensent que la chrysalide se forme dans la
paille du froment et qu'elle reste surtout dans les chaumes.
Quelle que soit l'opinion qu'on veuille adopter, il est convenable de diriger son étude suivant ces indications, si
l'on veut parvenir à découvrir le véritable état de transformation de cet insecte. On trouve une grande quantité de
ces larves sur l'aire des granges où se fait le battage des
blés qui ont été atteints par la cécidomye ; c'est une bonne
pratique de rassembler la poussière qu'on obtient par le
battage et de la jeter au feu. Quelques personnes ont essayé de brûler les chaumes dans les champs, et d'autres
ont même sacrifié toutes les pailles qui provenaient de la
récolte infectée et les ont livrées aux flammes. On a en-

core essayé, au moment de l'épiage, de diriger des fumigations sur les froments en brûlant, sous le vent, des
plantes aromatiques et surtout des tiges de tabac.

» Les pièces de blé qui, dans une exploitation rurale,
se trouvent plus avancées que les autres, sont celles qui
sont le plus généralement atteintes; ce fait nous indique
que l'insecte reproducteur, dont la vie est très-courte, se
développe dès le moment de l'épiage des premiers froments. Des cultivateurs américains ont mis à profit cette
circonstance pour faire la part à ces insectes; ils ont semé
des blés précoces qu'ils ont fauchés en vert pour détruire
les larves et pour préserver de plus amples récoltes. La
dévastation causée par cette plaie de l'agriculteur a pris
une telle étendue dans les fertiles vallées de l'Ohio et du
Mississipi, qu'on a temporairement renoncé à la culture
du froment, et peut-être est-ce là la cause de la préférence que les cultivateurs américains donnent à la culture
du maïs : on sait que cette dernière culture occupe six fois
plus d'étendue que celle du blé aux Etats-Unis. On a cru
trouver un remède contre la cécidomye en alternant les
cultures, par la raison que le froment seul est exposé à
son invasion; mais ne peut-on pas supposer que cet insecte ailé opère sa transformation dans un lieu et vienne
s'abattre pendant la nuit sur les récoltes qui lui sont con-
géniales?

» La cécidomye a ses ennemis généraux et particuliers; parmi les premiers, on peut citer l'hirondelle, qui
détruit l'insecte ailé en rasant la surface des blés de son
vol, quelque temps avant le coucher du soleil. Les autres
oiseaux insectivores, les nombreuses espèces de fauvettes
entre autres, détruisent également la cécidomye; enfin
les araignées, qui tendent leurs filets à la base des tiges,
dévorent surtout les larves qui s'échappent de la glume

des blés quand arrive l'époque de la maturité. Parmi les ennemis particuliers de la mouche du blé, on remarque une autre mouche du genre *ichneumon*, dont la taille est à peu près égale à celle du premier insecte. Les ichneumons ont l'habitude de déposer leurs œufs sur le corps d'un autre insecte ; ils ont quatre ailes et une bouche munie d'une paire de dents très-robustes, au moyen desquelles ils maintiennent en respect l'ennemi qu'ils choisissent pour servir de nid à leur rejeton. Les larves et les chenilles sont ordinairement les corps qu'ils recherchent à cet effet. La mouche ichneumon, qui est l'un des parasites particuliers de la cécidomye, se trouve concurremment avec cette dernière sur les épis de froment ; elle dépose ses œufs sur les larves nichées dans les balles. Celles-ci périssent et servent ainsi de matrice à celles de l'ichneumon. »

Ainsi la nature a mis partout le remède à côté du mal. Il suffirait souvent à l'homme, pour se débarrasser d'un ennemi, de laisser agir un ami inconnu, que, loin de favoriser, il persécute. La manie de la chasse aux oiseaux, par exemple, a été jusqu'à tuer les hirondelles qui tuent les insectes par lesquels sont assaillies et nos récoltes et nos personnes mêmes. Pour faire preuve d'une folle adresse et se mettre dans la main un petit oiseau qu'on ne mangera pas, on laisse manger aux insectes ce qui eût pu nourrir des populations entières. C'est qu'on ignore ceci : dans un seul grain de blé, il y a parfois jusqu'à dix mille larves, et qu'il est tel insecte dont la postérité, au bout d'un an, si elle n'était attaquée à chaque minute, atteindrait le chiffre de neuf cent millions d'individus ! Les bonnes gens ont-ils si grand tort d'appeler les hirondelles les oiseaux du bon Dieu ? Eh bien ! la science dit que tout bec-fin, fauvette, rossignol, mouchet, alouette, mérite le beau nom trouvé par les bonnes gens. Renoncez donc

aux chasses insensées, si vous voulez conserver vos mois-
sons.

Moyen de restaurer les graines de ver à soie.

M. Guérin-Méneville ayant réuni à la magnanerie modèle de Sainte-Rulle les graines qu'il avait recueillies
dans ses voyages faits au nom de la société d'acclimatation, adopte les principes suivants qu'il communique à
l'académie des sciences :

1º Choisir les papillons éclos de 3 heures à 7 heures du
matin, mettre au rebut ceux qui sont éclos dans la
journée.

2º Ces papillons reproducteurs doivent développer leurs
ailes facilement, être agités et ardents à s'unir.

3º Ils restent attachés de 12 à 15 heures au moins ; il
faut rejeter ceux qui se séparent d'eux-mêmes au bout de
2 ou 3 heures.

4º Les femelles se vident entièrement de leurs œufs dans
la nuit et la matinée suivante : elles doivent conserver leur
agilité après la ponte et mourir vides et desséchées, et
non à moitié pleines ou affectées d'une perte visqueuse et
fétide.

5º Les œufs, d'abord jaunes et roux, doivent prendre
leur couleur grise vers le troisième jour.

La reine-marguerite.

La reine-marguerite, que l'on nommait autrefois
aster chinensis, est désignée de nos jours sous le nom de
callistephus chinensis, parce qu'on l'a séparée du genre
aster.

Cette plante a été introduite de Chine en France
en 1728. La Quintinie rapporte qu'elle a tiré son nom de

margarita, qui signifie perle, ou pierre précieuse. Cette version n'a pas été admise par tous. On croit le plus généralement qu'elle a été dédiée à Marguerite-de Valois, reine de Navarre et sœur de François Ier.

Cette espèce a produit plusieurs variétés ; mais pendant longtemps on n'a connu et multiplié que la *reine-marguerite double ordinaire*, la reine-marguerite *anémone* ou à *tuyaux*, et la *reine-marguerite naine*.

Depuis plusieurs années on possède une nouvelle variété à laquelle on a donné, bien à tort, le nom de *reine-marguerite pyramidale*, puisque ses rameaux, qui sont dressés, ne forment nullement la pyramide. A quel horticulteur doit-on cette magnifique plante ? Nul ne le sait, et tous les jardiniers qui l'ont cultivée, quand elle s'est propagée, la revendiquent comme l'ayant trouvée dans leurs semis.

Quoi qu'il en soit, depuis plusieurs années, on ne cultivait que la reine-marguerite pyramidale à fleurs de pivoine. Cette race, à fleur violette et à liséré blanc, était très-élevée. Ce défaut, elle ne le possède plus, grâce à l'habileté avec laquelle elle a été cultivée par M. Truffaut père. Quelle différence entre les fleurs qu'on obtient de nos jours et celles qu'on admirait il y a six années ! Il faut aimer les fleurs, être maître dans son art, pour poursuivre avec persévérance une aussi longue transformation. M. Truffaut a réussi au delà de toutes les espérances. Les magnifiques variétés qu'il a obtenues et presque fixées sont véritablement la récompense des soins incessants qu'il leur accorde chaque année. Voici, suivant leur ordre de mérite, les variétés qu'on admire dans son jardin :

1° *Reine-marguerite à fleurs de pivoine*. — Les

fleurs de cette variété sont bien bombées, bien régulières et presque sphériques. Leurs pétales sont recourbés en dedans et forment de grosses boules fermées et très-élégantes.

Cette variété présente sept nuances : 1° la laque carminée ; 2° le rose ; 3° le violet foncé ; 4° le blanc ; 5° le lilas ; 6° le cendré ; 7° le carminé panaché de blanc.

2° *Reine-marguerite dite perfection.* — Les fleurs de cette variété ne sont ni creuses ni bombées ; les pétales sont droits et très-réguliers. Il est impossible de voir des fleurs mieux faites ; aussi les regarde-t-on avec raison comme les plus parfaites.

Cette reine-marguerite présente quatre teintes : 1° le blanc ; 2° le rouge garance ; 3° le rose foncé ; 4° le violet d'évêque.

3° *Reine-marguerite à fleurs imbriquées.* — Cette variété a des fleurs qui rappellent, par la disposition de leurs pétales, qui sont un peu renversés en arrière, les fleurs des dalhias régulièrement imbriquées. Ces fleurs sont bien pleines. Leur perfection est telle, qu'elles donnent très-peu de graines.

Cette variété offre cinq nuances : 1° le blanc ; 2° le rose ; 3° la laque foncée ; 4° le violet foncé ; 5° le gris de lin.

4° *Reine-marguerite à fleurs bombées.* — Les fleurs de cette variété sont bien bombées à leur centre. Les pétales sont droits, non imbriqués et disposés un peu irrégulièrement.

Cette belle variété présente seulement deux couleurs : 1° le rouge foncé ; 2° le rose carné ou couleur de chair.

5° *Reine-marguerite à fleurs de chrysanthème.* — Les pétales des fleurs de cette variété sont renversés en

arrière, comme cela a lieu dans les fleurs des chrysan-
thèmes. Cette disposition explique pourquoi les fleurs
sont moins étoffées, plus lâches et plus larges.

Cette variété n'offre qu'une nuance : le rose.

Toutes ces races et leurs nuances se distinguent facilement les unes des autres. Lorsqu'on visite l'établissement
de M. Truffaut à l'époque de la floraison, on reste convaincu que la reine-marguerite a atteint son plus haut
degré de perfection, et qu'il y aurait témérité à vouloir
obtenir des plantes plus rameuses et plus étoffées, des
fleurs plus parfaites de forme et offrant des couleurs plus
éclatantes.

Fertilisation des terrains tourbeux.

Au milieu des contrées, souvent les plus fertiles, on est
surpris et attristé de voir tout à coup des espèces de sa-
vanes, de maigres prairies coupées de flaques d'eaux
stagnantes. Ces terrains sont tourbeux ; les donner à
l'agriculture serait un bienfait immense. Or, le système de
M. Levacher-Duclé, ayant pour objet la fertilisation des
marais tourbeux à l'aide des cendres de tourbes provenant
des marais eux-mêmes, vient de recevoir la sanction de
la société centrale d'agriculture, dans le rapport de ses
travaux annuels fait par M. Payen, membre de l'Institut.

« Cette fertilisation des terres tourbeuses s'opère à
l'aide des cendres d'une portion de la superficie de ces
terrains mêmes, trop riches en débris organiques. L'incinération, réduisant évidemment en gaz l'excès de ces débris
et laissant un résidu minéral, rétablit à la surface l'équilibre favorable à la culture. Le carbonate calcaire, d'ailleurs, contribue à hâter les transformations des substances
organiques sous-jacentes, de même que des recherches
expérimentales ont fait savoir que le carbonate de chaux,

maintenu humide, hâte d'une manière remarquable les réactions qui changent les principes immédiats azotés en carbonate d'ammoniaque, si propre à l'alimentation des plantes. »

Quant au mode d'incinération de la tourbe, il est divers, selon que l'on veut user du calorique que dégage là combustion de la tourbe destinée à amender le terrain, ou selon que l'on ne vise qu'à hâter le résultat principal, sans égard au calorique dégagé, et qu'on verrait trop de temps perdu ou trop de frais à transporter la tourbe pour en rapporter ensuite la cendre. En tout cas, ce qui est à observer, c'est de ne brûler qu'une partie et non la totalité de l'épaisseur du terrain marneux. Par conséquent, il faudrait bien se garder de profiter d'une sécheresse pour mettre le feu çà et là à des meules de tourbes dans l'espoir qu'elles mettraient elles-mêmes le feu au terrain sous-jacent. Cet espoir pourrait fort bien n'être que trop réalisé, et voici quel en serait le résultat : dans la tourbière que l'on appelle Marais de Saône, fort improprement, près de Besançon, l'imprudence ou la foudre mit le feu à quelques points de la surface de l'immense tourbière ; elle brûla deux mois : c'étaient, le jour, des colonnes de fumée jaillissant du sol comme des fumerolles d'un cratère démesuré ; c'était, la nuit, comme un grand lac de feu vomissant des nuages embrasés et scintillants. Les pluies d'automne eurent seules raison de l'incendie, et le résultat obtenu fut une végétation d'herbes abondantes, l'année suivante, sur les points solides du sol ; mais ailleurs s'étaient formés des lacs d'une eau profonde dont on n'osait approcher les bords, et ailleurs le terrain était devenu mobile sous les pas. Des précautions sont donc à prendre pour user avantageusement de la découverte récente sur la fertilisation des terrains tourbeux par l'incinération.

Destruction de l'araignée rouge et de la chenille du groseillier à maquereau.

Ayez un baquet qui puisse contenir 100 à 120 litres d'eau ; mettez-y 2 litres de goudron et 3 kilog. de carbonate de soude ordinaire (le même qu'on emploie pour la lessive), versez par-dessus une vingtaine de litres d'eau bouillante ; remuez jusqu'à ce que la soude soit dissoute ; alors le goudron se dissoudra aussi dans l'eau ; enfin achevez de remplir le baquet d'eau froide.

Le liquide est alors bon à employer. Lorsque les chenilles n'ont que quelques jours, on peut le faire plus faible.

J'emploie, et je vous engage à employer comme moi, une seringue percée, non au bout, mais sur le côté, afin de mieux laver le dessous des feuilles. Quand les groseilliers sont fortement infestés par l'araignée rouge, il vaut mieux employer un arrosoir avec sa pomme ; dans ce cas, on arrose vers le milieu d'une belle journée, au moment où les insectes sont tous rassemblés à l'extrémité des feuilles, et par conséquent faciles à atteindre.

Il faut avoir soin de ne pas trop charger la dissolution, afin que ce liquide ne nuise ni aux feuilles ni aux fruits. Tel que je le donne, il détruit complétement l'araignée rouge et la chenille du groseillier à maquereau.

Du transvasement des abeilles.

Le transvasement des abeilles ne s'est opéré jusqu'ici que par des moyens difficiles, coûteux et d'un succès très-incertain. La plupart même des éleveurs se résignent à chauffer l'essaim pour se soustraire aux difficultés de son évacuation.

M. Ch. Leblon a imaginé un moyen supérieur à ce que

nous avons vu faire jusqu'ici. Ce moyen consiste d'abord à retourner la ruche qu'on veut faire évacuer. On la couvre d'une vitre percée d'un grand trou situé près de la circonférence intérieure de la ruche. On met cette ruche en communication avec celle qu'on veut peupler d'abeilles, au moyen d'un large tube aboutissant aux trous percés au bas des deux ruches. Cela fait, on verse par le trou de la vitre, bien doucement, des menues graines, telles que froment, millet, pois, riz, etc., de manière à en remplir peu à peu les gâteaux. Cette accumulation de graines force les abeilles à remonter de gâteau en gâteau jusqu'au tube de communication. Arrivées là, elles s'enfuient dans la seconde ruche.

L'opération finie, on vide la première ruche des graines qui l'encombrent en la secouant dans tous les sens.

Fumigation des serres.

On sait avec quel chagrin l'amateur de serres découvre tout à coup sous les pots de fleurs, sous les feuilles, dans les pétales, dans les calices même des plus admirables produits de l'horticulture, découvre... quoi donc? un insecte rongeur, un ignoble cloporte, pis encore! Il faut aimer les fleurs, les aimer d'amour comme les aime l'amateur, pour comprendre quelles sont ses tribulations, son épouvante, son horreur, à la vue des dangers dont sont menacées toutes ces innocentes fleurs !... Ce qui est certain, c'est qu'elles sont menacées, si on ne parvient à repousser l'ennemi, de milliers d'ennemis qui les viennent attaquer de la manière la plus lâche, sournoisement, la nuit d'abord, et ne les quitteront plus avant de les avoir sucées et dévorées et mangées même toutes vivantes. Pour nous qui plaignons ces pauvres victimes et prenons notre part, sincèrement, des tribulations nullement petites de l'horticulteur, nous tâchons de lui venir en aide, en lui indiquant une bonne fumigation, capable de faire déloger ou de tuer tous les ennemis de ses amies si tendrement aimées.

Oui, selon l'ampleur de votre serre et l'intensité du mal, préparez de cette manière le spécifique. Achetez de bon tabac en feuilles, non en poudre, ni en rouleau ; faites dissoudre du nitre dans la proportion d'une cuillerée à bouche pour uh demi-litre d'eau ; qu'elle soit chaude ; trempez dans l'eau, la dissolution étant complète, vos feuilles de tabac, qui deviendront tabac-amadou, tant, une fois sèches, elles brûleront facilement.

Prenez un vieux pot à fleurs dans la paroi duquel est ménagé un trou au niveau du sol ; mettez à l'intérieur un rond de zinc percé de trous, qui empêche le tabac de tomber au fond du vase et d'attirer le tirage du petit appareil, en bouchant l'ouverture indiquée. Allumez deux ou trois allumettes placées sur le rond de zinc ou de tôle trouée : jetez par-dessus le tabac-amadou, en ayant bien soin qu'il ne flambe pas comme de la paille, mais que seulement il contracte le feu pour opérer lentement la combustion. Si vous craignez encore, mettez sur le pot à fleurs un couvercle percé de trous. Retirez-vous vite, fermez bien votre serre, et demain, quand vous y entrerez, vos ennemis seront morts ou en fuite.

Le thé, plante d'ornement.

Il n'est personne qui ne connaisse le thé tel qu'on le trouve dans le commerce, mais on ne se doute guère que le thé puisse être une plante d'ornement dans nos jardins. C'est pourtant le titre que, dans un temps plus ou moins long, elle doit obtenir, et que lui méritent ses nombreuses fleurs blanches, assez grandes, à belles étamines jaunes,

son feuillage brillant et son port élégant. Il peut figurer
dans les serres froides et fournir son contingent aux plan-.
tations en pleine terre. Sa physionomie le rapproche du
camellia.

. C'est un arbuste très-rameux, à rameaux étalés et cylindriques, qui peut s'élever jusqu'à 2 à 3 mètres. Les
feuilles, alternes, elliptiques, lancéolées, ont des pétioles
courts.; elles sont longues de 0 m. 06 c. à 0 m. 08, à bords
réfléchis, dentelés, un peu ondulés; leur texture est mem-
braneuse, coriace, et elles sont d'un vert brillant en dessus, plus pâle en dessous, à nervures très-saillantes à la
face inférieure. Les fleurs, solitaires ou à deux dans les
aisselles des feuilles, se trouvent ordinairement dans les
parties supérieures des rameaux. Le calice se compose
de 5 sépales verts, étalés. La corole est à 5-9 pétales
ovales et arrondis, un peu ondulés, disposés en une ou
plusieurs séries, les intérieurs plus larges que les extérieurs; elle est d'un blanc pur. Les étamines, très-nom-
breuses, sont fixées par paquets à la base des pétales. Les
filets, filiformes, portent des anthères jaunes réniformes,
s'ouvrant latéralement. L'ovaire, ovale et pubescent, est
triloculaire, et chacune de ses loges contient deux ovules.
Le style est trilobé en haut, le stigmate obtus.

Le thea viridis se distingue du thea bohea par ses
feuilles qu'il a plus grandes, à bords réfléchis, par ses
fleurs solitaires ou du moins peu nombreuses, et enfin par
l'époque de sa floraison, qui précède d'un mois celle du
thea bohea.

Ces deux plantes, à ce qu'il paraît, fournissent toutes
les espèces de thé que le commerce a trouvé avantageux
de désigner sous différents noms : thé vert, thé noir,
thé rose. La préparation, — j'allais dire la coloration,
mot qui n'est pas français, mais qui exprime malheureu-

sement, dit-on, le soin qui est pris de colorer les thés,
— la préparation ou l'âge des feuilles sont les seules
causes des différences que nous connaissons en Occident.
Mais les Chinois comptent plus de trente-six variétés. C'est
le rebut qu'ils nous envoient, très-probablement; il n'est
pas de vrai thé de 1er choix, comme il n'est pas, pour nous,
de visible café de Moka. Croyez-vous , par hasard, que
l'Arabe et le Chinois laisseraient aux barbares et aux in-
circoncis, à nous enfin, le droit de jouir de ces deux produits presque divins, tout ou moins sacrés? Oh! non pas;
car voici l'origine du thé :

Selon la tradition chinoise, — et l'on sait que rien n'est
vrai et authentique comme ce qui est livré par la tradition
populaire, — il y avait une fois un solitaire, un saint homme,
qui mangeait peu ou pas du tout, et ne buvait jamais,
quoique Chinois. — (On peut savoir, par les membres de
l'ambassade qui accompagnaient M. Laguenée, comme
boivent les Chinois!) — Or l'homme saint enseignait le
peuple et le rendait meilleur par ses conseils et surtout
par ses exemples, ce qui corrobore singulièrement les
conseils, dit l'auteur chinois que nous essayons de traduire.
Il employait les jours à des œuvres de charité; il employait
les nuits à se réconforter par la prière. Mais, une nuit
qu'un malin génie lui avait envoyé un de ces sommeils de
plomb qui pèsent sur les paupières, un de ces invincibles
assoupissements qui feraient dormir sur la margelle d'un
puits plein d'eau, fût-on Chinois, le saint luttait vainement;
il dormait déjà, quand lui vint la bonne idée de se couper les paupières. Soudain il ne dormit plus, et il vit, de
ses yeux sans paupières, les susdites tombées à terre se
transformer en une plante vénérable : c'était le thé! Et
c'est pour cela qu'une infusion de thé combat le sommeil,
si elle ne le procure en hâtant une digestion pénible; —

Nous ne prétendons pas avoir traduit fidèlement, mais cela suffit pour faire comprendre que le thé ne peut être envoyé par les saints chinois bénévolement aux barbares, comme ils nous appellent. C'est précisément le thé que je vous conseille de cultiver, ne fût-ce que par esprit de contradiction. La culture du thé est facile ; elle est la même que celle des camellias : on multiplie cette plante par boutures, marcottes ou rejetons, sur couche ou sous châssis, ou par des graines qui doivent être semées aussitôt après leur maturité.

Conservation des feuilles de mûrier et de vigne.

La rareté des fourrages, l'augmentation prévue du prix, la diminution du bétail qui en serait la conséquence, ce sont là des motifs puissants pour chercher à subvenir de toutes les manières à l'insuffisance des moyens chez l'éleveur, et à lui faire trouver par la prudence des ressources capables d'écarter toute appréhension.

On ignore généralement que les feuilles sont un excellent fourrage ; à peine en fait-on litière, et, comme on ne regarde guère au delà de son horizon, les usages des peuples étrangers ne viennent pas solliciter notre imitation. C'est un tort. En Italie, par exemple, les forêts ont longtemps offert une sorte de libre pacage : c'est qu'il est plusieurs essences d'arbres dont les feuilles sont fort recherchées par les ruminants. Dans les temps de disette ou durant le siége des places fortes, la cavalerie a souvent eu recours aux jeunes sarments de vigne. Ceux-ci, à demi écrasés sous la meule, offraient aux chevaux une nourriture facile, abondante, qui leur plaisait. Certes on n'en est pas réduit à l'état de siége, et par cela même on voit qu'il y aurait mauvais vouloir à inquiéter ou soi ou ses voisins au sujet de l'insuffisance de la récolte des plantes fourragères.

Que la prévoyance seulement s'exerce à créer des compensations.

Et d'abord les feuilles de mûrier et de vigne se conservent parfaitement entassées en grandes masses dans des lieux circonscrits et fermés, tels que tonneaux, cuves en bois, cuves en pierre, mais à la condition d'être tassées et ensuite mises à l'abri de l'air. La fermentation s'établit alors, passe du centre à la circonférence, et développe une forte chaleur qui fait monter le thermomètre à 46° centigrades, et une quantité notable d'acide carbonique, moins grande que dans les cuves remplies de vendange, suffisante toutefois pour éteindre instantanément une lumière qui y est introduite, et rendre impossible la respiration de l'homme qui s'y aventure sans précaution. Je dois ajouter qu'à chaque lit de feuilles, d'une épaisseur de 15 à 20 centimètres, il est bon de répandre un peu de sel pilé sur toute la surface, dans la proportion de 1 kil. pour 100 de feuilles. Chaque lit de feuilles doit être soigneusement foulé par un ou deux hommes avant de jeter le sel.

La cuve peut rester ouverte tout le temps de la cueillette des feuilles ; toutefois il est préférable de la fermer pour faciliter la fermentation des premières couches et permettre une introduction plus grande de feuilles dans un espace donné.

Une cuve de 50 quintaux métriques, remplie d'un seul jet, pour ainsi dire, quoique par lits successifs bien foulés, mais dans l'espace d'un jour, en contiendra facilement 62, si on met huit jours à la remplir, ou 25 pour 100 de plus. 100 kil. de feuilles pouvant se placer dans un espace contenant 2 hectolitres de vendange, il sera facile de calculer la provision de feuilles qu'il est possible de loger dans un espace donné.

Ainsi donc, 1 fr. de façon et 0 fr. 14 de frais de magasin, auxquels il convient d'ajouter 0 fr. 05 pour disposer la feuille dans la cuve, et 0 fr. 14 de sel ; total, 1 fr. 33 pour 100 kil. de feuilles fraîches. La feuille de mûrier contient à cette époque 60 pour 100 d'eau de végétation ; par conséquent, 150 de fraîche représenteront 100 de sèche à l'état normal ; j'entends par là séchée à l'air et au soleil. C'est donc, en définitive et en compte rond, 2 fr. pour le prix de 100 kilog. de feuille sèche.

D'après sa richesse en azote, 100 kilog. de feuille de mûrier égaleraient 200 kilog. de foin.

Quant à la différence du prix, elle est grande ; le trèfle, certaines années, trouve des acquéreurs à 8 et même 10 fr. les 100 kil. Ce fourrage, sous forme de feuilles, reviendrait donc au cultivateur de mûriers à 1 fr.

Les différentes variétés de mûriers ne se prêtent pas également à cette seconde cueillette à faire en octobre ; le mûrier à feuille de rose, si commun encore dans nos localités, vient difficilement à la main à la deuxième feuille, quoique au printemps sa feuille se détache facilement.

Les variétés nouvelles à feuilles généralement épaisses, d'un vert foncé, à bois gros et court, se prêtent mieux à cette opération sans danger pour la feuille du printemps suivant. Le mûrier Lou, précieux par sa robusticité, sa facilité de propagation, ne peut être cueilli qu'à la fin d'octobre ou au commencement de novembre, parce que sa végétation est incessante, et ne s'arrête qu'avec les petites gelées blanches du milieu de ce mois.

La feuille de vigne se conserve aussi bien avec les mêmes précautions.

La valeur nutritive de la feuille de vigne a été égale à celle du meilleur trèfle, dans la distribution qui en a été faite à des moutons.

Veut-on savoir maintenant ce que l'on perd et ce que

l'on pourrait utiliser, rien qu'en fait de feuilles de vigne et de mûrier, dans un seul canton ?

Dans un terrain ordinaire, où les mûriers ont atteint leur développement, l'hectare produit de 6,000 à 8,000 kilog. de feuilles pour la première cueillette ; la deuxième, en automne, est moindre d'un tiers, soit 5,000 kil. Un seul canton, celui de Saillans, d'après la statistique de 1852, a produit 12,500 quintaux métriques au printemps, donc à peu près 8,000 quintaux métriques pour l'automne... Admettons qu'il ne soit possible de recueillir et d'utiliser que 7,500 quintaux.

La statistique dit, d'un autre côté, que l'hectare de vignoble ne produit que 1,500 kil. par hectare ; dans ce même canton, il y a 580 hectares en vigne : c'est donc 580 multipliés par 1,500 kil., égalant 8,700 quintaux métriques de bons fourrages que l'on pourrait réserver pour l'alimentation du bétail, et, par suite, pour les engrais. Réunissant les deux espèces de feuilles, 7,500 plus 8,700 égalent 16,200 quintaux.

Autre considération : il a été prouvé d'ailleurs que les moutons de la même localité, tenus pendant cinq mois à une ration d'engraissement, ne consomment que 250 kil. par tête. C'est donc 16,200 quintaux ou 1,620,000 kil. à diviser par 260, ce qui représente 6,444 moutons : vous entendez, six mille quatre cent quarante-quatre moutons que l'on pourrait avoir et que l'on n'a pas, uniquement parce qu'on ne veut pas prendre la peine de se les donner.

Mais notre but n'est pas de montrer ce que perd tel ou tel canton en n'utilisant pas ses feuilles : notre but est d'établir que, dût-on n'avoir pas eu la précaution de semer en août et septembre des fourrages hâtifs, il y a aux arbres, il y a aux ceps un fourrage tout préparé, tout venu, qu'il suffit de recueillir. Et, dans les pays de vignobles, le poids des feuilles ainsi non employées est énorme. Au lieu de créer des moutons, conservez au moins le bétail que vous avez. Aimez-vous mieux le vendre à vil prix? le voir dépérir? ne pas le vendre du tout quand il sera malade, par suite d'une disette qu'il vous est facile de prévenir?

On dira peut-être : les feuilles employées en fourrage ne tomberont pas sur le sol de la vigne. D'abord l'objection ne s'applique pas aux terrains couverts de mûriers; ce n'est pas la feuille de mûrier, que je sache, qui féconde le sol où croît le mûrier. Puis croit-on bien sérieusement qu'après les vents de l'hiver, beaucoup de feuilles restent dans les vignes, ou qu'elles aient donné leur tan aux ceps? Nous croyons, nous, que les haies, les fossés, les mares auront hérité de tout ce que nous aurons négligé de recueillir. Enfin, devenues fourrages, ces mêmes feuilles se convertiront en un engrais qui, s'il n'est pas rendu à la vigne, sera du moins distribué sur un autre sol. Les terres, comme les hommes, sont solidaires les unes des autres : elles se doivent entr'aider, c'est la loi de nature.

Couverture des meules de foin ou de blé.

Une couverture rapide et économique pour les récoltes de foin ou de blé est celle qui se vend avenue de Clichy, 139, à Batignolles (Seine). Elle procure un abri à la moisson, se pose rapidement, dure trois ans, et consiste en un paillasson fabriqué au métier, du prix de 40 centimes le mètre carré. Placée à l'extrémité d'une grande perche comme un gros rouleau de toile, cette couverture se déploie par bandes longitudinales et parallèles sur la meule faite en forme de maison rectangle, ayant comme un toit incliné que forment les gerbes. Elle est maintenue dans son alignement par deux hommes qui ont monté sur une échelle chacun aux deux extrémités, tandis qu'un troisième, armé de la perche, déploie la couverture imperméable, en la déroulant et en commençant par le rang le plus rapproché de terre ; elle monte peu à peu jusqu'au sommet et s'y rattache solidement. Quand la meule est en forme de tour ronde, le travail est plus simple encore : un homme déploie le rouleau fixé sur une corde repliée sur le piquet central de la meule. Dès qu'un rang est fait, l'ouvrier tire un peu l'un des deux bouts de la corde, et le rouleau monte et fait un deuxième, un troisième rang en escargot jusqu'au sommet de l'édifice. Un seul homme suffit pour aider à déployer, régulariser et fixer la couverture.

La guêpe.

A l'approche des vendanges, les guêpes abondent. Non-seulement le raisin, mais tous les fruits mûrs ou qui mûrissent sont exposés aux attaques de cet insecte avide, qui, si on le repousse, attaque l'homme lui-même ; on se sent comme frappé par l'extrémité d'un fouet : c'est l'aiguillon de la guêpe qui vient de vous faire une blessure dans laquelle elle a laissé un virus : celui-ci peut avoir de graves conséquences, si vous n'avez soin de presser la plaie, de la laver soit avec de l'alcali, soit avec de l'eau salée au moins.

Défiez-vous aussi du miel de guêpe ; elle est du nombre de ces gens dont les cadeaux sont aussi à craindre que les vols. Dans les Alpes, des pâtres ont souvent été empoisonnés pour avoir mangé du miel de guêpe. M. Auguste Saint-Hilaire faillit être victime d'un accident semblable, ayant, dans les plaines de l'Amérique du Sud, dont il explorait les richesses botaniques, trouvé un volumineux guêpier, rempli d'un miel rose et parfumé. Tous ceux qui mangèrent de ce miel furent saisis d'un enivrement profond, d'une sorte d'égarement qui dura plusieurs heures et laissa aux voyageurs un excessif abattement.

C'est que la guêpe ne se contente pas seulement des fleurs parfumées et des fruits odorants; elle va jusque sur l'aconit, le plus violent poison végétal, butiner les substances dont elle fait son miel; elle va jusque sur les cadavres sucer le sang ; elle tue des insectes de toutes sortes qu'elle broie et réduit en pâte à son usage.

Distinguer le miel de guêpe du miel d'abeille sauvage est chose facile. D'abord les guêpes et les abeilles, quoiqu'un peu cousines, je ne sais à quel degré, ne se fréquentent pas, ne font pas ménage ensemble. Ainsi voyez quelles sentinelles veillent à la garde du rayon : c'est une guêpe? donc le miel a été fait par des guêpes. Puis, comme la guêpe ne fait pas de cire, ses alvéoles sont séparées les unes des autres par une sorte de papier que la guêpe forme avec des détritus de feuilles et de filaments desséchés. Dès lors du miel trouvé sans gardienne, ou qui vous est apporté loin de l'ouvrière qui l'a produit, est encore reconnaissable. Ce miel est presque un poison ; dites avec le poëte :

« Je crains le fourbe et ses présents. »

A bien des titres déjà, comme on le voit, la guêpe mérite bien la haine qu'on lui porte. Elle est, de plus, du nombre de ces gens maudits qui ont pour adversaires toutes les honnêtes gens, et qui se rient de leurs ennemis, tant ils sont prompts à l'attaque, alertes à la fuite, subtiles à se dérober même aux regards, sauf à revenir dix fois, vingt fois importuner, et, s'ils se croient les plus forts, prêts à vous percer de mille traits jusqu'à ce que mort s'ensuive. Car il en est de grosses, — c'est des guêpes que nous parlons, — qui tuent bel et bien d'un coup de leur stylet empoisonné. Se sentent-elles, au contraire, les plus faibles, surprises, observées, près d'être écrasées, elles font ailes traînantes, pattes mouillées, elles tremblent de tout leur corps, elles cherchent à se dérober aux regards, timides, pauvrettes et faisant pitié. Aussi vous en ai-je tué sans merci ni miséricorde, de ces chatemites, faiseuses de miel et de grimaces, et je vous engage à les traiter de la bonne façon.

Or, pour attaquer une telle race, il faut d'abord étudier ses mœurs. La guêpe, outre qu'elle est voleuse, hargneuse, empoisonneuse, ne produit que pour elle seule. Ne lui donnez donc pas le beau titre de travailleuse. Le travail honore, parce que le travail est un dévoûment ; le travail est la condition de tout homme, parce que nul ne peut travailler pour soi sans travailler pour les autres. Nous sommes tous pour tous, travailleurs des doigts ou du corps, travailleurs du ciseau, du pinceau ou de la plume, travailleurs de l'épée ou travailleurs de la pensée paisible, et le mot qui résume tout travail, c'est progrès, c'est-à-dire amélioration pour tous. Tenez, voyez la chose : le cultivateur ne travaille-t-il pas pour l'habitant des villes ? l'instituteur retire-t-il de son travail un profit égal au bien qu'il fait à la jeune génération ? Le prêtre est-il rémunéré sur cette terre pour tous les services, tous les conseils, tous les secours qu'il accordè ? Non, non, non, cent fois non ! Je n'appelle donc travailleur que celui qui travaille pour autrui, et c'est pour cela que le travail est vertu. La guêpe est égoïste, son labeur est sans dévoûment. Aussi n'a-t-elle pas de famille, pas de postérité, pour ainsi dire, et pas de société. C'est là le lot de l'égoïste et du méchant.

On peut l'envier, mais on le hait, et l'envie qu'on excite

ne console pas de l'amour absent. Savez-vous ce qu'est la réunion des guêpes ? Une nichée d'une femelle : la guêpe mère a en elle ses 1,000 à 12 cents œufs en réserve, enfouie dans son trou, durant l'hiver, sans avoir de compagne ou de compagnon ; et quand elle aura fait sa ponte, moitié au printemps, et alors il n'y aura que des femelles, et moitié en automne, et alors il n'y a guère que des mâles, elle voit mourir autour d'elle tous les mâles d'abord, puis toutes les femelles, hors une ou deux qui s'en vont chercher un trou pour s'y cacher d'abord, puis y former aux mêmes conditions, l'an prochain, une semblable communauté. Voyez que c'est intéressant et digne d'admiration !

Ainsi la guêpe est seule au commencement de l'hiver, seule au commencement du printemps ; vite, cherchez son trou, et tuez, tuez ! Elle est en famille surtout en automne ; cherchez sa ruche sous les roches et dans les troncs d'arbre, et tuez, tuez ! Elle a un trou en terre ; là vous avez vu entrer deux, trois, dix, vingt guêpes ; apportez un chaudron plein d'eau bouillante, vers le soir, quand toutes sont rentrées, et versez-leur le bouillon ! Je dis bouillon, parce que vous ajouterez dans l'eau un verre d'huile de lampe. L'huile sur tout insecte fait l'effet de la foudre ; elle bouche les organes de la respiration appelés trachées, lesquelles s'ouvrent sur le côté du corselet, et, ne pouvant plus respirer, l'insecte meurt ; de plus, il meurt vite, ce qui est un point essentiel, même quand il s'agit de guêpes.

Nouveau moyen de faire la récolte du miel sans perte ni danger.

Vous n'avez jamais vu un ours faire une récolte de miel ? — C'est pourtant un spectacle curieux : il prend la ruche doucement, la retourne, enfonce la patte, retire le rayon et avale tout, produit et ouvriers, à moins que les ouvriers, comprenant soudain l'empire de la nécessité, ne s'échappent, comme on dit, par la tangente. Autrefois, on avait un pocédé à peu près aussi expéditif : pour avoir le miel, on tuait toutes les abeilles, on les asphyxiait, sauf à les trouver mortes partout ; de plus, le miel gardait un arrière-goût de fumée. C'était habitude, donc sagesse. Puis on comprit qu'asphyxier à démi, ne perdre que moitié de ses abeilles, c'était d'une sagesse plus habile ; bien que ce fût une dérogation à l'usage primitif. On dut en gémir ! Mais le progrès s'était fait ; voici qu'il marche : il ne tue plus les abeilles ; c'est bien assez de les voler. Vous verrez que plus tard ce sera pour leur propre hygiène qu'on les débarrassera du superflu de leur miel.

Nous avons déjà vu comment on s'y prenait pour déloger poliment les abeilles : c'était un procédé à la Domitien, mais plus poli. — Je vous conterai une autre fois la chose. — Aujourd'hui, au lieu de les déloger par force, on invite les abeilles à déloger d'elles-mêmes. Devant huit témoins délégués de la société d'acclimatation et de la société protectrice des animaux, M. A..., agriculteur à Reims, vient de procéder de cette manière, qui ne touche ni de près ni de loin au magnétisme ni à la fascination, comme la crédulité l'avait supposé.

Sept ruches de 30 à 35 mille abeilles étaient là. On en désigne une au choix. M. A... enlève le capuchon de paille, et frappe sur la ruche un petit coup, vers le sommet. Consternation au camp ! immobilité ! Il continue par de petits coups vifs, et met le panier sens dessus dessous, pose vite dessus un autre panier vide, d'égal diamètre, et continue à frapper sur le sommet de cette ruche qu'il tient renversée. — Toutes les abeilles, croyant sans doute à un cataclysme prochain du monde qu'elles habitent, se hâtent de le quitter, laissant, comme les bonnes gens en l'an mil, leur bien à ceux qui sauront s'en servir, et se pressent pour entrer dans un monde meilleur où règne le calme, mais où il n'y a pas de miel. Loin d'être irritées, elles ne semblent qu'adoucies et morigénées, se posent sur l'opérateur et sur les témoins, ne délaissent point leur reine, mais se laissent écarter du doigt, tandis qu'on en admire les charmes secrets. Puis, quand la transmigration est complète dans l'autre ruche, qu'on a soin de placer sur le point même qu'occupait la première, comme le travail est la loi commune en ce monde, les abeilles se remettent au travail. Le seul inconvénient de cette méthode, à notre avis, est d'être trop bonne : elle prend tout, elle ne laisse rien aux pauvres abeilles, ce qui serait imprudence, si la pitié ne vous touche, à une époque de l'année où les fleurs ne pourraient suffire à refaire des rayons. Mettre un rayon au moins dans la ruche nouvelle serait peut-être, à tout point de vue, convenable.

Fécule de marrons d'Inde.

Presque à la fin de chaque automne, on voit le sol complétement couvert de marrons superbes, bien sains, appétissants, et on les laisse là, vu qu'ils n'ont, comme la jument du fameux paladin Roland, qu'un seul défaut : la jument était morte, le marron n'est pas mangeable. Serait-il possible de l'utiliser, malgré l'amertume de son parenchyme ? M. Flandin, chimiste distingué, a trouvé le moyen de résoudre le problème posé. En traitant le marron, réduit en pulpe, par le carbonate de soude, l'amertume lui est enlevée, et cette graine donne une excellente et abondante fécule. Ce procédé est aussi simple que peu dispendieux ; il suffit de traiter la pulpe de marron par 1 1/2 pour cent de carbonate de soude. Or, comme le carbonate de soude ne coûte que 25 centimes le

kilogramme, on peut obtenir, au moyen d'un kilogramme
et demi de carbonate de soude, c'est-à-dire pour la
somme de 38 centimes, la quantité de fécule comestible
fournie par 100 kilogr. de pulpe de marron. M. Flandin
affirme qu'un marron donne autant de fécule qu'une par-
mentière. Suivant lui, un marronnier équivaudrait, pour
la production de son fruit, à plusieurs ares de terrain ensemencés de pommes de terre. Grâce donc à cette découverte de la chimie, le marron d'Inde va devenir un auxiliaire de nos produits utiles, possibilité ignorée depuis
l'acclimatation de l'arbre qui produit si abondamment et
qui n'était recherché que pour la beauté de son feuillage.
Une simple observation : au lieu de planter partout ces
arbres stériles qui, dans bien des endroits, forment des
promenades glacées, ou bien ces gigantesques sycomores,
dont la graine, en automne, laisse échapper des myriades
de petites flèches qui sont la cause inconnue d'une foule
d'affections des organes de la respiration, que ne plante-
t-on des marronniers d'Inde, lesquels seraient d'une utilité
constatée par la science? Ils pourraient fournir un revenu
notable, ou bien, abandonnés, quant à leurs produits, à
l'indigence des pauvres familles, ils ne seraient pas d'une
importance à dédaigner.

Nouveaux vers à soie.

On lit dans le *Siècle :*

« Déjà nous avait été révélée l'existence du ver à soie
du ricin (bombyx cynthia), du ver quercien (*quercus,*
chêne), d'une chenille mexicaine dont toute une famille
collabore à la confection de cocons monstrueux ; enfin on
est allé jusqu'à proposer l'introduction en Europe d'une

araignée d'Afrique qui présenterait le double avantage de fournir un fil parfaitement textile et d'être un précieux insectivore ; mais, de toutes ces découvertes, celle qui a le plus de prix à beaucoup près est sans contredit celle du ver quercien, dont l'introduction en Europe doit jouer un grand rôle.

» En effet, plus rustique que les autres vers à soie, celui-là peut vivre même à l'état sauvage, dans toutes les contrées où pousse l'arbre qui le nourrit. Il est vrai que son fil est loin de posséder le brillant de l'autre, car un coupon d'étoffe que nous en avons vu à la société d'acclimatation a tout simplement l'aspect du nankin ; mais cette étoffe est plus solide que la toile de chanvre ; elle se lave comme du linge, et le bon marché en sera tel, que l'on se propose de l'employer pour la voilure des navires, pour les sacs à gargousses et les tentes des soldats. En Asie, plusieurs millions d'habitants l'emploient par économie pour se vêtir. C'est donc en cherchant un remède à l'épizootie qui sévit contre le producteur de l'étoffe des riches, que l'on a découvert celui qui, dans quelques années sans doute, fournira ses produits pour habiller les classes pauvres de la société.—C'est du Céleste-Empire (de la Chine), ce pays aux mystérieuses merveilles, que nous arrive ce nouvel élément de la vie à bon marché. »

Maladie des vers à soie.

M. de Quatrefages a fait connaître à l'académie des sciences, dans une de ses dernières séances, le résultat de ses efforts persévérants pour connaître et guérir la maladie des vers à soie, fléau et désespoir de nos contrées riveraines du Rhône, depuis Lyon jusqu'à Arles. M. de Quatrefages a eu l'idée de saupoudrer les feuilles de mûrier de quinquina, de valériane, de moutarde. Ces deux dernières substances paraissent avoir obtenu des résultats efficaces. Mais le sucre en poudre est le moyen qui a eu jusqu'ici le plus de succès. Beaucoup de vers ont été guéris par ce remède, et on a constaté que le sucre en poudre, employé sur une large échelle, est un excellent auxiliaire dans l'éducation des vers sains.

Les fleurs suspendues.

Les vases suspendus ont une grâce indéfinissable qui les fait rechercher, malgré certains petits désagréments. Une pluie inattendue, comparable à une cataracte subite, un suintement à travers les terres cuites ou la porcelaine, lequel tache les tapis, une chute à grand fracas, entraînant vases, terres et fleurs en débris, une rencontre fortuite avec un flambeau ou un balai vulgaire, voilà autant de nobles sujets de plaintes et de désolations, pour ne pas dire de malédictions, contre les fleurs et leur attirail !

Le fond du bassin doit être en zinc et non en terre cuite, en bois ou en carton-pierre ; qu'il y ait un double fond qui reçoive l'eau qui s'écoule de l'entonnoir dans lequel sont les fleurs et la terre ; que cet entonnoir ait une douille au fond par laquelle remontera l'eau, qui sera plus tard reprise par les fleurs ; de là suppression presque complète des arrosages ennuyeux et difficiles.

Cela fait, voilà vis-à-vis les fenêtres, dans les couloirs, au-dessus des entrées, dans les vestibules, des jardinières suspendues qui font un joli effet ; les plantes, au lieu de s'élever, retombent en grappes, descendent en festons, se déroulent en cascades et forment des guirlandes vertes ou fleuries qui vont s'enlacer capricieusement avec une sorte de coquette négligence. Je ne sache rien qui soit mieux en harmonie avec le laisser-aller des champs et le confortable d'une bonne maison, en harmonie avec la grâce des jeunes filles et la richesse sans ostentation du château qui veut se donner des airs champêtres.

Mais quelles fleurs mettre ainsi en jardins suspendus? D'abord vous pourriez vous en rapporter au choix du jardinier fleuriste ; mais, pour juger d'avance de l'effet et jeter de la variété dans la disposition générale, il est bon que vous choisissiez vous-même. Seulement, Madame, ne vous effrayez pas trop des horribles noms que la science nous force à prononcer : les fleurs et la verdure rachètent par leur éclat ce que les noms qui les désignent ont d'effrayant.

Un avis préliminaire. — Si vous réunissez plusieurs plantes dans un même vase , placez au centre celles qui ont les feuilles roides, telles que les *brownea* et les *marica* ; puis celles qui se replient de haut en bas, telles que les *sedum*, les *disandra* ; enfin mettez en bordure des touffes de *lycopodium denticulatum* ou tout autre petit gazon.

Les *marica* ont des feuilles de sabre, des fleurs bleues ou jaunes, très-vivaces, qui ne demandent que de fréquents arrosements. Le *brownea* et l'*artropodium cirrhatum* (la déesse Flore, toute morte qu'elle est, doit en frémir dans sa tombe !) résistent fort bien à l'atmosphère des appartements, et donnent des touffes de feuilles d'un vert glauque cendré de près de deux pieds (ou 66 centimètres, pour parler selon la science). Voici du grandiose : le *disandra prostrata* fait descendre des branches ondoyantes d'une hauteur de trois à quatre mètres, ne cassant jamais et se prêtant à tous les caprices que l'art veut leur faire subir de haut en bas. Voulez-vous une végétation abondante et étrange? ce sont des plantes grasses : *crassula spatulata*, *euphorbia pendula*, *cereus flagelliformis*. Préférez-vous, et vous avez raison, la grâce et la légèreté? prenez les *fougères* , le *pteris serrulata*, croissant aisément même dans les coins les plus obscurs, mais demandant de l'eau et de la chaleur ; l'*aspidium fragile*, qui n'a pas besoin de beaucoup de lumière, et le *scolopendus* et l'*odiante réniforme*, dont les feuilles ont la propriété remarquable de pomper les vapeurs d'eau répandues dans l'atmosphère.

Mais vous désirez avoir pour vous ou bien offrir ce que les autres n'ont pas. Vous ne voulez pas de dix vases suspendus, vous n'en voulez qu'un seul et qui ne soit pas un vase. L'Océan vous donne ce que l'art ne peut vous fournir. Il est deux coquillages, l'un gigantesque, qui sert de bénitier dans les belles églises (Saint-Sulpice, Notre-Dame-du-Mont) : c'est le tridacne ; l'autre, c'est la reine des univalves, l'incomparable nautile, rayée et zébrée à l'état naturel, c'est-à-dire déguisée et voilée sous sa grossière enveloppe, mais, si on sait la forcer à dépouiller ce vêtement, perle gigantesque, blanche, bleue, rose, éblouissante, remplaçant une couleur par l'autre à chaque déplacement du rayon de lumière. Percez-la délicatement sur les bords pour y passer des cordons de soie ou des chaînes d'acier, et vous aurez, Madame, un vase fleuri, élégant, original et de bon goût. Jamais il ne laissera échapper une goutte indiscrète. Je me permettrai de vous recommander encore le *strombus gigas*, jaunâtre à l'extérieur, rose à l'intérieur.

La fleur à loger là n'est pas moins distinguée : c'est la *pervenche herbacée* (vinca herbacea) de Hongrie. Elle produit de longues tiges fines, déliées, retombantes, garnies de place en place de jolies petites fleurs d'un violet pâle : elle veut un repos absolu pour ne pas se faner, et quelques gouttes d'eau.

C'est un souvenir intime.

Lessive économique et rapide.

Une découverte qui intéresse au plus haut point les ménagères vient d'être faite par M. Chapoteaut, pharmacien à Decise, et communiquée au journal de la Nièvre.

Faites dissoudre un kilogramme de savon dans 50 litres d'eau de rivière ou de fontaine (ou, plus simplement, dans telle quantité d'eau qu'il vous plaira, et que vous verserez ensuite dans les 50 litres). Quand, à l'aide de la chaleur, la dissolution sera complète, retirez du feu, et ajoutez dans ce liquide, non très-chaud, 15 grammes d'essence de térébenthine rectifiée ; de plus, 30 grammes d'ammoniaque liquide à 22 degrés. Remuez le mélange avec une baguette pendant quelques minutes, et versez-le encore chaud sur la quantité de linge à lessiver, de façon que celui-ci y reste plongé. Au bout de quatre heures d'immersion, retirez le linge, que vous frottez morceau à morceau, successivement, entre les doigts ; puis passez-le à l'eau : il est d'un blanc parfait.

Le riz sec.

Les Chinois ont trouvé bien des choses, et, quand on les connaîtra mieux, peut-être trouvera-t-on que leurs trouvailles ne sont pas trop ridicules, quoique chinoises. Et d'abord voici un petit grain qui, trouvé par un empereur chinois et multiplié par le temps, ce suprême multiplicateur, est devenu la nourriture de plus de cent millions d'hommes. Nous cédons la parole à celui que nous élevons, cette fois, au titre d'honorable collaborateur, et qui ne se doute guère de l'honneur qui lui est fait ici, bien que les empereurs chinois mettent la main à la charrue.

« Je remarquai par hasard un pied de riz qui, déjà

monté en épi, s'élevait au-dessus de tous les autres ; il était mûr, le grain beau et bien nourri. Je fus désireux de savoir si, réservé, ce grain conserverait, l'année suivante, sa précocité ; il la conserva en effet. » Ainsi s'exprime l'empereur Kong-Hi, et le riz sec était trouvé : c'est le riz impérial, d'une si grande ressource en cas de sécheresse, et qui croît comme le blé et les autres céréales ; il réussit au nord de la Chine, dans les pays froids ; il est de très-bonne qualité et très-rustique, c'est-à-dire qu'il demande fort peu de soins et un terrain fort peu fécond. On en distingue plusieurs espèces : l'une d'elles ne mettrait que soixante jours à mûrir, et, dans les régions où la température est douce, on en fait dans l'année deux récoltes.

Ne pourrait-on, chez nous, acclimater ce riz de soixante jours ? Nous le verrions croître, dans le Nord, de juillet en septembre, tandis que, dans le Midi, on pourrait l'avoir de juin en août et de fin août en fin septembre.

Après l'avoir semé dans la terre préparée comme pour nos céréales, il paraît qu'il est bon de repiquer le riz sec. Il a, sur le riz aquatique, l'incontestable avantage de coûter moins de frais de culture et moins de peine pour l'exploitation. Repiquer le riz dans l'eau est très-pénible ; les exhalaisons sont malsaines, et l'eau ne peut pas toujours être entretenue à la même hauteur ; même elle vient souvent à manquer tout à fait. Nous ne parlons pas ici des pestes des rizières, inconvénient qui disparaît avec le riz sec.

Il est aussi des riz d'hiver qui se sèment en automne comme nos blés d'hiver, tandis que ces riz de printemps se sèment, eu égard à leur précocité, du 21 mars au 4 avril.

Les riz secs sont tellement rustiques, qu'il viennent au nord comme au midi, sur les montagnes comme dans

les plaines. Pourtant il préfère les terrains argileux, par
conséquent les environs de Canton, de Macao, de Chang-
Haï, où il réussit admirablement. Une infinité de détails
intéressants seront lus dans le beau travail de M. de Mé-
ritens, auquel nous renvoyons le lecteur qui voudrait faire
immédiatement application, ce que nous appelons de tous
nos vœux. Et vraiment n'y a-t-il pas là pour la France une
conquête à faire, ou, si l'on aime mieux, un nouveau prix
à nos récents succès en Chine ?

Le bambou.

Nous empruntons au *Siècle* un article qui intéresse les
directeurs de jardins, moins encore que l'habitant d'une
foule de localités où l'arbuste dont il s'agit réussirait parfaitement. En l'introduisant, on réaliserait un immense
bienfait :

« Le bambou, dont quelques échantillons sont importés
chez nous pour certaines industries, est, pour quelques
peuples de l'Asie, une plante de première nécessité ; les
habitants du Céleste-Empire en font le plus grand cas.
En effet, ce gigantesque roseau, dont les massifs ombra-
gent les cours d'eau et les habitations champêtres des
Chinois, leur rend de tels services, qu'il est considéré
chez eux comme la plante nationale par excellence. On
l'emploie pour le gréement des jonques et pour les con-
duites d'eau ; il fournit le pinceau avec lequel on trace les
caractères et le papier sur lequel on écrit ; ses feuilles servent à couvrir le toit du pauvre et à confectionner le man-
teau qui le préserve de la pluie ; ses jeunes pousses,
tendres et délicates, constituent un légume qui s'accom-
mode de diverses manières ; elles valent nos asperges.
Bouillies, assaisonnées et confites, elles produisent des
conserves si recherchées, qu'elles forment une branche

importante du commerce intérieur ; on en fait de fortes expéditions pour la capitale de l'empire, où elles figurent sur la table des grands.

« Les prêtres de Bouddha, qui ont fait vœu d'abstinence et s'astreignent à un régime alimentaire purement végétal, trouvent dans ces mets des ressources égales à celles que leur offrirait le poisson. Sa tige, forte et légère en même temps, sert à confectionner en quelques heures des édifices pour les représentations théâtrales, et entre dans la confection de tous les instruments aratoires ; c'est avec une perche de bambou que le coolie (porte-faix) enlève son fardeau ; c'est avec le bambou que sont faits le *thih* (mesure de longueur), ainsi que le *taon* et le *ching* (mesures de capacité) des vendeurs de riz, puis le seau à prendre de l'eau, la lance du soldat et la nervure des parasols ; en outre, la concrétion appelée *tabaxir*, que l'on trouve dans les cavités des nœuds, s'emploie dans certaines préparations médicales. C'est en bambou que sont tressés le chapeau de l'homme du peuple, les paniers et les corbeilles, et que sont faits les câbles pour la marine ; enfin le lit, le matelas, la chaise, la table et la pipe du Chinois, le bois avec lequel il fait cuire ses aliments, les bâtonnets (faïtss) dont il se sert pour manger, la baguette qu'emploie le musicien pour jouer du houng-hoo, tout est dû au bambou.

» D'après cet exposé succinct (qui laisse supposer que les Chinois pourraient fort bien n'être que des bambous ambulants et vivants), on apprendra sans doute avec intérêt que d'heureuses tentatives ont été faites en Algérie pour y nationaliser cet utile végétal, et que la pépinière du gouvernement est déjà en mesure d'en fournir des milliers de boutures à ceux qui désireraient en planter chez eux. Puissent ces essais obtenir une complète réussite ! »

Lettre sur les vins mousseux.

Je suis, monsieur, un ignorant, et la seule différence qu'il y ait entre moi et beaucoup d'autres, c'est que je connais et que je prends le titre dont ici je me qualifie. Cela dit, me sera-t-il permis de faire une ou deux petites questions qui intéressent l'économie des ménages et la santé d'un chacun? Un livre bien fait m'apprend que l'art rend mousseux le vin plus ou moins non mousseux. Or, voici ma première question : quand la science, la chimie, le progrès, comme il vous plaira de dire, vient à rendre meilleure au goût et plus économique pour le fabricant le vin mousseux inventé, y a-t-il sécurité à boire la chose? Comme ignorant, j'en doute : comme savant, vous me rassurerez. Et alors, deuxième question : au lieu de payer 2 fr., 2 fr. 50, 3 fr. ou 5 fr. la bouteille (car je calomnierais en disant le litre), n'est-il pas plus simple de faire soi-même son vin mousseux ? Il est bien entendu que loin de moi est le dessein de nuire à aucune industrie, et je crois très-permis et très-légal de faire son vin pour soi à sa guise, au lieu de l'acheter à la guise des marchands; mais je voudrais de tout mon cœur qu'il y eût une bonne loi qui obligeât celui qui invente une mixtion à vendre, de s'en servir, au préalable, rien que trois mois pour son propre usage. Il obtiendrait ensuite bien plus de crédit, parlant d'après l'expérience.

Cela dit, j'extrais ce qui m'a frappé dans le livre plus ou moins indiscret, et dont les journaux ont rendu compte.

Après deux ans de bouteilles, durant lesquels il faut étudier les caprices du vin, on reconnaît que la mousse se fait quand le dépôt se forme, et surtout lorsque, renversant brusquement la bouteille la tête en bas, on voit des bulles monter à travers le liquide. Alors le vin est mis sur pointe, c'est-à-dire la bouteille est penchée, le bouchon en bas, sous l'angle de 30 à 40 degrés, sur des suspenseurs spéciaux. Le dépôt se fixe au bouchon, gris sale, floconneux : c'est le *masque* ou *griffe*. L'ôter est nécessaire, et c'est ici qu'est la misère du négociant !

— Je ne sais trop, en y réfléchissant, si je ne dois pas dire sa richesse, sa fortune, le coup de roue de la bonne déesse ; car plus il perd, plus il gagne, comme il sera prouvé tout à l'heure. —

Gaz et vin s'échappent quand on débouche la bouteille. Voilà le mal, c'est-à-dire voilà le bien ! Il y a un instrument spécial qui aide à l'opération ; mais le verre alors peut faire explosion et estropier : voilà le mal sans avantage ; mais attendez. Pour amoindrir la perte du dégorgement, des chimistes pur sang avaient imaginé, dit-on, de rendre ce dépôt pulvérulent et d'obtenir un précipité, en mêlant au vin de l'alun et du tannin, voire même de la noix de galle. — Pourquoi pas de la noix vomique, Messieurs ? — Vous entendez bien que je n'en crois rien. Comme je suis persuadé que la chose n'a jamais, du grand jamais, été mise en pratique, c'est-à-dire mise en bouteille, car c'est ici simplement du poison, et l'on n'empoisonne pas impunément, que je sache, les honnêtes acheteurs ; ils ne s'y retrouveraient pas deux fois, morts ou vifs. Donc, je n'en crois rien. Le dégorgement fait, en ôtant la coiffe et le bouchon, le reste du vin est clair comme eau de roche ; mais il n'en reste parfois que les trois quarts ou le tiers. Attention ! autrefois, quand on était naïf, on remplissait avec trois bouteilles deux bonnes ; on mettait le bouchon neuf ayant la marque de la maison, gravée au fer rouge, et, l'œuvre terminée, on livrait. O sainte naïveté des temps antédiluviens ! c'était bon, c'était sain, mais ruineux.

Il est un petit mystère tout bénin et moderne ; il se nomme dosage, nom modeste qui n'a rien d'effrayant et qui est tout légal : doser, selon le dictionnaine, signifie régler les doses, et la dose est une certaine mesure, toujours selon le dictionnaire. Or il est fort bien de vous livrer la quantité demandée et la dose voulue ; mais la dose de quoi ? — Attendez donc !

Le dosage complète la bouteille, et la complète si bien, que si, bon an, mal an, le pays (et je ne nomme aucun pays, de peur de blesser des susceptibilités) a produit 4 à 6 millions de bouteilles de vin, après le déchet et les bouteilles cassées. — 15 à 25 sur 100, — il reste, grâce au dosage, 10 à 12 millions de bouteilles à livrer ; même on pourrait fournir à la demande, si elle était de 20 millions, et il resterait en magasin une réserve en cas. Comment cela ?

Telle est la manipulation du mystère et les degrés de perfectionnement du susdit :

1º On coupe, c'est-à-dire on mêle ensemble des vins, compatriotes ou étrangers, de provenance égale ou non égale : — c'est un journal sérieux, dont nous ne sommes ici que l'écho, qui vous l'affirme ; 2º on sucre, afin d'engendrer le gaz acide carbonique ; 3º on dose. Ah ! Monsieur, que de peines ! mais à ce nº 3 est le complément du miracle ; c'est le quart ou le tiers du vin qui ne fut jamais vin du crû, et qui, introduit dans la bouteille après le déchet, devient du vin du crû perfectionné, meilleur au goût, et surtout préférable pour qui le vend. Voici comme on fait la chose :

Prenez :

Sucre candi blanc. . . . 150 kil. ⎫
Vin blanc quelconque. . . 125 lit. ⎬ Chiffres extraits
Esprit de Cognac. . . . 10 lit. ⎭ exactement.

Mêlez, complétez les bouteilles, et servez froid : ce n'est pas plus malin que cela. Tout ignorant que je suis, je gagerais en faire autant. C'est fort, c'est doux, c'est corsé, c'est mirifique, et ce n'est pas cher : 2 fr., 2 fr. 50, 3 fr., 5 fr. la bouteille.

Seulement, que le sucre et l'esprit ne proviennent pas de cette canne à sucre un peu trop potagère qu'on appelle betterave. Il paraît que ça conserve un petit goût que les fins dégustateurs reconnaissent.

Êtes-vous un peu habitué à ce qui est vigoureux, Indien en un mot? qu'à cela ne tienne ; l'art chimique, qui n'a pas encore dit son dernier mot, va redoubler pour vous ses soins officieux. Prenez et mêlez :

Vin blanc au sucre candi. 120 lit. ⎫
Vin de Porto. . . . . 35 ⎪
Esprit de Cognac. . . . 10 ⎪
Eau-de-vie blanche ou brune. 28 ⎪
Kirsch. . . . . . . 1 ⎬ Chiffres exacts.
Alcool framboise. . . . 1 ⎪
Eau avec mélange de tan- ⎪
nin, acide tartrique, etc. . 1 ⎪
Teinté de Fismes. . . . 2 ⎭

On a protesté contre l'emploi surtout de cette dernière drogue, et contre les deux dernières. Protestons contre trois ; et passons. J'en reviens à mes moutons, Monsieur, c'est-à-dire à mon alternative : ou cela, fort bon au goût vraiment, est mauvais quant à l'estomac, et c'est à une bonne expertise à le dire, et vous tous, bóns habitants des campagnes, vous saurez à quoi vous en tenir quand vous voudrez tâter de ces vins mousseux ; ou bien c'est, comme je le crois dans mon ignorance, fort innocent et fort bon et pas cher, et alors, pour que ce soit encore moins cher et que vous sachiez bien ce qu'il y entre, vous avez la recette gratis.

Post-scriptum. Quand on dit qu'il faut d'abord deux ans de bouteille pour le vin mousseux, je le crois ; mais aussi j'ai trop bonne opinion des ressources de la chimie pour lui supposer bénévolement une patience de deux années à chaque bouteille. Le dosage qui est l'appoint peut se faire en deux heures ; je gage que le fond, quand la chimie le voudra, se fera en deux mois ! — Mon nom, Monsieur, est assez inutile à la chose ; signez, si ça vous plaît : *Baptiste l'Ignorant.*

Liqueur de thé.

Prenez : thé hyswin. . . . 125 grammes.

Faites infuser votre thé dans 180 grammes d'eau bouillante ; versez cette infusion avec les feuilles de thé dans 4 litres d'eau-de-vie à 22 degrés.

Laissez ainsi en contact pendant vingt-quatre heures ; au bout de ce temps, ajoutez à votre liqueur filtrée un sirop fait avec : eau, 3 litres ; sucre, 1 kilogramme 500 grammes.

De la probabilité d'obtenir des cocons mâles ou femelles à volonté.

Une singulière découverte, que nous insérons non comme vraie et prouvée, mais comme offrant des probabilités, semble avoir été faite depuis peu. Elle serait d'une importance qu'il est inutile de démontrer. Pourrait-on avoir, presque à volonté, des cocons de mâles ou de femelles ? Pourrait-on, du moins, distinguer d'avance les vers qui donneront des papillons mâles ou des papillons femelles ? Oui, disons-nous, après une expérience de près de quatre années, sans toutefois prétendre à présenter notre opinion *autrement que comme nôtre, et non comme bonne*, ainsi que disait Montaigne. Voici d'abord une analogie :

Nous savions, et chacun sait que la ruche d'abeilles a des mulets ou travailleurs, qui sont simplement des abeilles non complètes ; qu'elle a des mâles, qui, leur devoir rempli, sont impitoyablement sacrifiés et jonchent le sol, au printemps, autour des ruches. On sait que les termites ont, comme les abeilles, une reine dont la spécialité est de pondre indéfiniment, et qu'enfin des reines en expectative sont conservées çà et là, et défendues contre les fureurs jalouses de la reine en fonction. Or, la différence de nourriture, le choix et l'abondance ou la privation fait le mulet ou la procréatrice. Celle-ci est maintenue dans un état voulu ; on transforme presque subitement l'être incomplet, — la reine expectante, — si la reine active vient à mourir.

Aussi est-elle, surtout au printemps, furieuse contre ses rivales ; elle ne les aime pas plus que ces princes de l'Orient n'aimaient leurs frères ou leurs fils prêts à les remplacer au trône ; et l'abeille reine vient rôder autour des cases où veillent des gardes qui présentent respectueusement, mais impitoyablement, leurs dards à leur souveraine voulant jouer, au petit pied, le rôle d'Athalie, et pouvoir dire :

> De *princes* égorgés la chambre était remplie,
> Ou plutôt de *reines*.

Eh bien ! la nourriture ne pourrait-elle avoir, par sa qualité, influence sur le sexe futur de la chenille, qui n'est encore qu'à l'état incomplet ? Telle est la question.

Ce n'est pas à titre de découverte et comme fait acquis à la science, mais comme simple probabilité, nous le répétons, que peut-être on peut dire d'avance : tel ver donnera un cocon mâle, et tel ver un cocon femelle. L'observation a semblé confirmer la théorie. Et notez d'abord qu'on n'observe pas bien cent ou cinq cent mille vers en mouvement ; que la nourriture à distribuer, les maladies à prévenir ou à combattre suffisent, et au delà, aux soins du surveillant ordinaire. On n'observe bien qu'en suivant les transformations de dix ou vingt individus. Or, le hasard voulut qu'une chenille eut un appétit extraordinaire ; remarquée, elle fut mise seule, à part ; elle acquit des proportions qui dépassaient d'un tiers celles de ses frères ou sœurs, nés d'une même femelle. Celle-ci avait eu plusieurs mâles, tant qu'elle n'en avait pas refusé, et, contrairement à l'opinion voulue, qui veut que le ver vive dans le pays où l'œuf a été fait, où le père et la mère sont déjà habitués, les œufs avaient été transportés d'Alsace dans la Charente-Inférieure. Ce ver, plus gros que tout autre, donna une femelle ; fécondée par plusieurs mâles exactement de la même teinte, jaune ardent, elle produisit 1,076 œufs en deux pontes. La première réservée, chose étrange, n'a pas fait des vers de beaucoup plus beaux que les autres œufs, et tous les descendants, d'année en année, n'ont pas été extraordinaires en grosseur ni en fécondité ; mais ils ont toujours fait des vers petits pour les cocons mâles, des vers gros pour les cocons femelles. Il y a plus, si l'air est froid, la feuille dure, l'appétit languissant, s'il naît sur la fin de l'automne des vers ayant le temps de se mettre en cocon, — comme cela s'est vu en septembre 1858, — tous les vers, sans exception, sont produits en papillons mâles.

Si c'est là un fait exceptionnel, il ne prouve rien, si ce n'est pourtant qu'il serait facile de reproduire l'exception, puisqu'il suffirait de mettre à part les vers qui, arrivés à la même phase de leur développement, et surtout près de monter, prendraient subitement, avec un appétit étrange, une grosseur notable. Si, au contraire, le fait théorique et pratique est vrai, le ver à soie, comme d'autres vers et nymphes d'insectes et de mouches, grossit en raison de la nourriture qu'il prend.

Soins à donner à la basse-cour.

1° *Local*; 2° *Matériel*; 3° *Nourriture*.

1° *Local*. — 1° Choisissez d'abord l'exposition la plus convenable : c'est celle du sud-est.

2° Etablissez autant de divisions que vous avez d'espèces ou races à faire prospérer, et ne leur ménagez pas l'espace.

3° A chaque division ajoutez un logement ; que le perchoir ait, par exemple, 1 m. 65 c. sur 1 m. 33 c. pour un coq et quatre ou cinq poules ; qu'il soit construit en colombage et lattis couverts d'ardoises ; que les parcs aient 5 mètres sur 8 mètres de superficie ; que le sol intérieur, plus élevé que le sol des cours, soit garni d'une aire en terre glaise foulée.

4° Que les cours et parcs soient recouverts d'une couche épaisse de sable maigre, pour écarter l'humidité.

5° Ajoutez une litière épaisse de paille, qui sera renouvelée été et hiver. Cela plaît aux volailles, qui y trouvent des grains et de petits vers.

6° Qu'une rigoureuse propreté soit exigée de ceux qui soignent les logements et le matériel contenant les nourritures diverses.

7° Ménagez des abris dans toutes les cours, recouverts en chaume. C'est là que les poules aiment à se réfugier durant les pluies ou les grandes chaleurs. Mettez-y de la paille en hiver et du sable fin en été. La poule aime beaucoup à s'y rouler et s'y poudrer.

2° *Matériel*. — Ayez : 1° des couvoirs, sortes de caisses faites en bois léger et couvertes, fermant par une porte grillagée établie sur un côté. Que ces caisses aient 0,50 centimètres en tous sens ; que ce grillage, serré, arrête les rats et souris ; que ces couvoirs soient suspendus aux parois d'un local spécial, et réchauffés, pendant l'incubation, par quelques moutons que l'on fait loger alors dans ce local.

2° Des petits parcs consistant, les uns en un assemblage sans fond de 1 mètre de côté et de 0,50 cent. de hauteur, assemblage sur lequel sont clouées de petites tringles ou lattes étroites et rapprochées. On loge là les petits poulets avec leur mère, dans un autre local échauffé de même par des moutons.

Les autres seront de grandes caisses recouvertes d'un vitrage ou d'un filet, où seront mis les poulets qu'on veut habituer par degrés à l'air extérieur.

Nous ne parlons ni des perchoirs, ni des augettes longues et à compartiments pour séparer les graines, ni des cuvettes d'eau, qui doivent être placées non tout à fait à côté des nourritures.

3° *Nourriture*. — 1° On donne aux poulets naissants, dans les premiers jours, une pâtée sèche composée avec un œuf durci, blanc et jaune hachés menu, mie de pain et graine de millet, ou bien une pâtée moitié son et farine, détrempée d'un peu de lait. D'abord, nourriture à discrétion ; puis, quand ils sont assez forts pour se nourrir de graines sèches, plus qu'une ration de pâtée à midi ; on diminue la farine, on augmente le son à mesure que le poulet grandit.

2° Pour varier l'alimentation, distribuez, dès le plus

bas âge, orge ou avoine crevée, graines sèches de sarrasin, petit blé, dans les augettes amplement garnies. Le riz commun, légèrement cuit, est très recherché par les jeunes volailles, et l'assimilation fait que cette nourriture, quoique plus chère, est plus profitable. Toutes sortes de résidus de viandes hachées conviennent à merveille.

3° N'oubliez pas la verdure : feuilles de choux, d'oseille, des pieds de laitue suspendus en petits paquets, à une élévation convenable, à l'ombre. En hiver, suppléez par des betteraves, carottes et pommes de terre, concombres cuits ou crus.

Ces soins sont exigés dans les petits clos ; car il est bien entendu que la poule et l'homme ont besoin de liberté, d'espace et de mouvement pour bien se développer. Aux poules libres distribuez des graines sèches trois fois par jour.

Il est bon partout que la femelle allaite longtemps ses petits : le lait de la poule pour les siens, c'est la chaleur qu'elle leur donne. Supprimez donc les perchoirs près des mères, pour que les petits restent le plus longtemps possible sous leurs ailes, et ménagez des abris où ils se retireront, sur un sable sec quand il pleut, et où sera établi un large nid. Ne laissez sortir dans les cours les petits que quand elles sont sèches. Remettez les perchoirs quand les petits eux-mêmes témoignent le désir de se percher. Enfin, quand la mère les quitte, après le premier œuf de la nouvelle série, laissez courir les petits dans la pelouse d'un verger jusqu'à l'époque critique de la première mue, et, après, renfermez-les dans des parcs.

Fécondation des fleurs par les abeilles.

On ne conçoit pas, quand on songe au peu de frais et de soins qu'exigent les abeilles, le peu d'empressement que l'on montre à se procurer des ruches. Outre le miel et la cire, l'abeille donne un produit inaperçu, dont nous avons à parler.

Un verger dans le voisinage de plusieurs ruches produit plus qu'un autre verger que ne visitent pas les abeilles, dussent, d'ailleurs, les conditions de culture et d'exposition être les mêmes. Cela est incontestable ; voici l'explication : l'abeille, pour sucer les sucs des fleurs, fait tomber la poudre fécondante sur les stigmates ; elle-même s'en charge pour la préparation des cloisons des rayons, et, en s'insinuant dans d'autres fleurs, elle y porte la poussière fécondante que peut-être elles n'auraient pas reçue par le souffle du vent ou par les secrètes affinités. Il en résulte une fécondation artificielle pour les arbres à fruits, et, pour les plantes et arbustes à fleurs, l'éclosion de variétés tout à fait imprévues. Par exemple, qui se douterait, si ce fait n'était tout à fait constant, que des giroflées, dans le voisinage des pensées de jardin, les rendent panachées de vingt nuances différentes? Ce que que fait ici le hasard, l'abeille le fait.

Mais, dira-t-on, l'abeille va au loin, et, sans que j'aie des ruches, les abeilles de mon voisin serviront à mon verger. — Oui, si votre verger touche au sien ; non, s'il est éloigné, ou s'il est sur un terrain supérieur. Car l'abeille, quand elle butine abondamment, n'aime pas à voyager, et toujours, en revenant, elle aime à redescendre, et non à remonter, pour regagner sa ruche : son aile plie sous le poids du fardeau qu'elle porte.

Moyen de conserver les instruments aratoires.

En agriculture, toutes les économies, quelque petites qu'elles soient, ont leur importance. C'est pour cette raison que je crois utile de faire connaître un procédé d'une grande simplicité, pour conserver les instruments aratoires.

La plus grande partie de ces instruments sont, en sortant des mains de l'ouvrier, couverts d'une peinture à l'huile ; mais, comme cette peinture ne dure qu'un certain temps, il est important que les cultivateurs aient à leur disposition un moyen simple, qu'ils puissent employer eux-mêmes, pour garantir leurs instruments des influences de l'air et de l'eau. Ce moyen consiste à frotter ces instruments avec un pinceau ou un chiffon de linge imbibé d'huile siccative chaude. Cette huile, en séchant, forme un vernis sur le bois et le fer, et, pénétrant dans le bois, elle l'empêche de se fendre, le préserve de la pluie et du soleil tout aussi bien que la peinture. Il faut employer pour cet usage les huiles de noix, de lin, de chènevis. etc., qui sont siccatives. On doit éviter de se servir des huiles de colza, de navette, d'olive, etc., qui ne sont pas siccatives, c'est-à-dire qui ne sèchent pas.

Il est bon de dire ici que toute espèce d'huile peut être rendue siccative, en la faisant bouillir pendant un quart d'heure avec de la litharge (deutoxyde de plomb) dans la proportion de 25 grammes par litre.

Races gallines.

Améliorer nos races est, en général, le plus sage parti. Toutefois il est des importations et des croisements qui ne sont pas du tout à dédaigner. Il est des régions entières où les poules sont de toutes les couleurs, sauf le vert et le rouge pourtant ; d'autres où elles sont toutes blanches ; d'autres où elles sont noires avec des oreilles blanches et rouges. Soyez sûr qu'un intérêt s'attache à la couleur, soit pour l'aspect, soit pour la chair, soit pour les œufs, et à Paris il y a plusieurs qualités fort bien distinguées, dont le prix diffère considérablement.

Mais c'est à la race , plus encore qu'à la couleur, qu'il faut faire attention. Voulez-vous une basse-cour d'un aspect riche, où le coq soit grave, les poules étrangement coiffées? prenez la race du Houdan, dont les qualités dépassent la beauté. Les os sont légers, la chair a de la finesse et du volume. La poule est précoce et féconde. Le poulet, en quatre mois, acquiert un beau volume , sans le secours de certaine opération. La poule a presque le poids du coq, et donne de gros œufs bien blancs dès le mois de janvier. Elle s'élève plus facilement qu'aucune de nos poules indigènes et est moins pillarde , mais aussi moins bonne couveuse, vu qu'elle est coutumière du fait.

La race cochinchinoise a été introduite depuis peu par l'amiral Cécile, et vient de Chang-Haï ; mais les premiers sujets ont été mal croisés, et cela a contribué à faire déprécier cette excellente poule que l'on soigne enfin. Les poulets exigent des soins au moment de la mue, par les temps froids et pluvieux. Ils sont plus sujets à la goutte que d'autres , si la basse-cour est mal entretenue et boueuse. Du reste , ils sont fort rustiques et résistent facilement ; seulement il faut leur donner de l'espace suffisamment. La cupidité est la cause de la perte de la moitié ou des deux tiers des élèves. Le coq est brave , quoique peu querelleur , si ce n'est avec les nouveaux arrivés. La poule , dont le regard est doux , se bat avec fureur contre toute nouvelle poule introduite , à ce point , dit M. Ch. Jacques , que des paralysies mortelles sont déterminées par le combat. La poule est sédentaire , ne pille pas et n'escalade pas de barrières. La poule est bonne productrice jusqu'à trois ou quatre ans, et le coq est bon pour la reproduction jusqu'à cinq ou six ans. Mais on use la poule en la faisant couver cinq ou six fois par an et deux ou trois fois dans le même nid. Le coq atteint à 4 kil. 1|2, et la poule à 3 kil., et il faut que ce soit dès la première année, pour que la qualité soit parfaite.

Pinçage de la vigne.

Le pinçage est une amputation pratiquée par le pouce et l'index sur la plante que l'on veut rendre plus féconde. La théorie peut sembler un paradoxe; le fait justifie la théorie. Voici donc ce que disait et faisait prévoir l'observation : le produit de la nature, contrarié, meurt s'il est faible, devient plus fort s'il a vie. La médecine le dit, l'agriculture le dira. César et d'Alembert n'ont pas été des sots, ce me semble; ils ne semblaient pas destinés à vivre. La fable d'Hercule enlevé du sein de sa mère et devenant le symbole de la force n'est point une fable si folle. Le Turc serait voluptueux et efféminé sans Mahomet; avec le sénat romain, l'Italien est devenu le conquérant du monde; avec les Français en Russie, il a donné le soldat le plus patient du froid et des privations. Soyez sûrs que la nature est une et n'a qu'une loi : elle s'applique à la plante autrement qu'à l'homme, à la plante autrement qu'à l'animal, mais toujours dans le même plan. On peut rire tant qu'on voudra rire ; le rire contribue à la santé des Français surtout, et, heureusement, ne nuit en rien à la santé de la plante, non plus que le pinçage.

Voyez le fait, ou plutôt les faits : le pinçage..........., appliqué non-seulement aux melons, qui ont une renommée un peu bonasse, comme les cornichons,—mais encore aux petits pois, aux tomates, à une foule de productions potagères, le pinçage a le double mérite d'empêcher les sucs végétaux de se perdre dans l'inutile création et développement d'un rameau infécond ou pauvre, puis de reporter ces sucs sur les feuilles, les bourgeons et les fruits restants, pour en augmenter le volume et en activer le développement, la maturité et la perfection. Au pied de tabac on ne conserve qu'un certain nombre de feuilles, et l'on pourrait faire un choix même des feuilles à développer. La plante qui donne quatre melons de première qualité est préférable à celle qui pourrait en donner vingt. Et la taille de la vigne, qu'est-ce autre chose qu'une dérivation de la séve sur la tige que l'on préfère avec droit et expérience ? Le pinçage vient compléter cette première amputation salutaire.

Mais la vigne n'est pas une plante molle ? —Ni le figuier, n'est-ce pas ? Eh bien ! Argenteuil tire le plus grand profit du pinçage appliqué aux bourgeons foliacés. Les jeunes figues ne coulent plus et grossissent vite, mûrissent plus tôt et contiennent plus de sucre. La chose ne se fait pas d'hier dans cette intelligente commune. On fait plus encore : dès que la montre est sûre, bien nouée, on abat sans ménagement toutes les figues qui dépassent la quantité jugée suffisante, vu la vigueur du figuier. On retranche aussi le superflu des pêches, des poires, des prunes diverses.

Le noyer est à greffer.

On a reconnu que le noyer , lorsqu'il est greffé, décuple la production de son fruit, et pourtant, comme il produit naturellement beaucoup, on n'a guère songé à soumettre cet arbre si précieux, et pour son bois et pour ses noix, à un procédé d'amélioration si simple et nullement coûteux. Il serait bon, comme pour tout arbre, de choisir le sujet jeune et de bonne espèce.

Bois de chauffage.

Chacun n'a pas des idées bien arrêtées sur la valeur relative des essences de bois destinés au chauffage. Le meilleur de tous est l'*orme*, qui s'allume bien et jette beaucoup de chaleur. Sous la cendre, sans jeter ni flamme ni fumée, il donne le lendemain un brasier inattendu. Le *hêtre* brûle trop vite ; il est bon pour les hôtels garnis et les riches foyers. Le *chêne* est bien préférable ; mais, jeune, il pétille trop et jette au loin des débris ardents. Le *charme* donne flamme vive et bon charbon. Le *saule*, le *peuplier*, l'*aune*, le *tremble* et même le *tilleul* sont de pauvres bois. Le *sapin* a de l'ardeur, mais ne convient guère qu'aux pâtissiers, ainsi que le *bouleau*.

Pour l'approvisionnement, il faut encore consulter la provenance, l'âge, le climat, et surtout le degré de sécheresse. Les terrains humides n'ont que des bois mauvais, dans les vallées, les marécages, les fossés. Au contraire, les coteaux, les rocs, les terrains en graviers fournissent de bons bois. Trop vieux, le bois a perdu beaucoup ; trop jeune, il a trop de séve qui s'évapore ; il en est de même s'il a été flotté, mis en chantier à découvert ou dans une cave humide : il contient beaucoup d'eau et perd de sa substance. Le chêne et le charme verts ou flottés perdent jusqu'à 25 kilog. sur 100.

Conservation des échalas et bois de jardin.

Conserver intacts, durant quinze années, des paisseaux, échalas, bois de palissage et autres exposés à toutes les intempéries, n'est-ce pas un service fort notable rendu à l'agriculteur, et spécialement au jardinier et au vigneron ? Indiqué en 1841 par M. le docteur Boucherie, le moyen est recommandé par MM. Bulter frères, horticulteurs à Troyes. Faites dissoudre, dans un baquet ou auge en pierre, 1 kilog. pour 1 hectolitre d'eau (100 litres) de sulfate de cuivre, coupez les bois en février ou mars, donnez-leur la forme que demande l'usage auquel vous les destinez, et plongez ces bois dans la dissolution cuivrique, où ils resteront de 8 à 12 jours. Si vous vous servez de bois déjà sec, plongez de même ; mais faites chauffer le bain à 70° durant 6 à 10 heures. On peut, pour du bois en pleine végétation, le plonger debout sur la tranche dans le liquide froid, en laissant au bout de la tige supérieure un bouquet de feuilles, qui fera monter dans les canaux de la plante le liquide comme une séve. On sait que par le même moyen le bois est rendu incombustible. M. Kuhlmann, savant chimiste, pense que le chlorure de baryum, qui coûte 20 fr. les 100 kilog., lequel a l'avantage de pénétrer jusqu'au cœur du bois, peut être substitué à tous les autres sels.

Nouveau ver à soie.

Ce nouveau ver vient encore de Chine et se nourrit des feuilles du vernis du Japon (*ailanthus glandulosa*), arbre fort répandu en France ; et, comme il supporte la température un peu fraîche, il pourra vivre en plein air chez nous, comme en Orient. M. Guérin-Méneville annonce que l'un de ces vers a déjà fait son coton dans une feuille du vernis du Japon, après l'avoir repliée en gondole, et qu'il a filé une forte attache destinée à maintenir le cocon sur l'arbre, quand la chute des feuilles eût pu compromettre sa sûreté. Il suffit donc de garnir, au printemps, le vernis de différents vers qui éclosent en mai, et de les préserver de la voracité des oiseaux, ce qui nous semble beaucoup plus difficile, vu qu'ils en sont très-friands. Un ouvrier invalide, incapable d'un autre travail, sert en Chine à garder et à écarter l'ennemi. Nous croyons qu'il faudrait se résigner à cueillir les feuilles ; car, autre difficulté, quand les vers ont tout mangé sur un arbre, il faut les prendre un à un pour les remettre à l'assaut d'un autre.

Engraissement des poulardes.

Le docteur Lepelletier (de la Sarthe) nous apprend que l'engraissement des poulardes n'est pas seulement une affaire de plus ou moins d'aptitude à manger chez la bête et de prodigalité de nourriture chez l'engraisseur. Non pas ! la santé, outre l'appétit, est à soigner, et la science a raison de ne pas dédaigner l'hygiène de la basse-cour. Donc, honni soit qui mal y pense, s'il faut entrer ici dans des détails moins appétissants que la poularde en broche. Tant qu'elle a la tête rouge ou rose, et que les déjections sont sèches, la poularde se porte bien ; dès que les déjections deviennent fluides et que la crête prend une teinte violette, il faut lui rendre et la liberté et la nourriture des simples mortelles de son espèce, au lieu des succulents dîners, mais en cage ; — sinon, vous perdez vos soins, votre argent et vos poulardes.

Mais, par l'âme de la première poule qui fut poularde du Mans, vous écriez-vous, pourquoi ces sottes ne consentent-elles pas à bien boire, bien manger, bien dormir ? Est-ce que la morale de cette vie-ci ne se réduit pas, pour elles, à ces mots d'une vieille comédie :

> Un bon dîner et surtout un bon lit !

C'est que vous vous trompez fort ! Le bonheur est un supplice pour la pauvre recluse ! un supplice de six semaines, pour qu'elle arrive à l'honneur de conquérir le titre de poularde du Mans, sans être jamais allée au Mans ! 1° On les met dans un lieu un peu obscur ; on leur donne une pâte mélangée de deux tiers de farine de sarrasin et d'un tiers de son, ou même moitié ; 2° après quelques jours, on les loge dans les mues : ce sont des compartiments dans des celliers biens aérés, où règne une douce température.

Eh bien ! de quoi ont-elles à se plaindre ? — Attendez donc ; il est des gens qui ne font jamais un peu de bien que dans le but de faire beaucoup de mal, et les animaux prétendent que l'homme est de ces gens-là. Voyez : dans ces mues, 1º la poularde est privée complétement de lumière ; 2º elle est plongée dans un silence profond ; 3º à peine si l'animal remue et digère ; 4º deux fois par jour, le geôlier, c'est-à-dire l'engraisseur, à la lueur d'une lampe sépulcrale, vous prend trois poules, les lie par les pattes ensemble, et vous leur introduit dans le bec un pâton de farines d'orge et de sarrasin délayées dans du lait, pâton de la grosseur qu'il peut faire entrer en poussant avec le doigt dans le jabot, et faire descendre en glissant la main le long du cou ; 5º hors le lait qui fait glisser le pâton, et quelques gouttes de lait coupé d'eau après cette opération, la poularde ne boit plus.—Dans un drame de Shakespeare, il est dit au criminel : Tu ne dormiras plus ! — Ici, il est dit à l'innocence : tu ne boiras plus ! mais redoublement et entassement de pâtons, de dix à quinze par repas !

Et si le repas précédent n'a point passé ! car enfin le spleen, la nostalgie, que sais-je ? — oh ! alors quelques cuillerées de lait pur dans le bec de la patiente.

Est-ce tout ? Non pas. Voici le : tu ne dormiras plus ! A minuit, heure des revenants et des fantômes, le fantôme du nourrisseur revient, saisit la poule, lui demande si elle a appétit, ou, sans le lui demander, la force à manger, et la couche sur un côté ; demain, ou plutôt la nuit suivante, il la couchera sur l'autre côté, et défense à elle de se mouvoir. Un peu de graisse ajoute à l'engraissement dans les derniers jours, étant mélangée avec la pâte du pâton. 12 à 14 kilog. des farines indiquées ont produit environ 17 kilog. de pâte ainsi absorbée. C'est, outre les soins, — comme elle vous en dispenserait ! — pour une belle poularde, une dépense de 8 à 10 fr.; mais elle se vend de 25 à 30 fr. On n'en peut guère soigner que vingt : gain probable, à 20 fr., 400 fr. en six semaines.

Si le nourrisseur en empâte cent de septembre à fin mars, ce seraient 1,000 fr. Mais que de soins, que de martyres, et aussi que d'assassinats! Ceci diminue les profits; on ne mange guère les morts !

Conservation des foins.

Répandez sur le sol du hangar une couche de paille épaisse; placez dessus le foin à conserver, et recouvrez-le d'une autre couche de paille. Quand vous en userez, enlevez d'abord celui qui est le plus à la main, en traçant un sentier autour du tas, sans déranger la couche de paille. On arrive à former une meule de fourrage, laquelle se conserve nullement détériorée après l'hiver.

Avis aux baigneurs.

On se trompe en supposant qu'il est mieux d'entrer dans l'eau quand le corps est refroidi que lorsqu'il est échauffé par un peu d'exercice. Avant de se plonger dans l'eau, il faut s'être donné assez de mouvement pour accélérer l'action du système sanguin et amener un peu de chaleur à la surface. On acquiert ainsi une force de réaction contre le saisissement que l'on éprouve au contact de l'eau. Mais l'excès est à éviter, c'est-à-dire que si le mouvement qu'on s'est donné a produit une forte transpiration, accompagnée de langueur, de lassitude, alors il faut bien se garder de se jeter à l'eau.

Que toujours un exercice modéré précède un bain froid; ce bain doit être d'une durée courte et déterminée d'après la constitution de la personne qui se baigne. Ainsi, il est

très-imprudent, après la première sensation de froid , de
rester dans l'eau jusqu'à ce qu'on se sente de nouveau saisi
par le froid. Il, est des personnes qui ne peuvent se décider
à se mouiller, et qui entrent dans l'eau par degrés, lentement; c'est d'une grande imprudence encore. Il faut se
mouiller entièrement, subitement et sans aucune hésita-
tion. Enfin, s'il est constaté que l'on peut fumer , boire et
même manger dans l'eau , quelle que soit la force de la
constitution, il est mieux de ne se baigner que trois heures
après le repas. On rit de cette prescription , et l'on a tort
de rire. L'eau qui pèse sur l'estomac est 800 fois plus pe-
sante que l'air, et, de plus, elle est plus froide ordinairement. De là, suppression et arrêt subit de la digestion commencée, si vous vous baignez trop tôt.

Moyen de prévenir les accidents en mangeant des champignons.

Dans ces derniers temps , plusieurs accidents occasion-
nés par des champignons ont été signalés ; nous croyons
utile de rappeler un procédé expérimenté avec succès ,
pour utiliser des champignons douteux. Pour cinq cents
grammes, un litre d'eau et deux cuillerées de vinaigre où
les champignons macéreront deux heures; les passer ensuite dans deux eaux froides; troisième eau sur le feu , où
ils blanchiront un quart d'heure; les laver encore dans
l'eau froide, les essuyer et les apprêter.

Constatation de l'âge d'un cheval.

Voici pour constater l'âge d'un cheval, après qu'il a
passé neuf ans , un moyen que beaucoup de nos lecteurs
ne connaissent pas sans doute.

Quand un cheval est âgé de plus de neuf ans, une ride
paraît au coin supérieur de la paupière inférieure, et cha-

que année une autre ride bien marquée se forme successivement. Ainsi, lorsqu'un cheval a trois rides à cette
place, il est âgé de douze ans.

C'est à un habitant d'Albama qu'on doit cette curieuse
observation. Il prétend que ce moyen est infaillible. Dans
tous les cas, le fait est d'une vérification facile, et, s'il est
vrai, on pourra désormais connaître d'une manière précise
l'âge d'un cheval au-dessus de neuf ans, ce qui parfois ne
laissait pas que d'être embarrassant et souvent impossible
à l'inspection des dents, seul moyen que l'on avait jusqu'à
présent.

Engelures.

Les engelures consistent dans les gonflements plus ou
moins considérables des doigts. La peau rougit, s'enflamme
et s'ulcère même, quand le gonflement est très-prononcé.
Dans tous les cas, les engelures qui persistent longtemps
font contracter à la peau des doigts une couleur blafarde,
qui donne un aspect très-désagréable à la main. Le développement de ce mal a pour cause, d'abord le tempérament lymphatique : on a remarqué que les personnes de
ce tempérament pouvaient difficilement s'en préserver ;
puis, ce qui détermine la formation des engelures, c'est
l'humidité chaude, l'impression subite du froid, l'habitude
mauvaise qu'on donne à beaucoup d'enfants de ne se laver
les mains qu'à l'eau tiéde.

Quand elles commencent, que le gonflement des doigts
vient de se prononcer, on peut en arrêter le développement par des frictions de neige sur les parties malades :
c'est un tonique qui, en crispant les parties gorgées de
sang, dissipe la tumeur qui était en train de se former. On
peut également prendre des bains de mains (maniluves)
avec de l'eau salée, ou de l'eau de savon, ou encore avec
une décoction très-forte d'espèces vulnéraires.

Lorsque les engelures sont parvenues à l'état d'ulcé-ration, il faut se garder d'employer ce dernier traitement. On fera, contre cette complication fâcheurse, des onctions avec du cérat à l'extrait de saturne, au camphre ou à l'opium. Si la maladie est très-étendue, qu'elle occupe tous les doigts, qu'elle présente enfin un caractère constitutionnel, on ne pourra parvenir à la guérir qu'en appliquant des exutoires (vésicatoires) et en adoptant un régime fortifiant.

Gerçures des mains, des pieds, des lèvres et des seins.

Les gerçures ou crevasses des mains ou des pieds ne sont pas communes chez les personnes qui ont l'habitude de se soigner. Les premières se font remarquer souvent chez les gens de la classe ouvrière, qui exposent leurs mains à l'air sans aucune précaution et qui manipulent des substances plus ou moins excitantes; les autres, celles des pieds, se développent chez les personnes qui transpirent beaucoup de cette partie; c'est la conséquence de l'état de ramollissement de la peau des extrémités inférieures. Les gerçures des lèvres ou du sein se développent, les unes sous l'impression du froid, les autres sous l'influence d'une succion trop violente ou trop prolongée du mamelon. Ce sont du moins les causes les plus ordinaires.

Pour guérir les gerçures des mains, il faut d'abord les soustraire à l'action du feu, à l'impression de l'air et au contact de toutes les substances irritantes que par état certaines personnes sont obligées de manipuler. Pour arriver à ce résultat, on prend des maniluves (bains de mains) deux ou trois fois par jour, et on enduit les parties, après les avoir essuyées, avec une substance grasse. Cette substance n'est pas indifférente; on emploie, de préférence à toute autre, du cérat préparé à l'extrait de saturne ; on agira de même pour les pieds. On gantera les mains, et on couvrira les pieds d'un chausson de peau. On traitera les gerçures des lèvres en les oignant d'onguent rosat, ou en les couvrant d'une pommade composée de la manière suivante :

Huile d'amandes douces. . 8 grammes.
Cire blanche. . . . , . 4 grammes.

On les fait fondre l'une dans l'autre, pour toute préparation.

C'est surtout quand on s'exposera à l'air qu'il sera bon de s'oindre de cette pommade ; dans tous les cas, il faudra prendre la précaution, lorsqu'on sortira de chez soi, surtout le matin, de bien essuyer les lèvres ; le froid ou les autres accidents de la température agissent beaucoup plus sur ces parties, déjà si délicates, quand elles sont trempées d'humidité.

Les gerçures au mamelon ne peuvent être cicatrisées qu'en interdisant le sein au nourrisson ; sans cette précaution, les gerçures, qui proviennent le plus souvent d'une succion trop énergique, trop fatigante, ne font au contraire que s'agrandir. On les fait cicatriser en les lavant de temps en temps avec du vin miellé tiède, ou en les oignant avec du cérat à l'extrait de saturne légèrement opiacé.

Coryza aigu, ou casque.

Cette maladie, qui consiste dans l'inflammation de la membrane muqueuse du nez, correspond à l'enchifrènement ou rhume de cerveau chez l'homme ; mais elle est infiniment plus grave chez les bêtes à cornes. Voici ses symptômes : abattement, cessation d'appétit, gonflement des yeux, et quelquefois perte de la vue, engorgement de la membrane du nez, qui prend une teinte violacée, et d'où s'écoulent des mucosités sanguinolentes ; les cornes présentent quelquefois une collection de pus ; l'animal chancelle en marchant, et il respire avec bruit. Si de prompts remèdes ne sont pas administrés, l'inflammation gagne le cerveau, produit la fureur, le vertige, et l'animal meurt au bout de cinq ou six jours.

De fortes saignées, l'application de sétons au cou et au fanon sont les premiers remèdes à appliquer.

On fait en même temps des injections d'une décoction tiède de fleurs de mauve dans le nez, et l'on applique un cataplasme de farine de graine de lin sur la tête. On y ajoute des lavements formés d'une décoction de son et de quelques têtes de pavot. L'animal doit être tenu à la diète et à l'eau blanche.

Les émollients sont remplacés avec avantage par des applications d'eau salée ou d'eau légèrement vinaigrée sur le sommet de la tête, quand la chaleur est trop vive à la base des cornes. Quand il y a coryza des cornes et des sinus, ce que l'on reconnaît à ce que le malade tient la tête penchée sur l'un des côtés, et à ce que les cornes rendent un son mat à la percussion, il faut amputer la corne du côté qui paraît le plus malade, faire pencher fortement la tête de ce côté, et introduire un peu d'eau dans les oreilles pour obliger l'animal à les secouer. De cette manière on force la matière contenue dans les sinus du cornillon à s'échapper. On panse ensuite la plaie avec du basilicum.

Engravée.

L'engravée est une inflammation du pied, le plus souvent déterminée par des graviers ou au autres corps étrangers qui se sont enchâssés entre les onglons. Il en résulte de l'inflammation, de la douleur, du gonflement dans le pied, et l'animal boite. Si, dans cet état, on le force à marcher, il peut devenir fourbu. Souvent l'engravée produit des *bleimes*, c'est-à-dire une contusion à la sole qui donne naissance à une suppuration, l'enflure des paturons et de la couronne. Enfin la chute du sabot peut être la suite de la fourbure. Le repos, des bains de pieds et des cataplasmes émollients suffisent pour dissiper l'engravée. Cependant il est bon de faire ferrer le bœuf, afin d'éviter une rechute, s'il a encore une longue route à parcourir.

**Procédé pour combattre la diarrhée et la faire disparaître instanta-
nément.**

Pendant l'année 1855, alors que le choléra sévissait avec vigueur dans les parages que, par ma position, je devais nécessairement habiter, j'ai été à même d'apprécier les ravages de ce fléau, terrible adversaire de l'homme. Je ne chercherai point, aujourd'hui que les craintes qu'il avait fait naître alors ont disparu, à raviver les tristes souvenirs qu'a laissés dans maints endroits, dans maintes familles, cette épidémie ; je me bornerai à dire quelques mots sur son précurseur, mais moins terrible, la diarrhée.

Une longue expérience, de sérieuses études avaient amené d'habiles praticiens à employer des astringents, des palliatifs qui devaient, sinon rayer radicalement cette compagne détestable, du moins en arrêter les progrès et la tenir en suspension. Il faut vraiment qu'une désorganisation intérieure soit la suite immédiate de la diarrhée ; quoi qu'il en soit, elle doit produire de graves désordres chez l'homme, attendu que, lors de l'épidémie cholérique, il fallait combattre la diarrhée dès l'apparition des premiers symptômes : telle était du moins l'opinion accréditée des successeurs d'Hippocrate. Combattre !... ce mot était bien vite prononcé ; mais avec quelles armes, avec quels remèdes efficaces ? Voilà où était le nœud gordien.

L'esprit de camphre, qu'on a tant préconisé avec raison, arrêtait, pris en temps opportun, les ravages de la diarrhée, à laquelle pouvaient succéder fort bien les crampes les plus agaçantes, les symptômes les plus alarmants, et par suite une mort soudaine et inopinée. Bien des fois, pourtant, ce remède n'a point répondu à l'attente qu'on s'en était formée ; et, si l'on a néanmoins échappé aux étreintes d'un cruel trépas, est-il vrai de dire aussi qu'on a eu la douleur de ne se voir point débarrassé d'un hôte aussi incommode ?

Mon assertion pourrait être corroborée par quelques personnes encore pleines de vie, qui, après trois années d'anxieuses souffrances, ont eu le bonheur de se débarrasser de la diarrhée la plus opiniâtre et la plus tenace, qui eût assurément causé leur perte. Leur délivrance est due au procédé que je veux propager et répandre ; et si d'autres guérisons, aussi promptes que radicales, n'avaient été obtenues depuis, bien certainement je m'abstiendrais de porter à la connaissance de mes honorables lecteurs un remède dont je puis attester l'efficacité, un remède qui peut procurer de si grands soulagements à l'humanité souffrante.

Pour indiquer cette recette, je raconterai le fait suivant :

— « C'était le mois de décembre dernier. Malgré la rigueur de la saison ; la diarrhée, avec tout son prestige, avait envahi notre localité ; la consternation était générale, tant la maladie avait pris d'empire sur les esprits faibles et craintifs.

» Un de mes amis, revêtu d'un caractère éminemment honorable, fut atteint, après son modeste dîner, d'une violente diarrhée. Il m'avait admis ce jour-là à sa table, et, voyant l'instantanéité du mal, j'eus pour moi de cruelles appréhensions ; mais j'en fus quitte pour la peur. Il n'en fut pas ainsi de mon amphytrion : sa physionomie avait pris une teinte violacée ; des bouillonnements aigus et continuels l'obsédaient horriblement ; un abattement accablant paralysait tous ses efforts ; la selle pour lui était en permanence.

» Des applications avaient bien été faites, des remèdes avaient été employés ; rien n'avait apporté le moindre soulagement à la situation du patient. L'intensité du mal augmentait sans cesse ; se résigner et souffrir , telle était la résolution de tous les spectateurs de ce triste drame.

» Il était huit heures ; le moindre changement ne s'était pas encore produit. Tout à coup une idée subite vient ranimer les sens du malade. Malgré l'exaltation de son imagination fébrile , il se rappelle un procédé qu'il a vu lui-même appliquer , et , se levant sur son séant , comme exaspéré : — « Prends vite un bol, me dit-il, verses-y
» seulement le jaune d'un œuf que tu délayeras bien avec
» une cuillerée d'huile fine ; tu mettras ensuite dans ce
» mélange un peu de sucre pour en atténuer l'amertume ,
» et , après avoir bien battu ce mixte , tu l'arroseras de
» quelques gouttes d'esprit de camphre ; aussitôt après ,
» j'avalerai cette potion : va donc, et à l'œuvre. »

» Ainsi fut dit , ainsi fut fait !... et quelques minutes après , un mieux sensible se manifesta visiblement. La diarrhée sanguinolente cessa comme par enchantement ; les organes intestinaux reprirent leurs fonctions ; un sommeil doux et profond ranima les forces du malade ; la guérison fut radicale, et le rétablissement prompt et assuré. »

Telle est la recette dans toute sa simplicité. Puisse-t-elle être comme selon mes ardents désirs !... Ainsi j'aurai contribué bien volontairement au soulagement de ceux qu'affecte trop cruellement cette maladie. Je me réjouirai avec eux, et je serai largement dédommagé de ma complaisance toute philanthropique, s'ils me font espérer et croire en leur sincère gratitude, et bien plus encore si ma fiche de consolation peut être le doux souvenir d'avoir fait du bien !...

Gangrène.

Tout le monde sait que la gangrène est la mortification d'une partie quelconque du corps de l'animal. Cette absence de la vie est indiquée par la couleur noire de la peau, par l'odeur cadavérique de la partie gangrénée, et par l'abolition de la sensibilité, du mouvement et de la chaleur.

La gangrène peut être causée par des aliments malsains, par l'usage du seigle ergoté, le froid, l'introduction de quelque venin, le charbon, etc.

Lorsqu'on n'a pu prévenir la formation de la gangrène par des saignées, des boissons rafraîchissantes et acidulées, il faut employer un traitement antiseptique et opérer la séparation des parties mortifiées.

La gangrène demande un traitement prompt et énergique, qui exige le concours d'un vétérinaire habile.

Hydrophobie ; moyen de la combattre.

Les feuilles publiques ont plusieurs fois rapporté les navrants spectacles, l'horrible agonie dans laquelle s'est débattue la victime prématurée de ce redoutable fléau !... Qui de vous n'a été ému jusqu'aux larmes au récit de ces calamités !... Le cœur ne vous a-t-il point saigné en songeant seulement aux douleurs atroces qu'éprouvait ce moribond, chancelant entre les angoisses les plus cruelles de sa vie près de s'éteindre, et la tombe, précipice béant prêt à le recevoir !... Ah ! que ne peut la rage jointe au désespoir !... A d'autres le soin de vous le faire connaître, à moi la satisfaction de vous fournir des armes pour la combattre.

Dès l'apparition des premiers symptômes morbifiques, on s'empresse généralement de prévenir les suites d'un accident si grave en appliquant certains procédés dont l'efficacité est toujours contestable par les seuls résultats obtenus. Ainsi, on a recours à la cautérisation par le fer chaud ou le nitrate d'argent, moyen offrant peu de garanties, parce que la cautérisation n'agit que sur la partie blessée, et que la bave déposée autour, s'infiltrant peu à peu, suffit seule pour amener indubitablement l'hydrophobie. On se hasarde encore de recourir à la succion, danger vraiment imminent ; car, ami lecteur, vous n'avez pas oublié la triste fin de ce héros chrétien, de ce jeune médecin du département de la Drôme, qui, en 1852, mourut ainsi victime de son dévoûment.

On emploie enfin les bains entiers d'eau salée, qu'on prend durant trois jours et à plusieurs reprises différentes, savoir : trois bains successifs le matin, à l'œil même de la source et à froid, et trois autres le soir. Témoin oculaire de maintes guérisons par l'emploi de ce dernier procédé, je le recommanderai à tous ceux qui, en ayant besoin, se trouveront à même de pouvoir en faire ou prescrire l'expérience ; mais comme pour la plupart, amis lecteurs, vous êtes dans l'impossibilité de vous livrer à de si avantageux essais, j'essayerai d'atténuer la gravité de votre position.

C'est donc pour ceux qui sont si malheureusement dotés sous ce rapport, que je ferai connaître un remède efficace contre cette horrible maladie, même après les premiers accès. Je l'offre, ce remède, pour tout le monde, car, quand on désire faire le bien, l'égoïsme perd son prestige, et toute particularité doit cesser devant les besoins de l'humanité tout entière.

— Lorsqu'on a été mordu par un chien enragé , il convient de laver la plaie , ainsi que le pourtour , avec du lait de vache bouillant, au moins pendant neuf jours.

On prend également tous les matins à jeun, et encore pendant neuf jours , un verre tiède de la potion suivante :

   1. Racine d'angélique en poudre. . . . 30 gr.
   2. Racine de gentiane en poudre. . . . 30
   3. Thériaque fine de Venise. 30
   4. Assa-fœtida bien écrasée. 15
   5. Racine d'églantier effilée. 40
   6. Racine de scorsonère sans ratisser. . . 40
   7. Huîtres de mer en poudre. 15
   8. Sel marin. 20
   9. Rue, tiges fraîches, bonne demi-poignée.
10. Sauge, autant, coupée bien menu.
11. Une tête d'ail bien écrasée.
12. 3 têtes poireaux avec leurs barbes.
13. Deux petits oignons.
14. Une bonne pincée de pâquerettes.

Il faut soumettre le tout à une forte ébullition avec trois litres du meilleur vin rouge qu'on peut se procurer, dans un vase ou pot neuf hermétiquement fermé. On le laisse ainsi soumis à l'action d'un foyer ardent jusqu'à réduction de moitié ; on le décante ensuite pour le faire passer à travers un linge avec expression , et on conserve ce mixte pour les neuf jours dans des bouteilles soigneusement bouchées.

La dose de la potion est d'un demi-verre pour les enfants au-dessous de dix ans , de trois quarts de verre jusqu'à vingt ans, d'un verre plein ordinaire au delà de cet âge.

Il pourra se faire que les tempéraments faibles et délicats, que les personnes d'un caractère lymphatique vomiront quelquefois le remède les premiers jours ; il ne faudra pas pour cela en discontinuer l'application, l'expérience ayant prouvé que l'estomac s'y habitue, et que l'efficacité n'est en rien affaiblie.

Ce remède, ami lecteur, connu depuis près de deux siècles, n'a jamais manqué son effet ; mais, quelque avantageux qu'il soit, nos ancêtres, par trop dédaigneux pour tout ce qui pouvait leur être utile, ne lui laissèrent, comme à tant d'autres inventions utiles, qu'une renommée éphémère. De nos jours, plus ambitieux que nos devanciers, les amis de la science et du progrès ont plus d'amour pour l'utile et l'agréable, voire même, certains, pour le futile.

A cette recette était donc inévitablement réservée sa disparition complète, sans les soins de la pieuse madame Fouquet, de Montpellier. Cette bonne dame l'inséra, il y a quelque soixante-dix ans, dans un recueil de remèdes qu'elle légua à la postérité, recueil que j'ai vu figurer dans les rayons de la bibliothèque d'un des plus doctes praticiens du Béarn.

Ce n'est donc point, ami lecteur, dans un intérêt d'amour-propre que je rappelle cette recette, mais dans l'intérêt de l'humanité. Je n'en suis point l'inventeur ; aussi cette pensée m'empêche d'en tirer une sotte vanité, un fol orgueil. Vous saurez l'appliquer au besoin, cette recette, telle est du moins l'intimité de ma conviction ; et il nous sera bien doux, ami lecteur, d'épargner aux familles et aux personnes qui seraient atteintes par cette horrible maladie les affreuses souffrances qu'elle occasionne.

Conduite à tenir en cas de maladie.

Les règles de conduite doivent varier selon les diverses occupations de l'homme. Ainsi l'homme qui, pendant ses heures de travail, sera resté à exercer ses bras ou sa tête, devra chercher son délassement dans la promenade, tandis que l'homme qui aura travaillé debout, dans un pénible exercice de tous ses membres, devra rafraîchir son corps par le repos ou par le sommeil, et donner par la lecture un peu d'action à son cerveau.

Mais aussitôt que l'on éprouve une indisposition, un trouble quelconque dans les fonctions, ou les premières atteintes de la fièvre, il faut garder un repos absolu, se mettre à la diète, c'est-à-dire ne rien manger, boire une tisane rafraîchissante et délayante, comme de la limonade, de l'eau d'orge, sucrées ou miellées, et joindre à ce traitement simple et peu dispendieux des lavements d'eau tiède. Ces moyens sont suffisants pour guérir les indispositions légères, et même pour prévenir ou faire avorter des maladies graves. Puis, lorsque le calme est rétabli dans les fonctions, quand on se sent guéri et capable de reprendre sans danger ses occupations, il faut se demander avec soin le motif de malaise que l'on a éprouvé ; il faut examiner sévèrement sa conduite passée, afin d'éviter qu'à l'avenir le même motif, venant à se renouveler, n'amène de semblables ou pires résultats. Il est impossible que cet examen, fait avec bonne volonté, n'indique point une réforme quelconque à établir dans ses habitudes de nourriture, de boissons, de travail ou de plaisir. La diète surtout, on ne saurait trop recommander la diète : Jamais, disait le célèbre Corvisard, jamais l'abstinence de nourriture n'a fait faire de progrès aux maladies. Les animaux sont à cet égard plus sages et plus prudents que nous ;

un animal qui souffre se couche, demande à boire et refuse de manger.

Nous recommandons en outre aux personnes que leur situation de fortune ne met point à même d'obtenir chez elles tous les soins médicaux qui leur sont nécessaires, de ne jamais balancer à se faire conduire dans un hôpital, de le demander même, de l'exiger au besoin. Pour les maladies un peu graves, le traitement dans les hôpitaux est infiniment supérieur à celui qu'on pourrait recevoir chez soi. Rien dans les hôpitaux ne se fait hors de la direction du médecin; rien n'est donné au malade sans la prescription ou la permission du médecin. Combien d'accidents déplorables ne seraient point arrivés sans le préjugé fatal qui fait considérer l'hôpital avec effroi, comme un lieu de honte et peut-être de supplice ! Le malade chez lui a des parents qui l'entourent; des commères, toujours à la piste des maladies, viennent s'asseoir à côté de son lit, et quand le médecin est sorti, après avoir écrit son ordonnance, parents et commères s'emparent de cette ordonnance, qu'ils commentent, réforment, ridiculisent à leur gré. Le médecin a défendu que l'on donnât à manger au malade. Le médecin est un ignorant, un scélérat, qui veut faire mourir le malade de faim.—Est-ce qu'on peut vivre sans manger? disent les commères. — Est-ce qu'il ne faut point prendre des forces pour supporter la maladie? disent les parents. — Les médecins ordonnent toujours plus qu'il ne faut faire; observer la moitié de ce qu'ils disent, c'est déjà bien assez ! — Un petit bouillon ne vous fera pas de mal; un verre de bon vin chaud, bien sucré ! c'est bon, cela ! cela ranime, cela réchauffe, cela coupe la fièvre. — Et le malade accepte avec joie ce qu'on lui donne; il boit du vin, il prend du bouillon, il mange et se trouve bien. — Il est guéri, dit-on. — Mais la nuit arrive; une horrible indigestion se déclare ; la fièvre augmente, le délire l'accompagne, et quand le médecin vient, le lendemain, observer les èffets de son ordonnance, il trouve une exaspération de symptômes qui l'étonne et confond toutes ses études. Il soupçonne une imprudence, il interroge, il demande avec sévérité ce qui s'est passé la veille. Les parents se taisent, ils n'oseraient désavouer leur désobéissance. Enfin le malade ainsi ballotté de contraires en contraires, tour à tour empoisonné par sa famille et désempoisonné par les médecins, succombe sous le poids des tendresses dont on l'accable, et ses parents disent partout ensuite que c'est le médecin qui l'a tué !

Il n'en est pas de même dans les hôpitaux. Là, le médecin est sûr de son fait ; il sait ce que l'on a donné au malade pendant son absence. Les hommes qui veillent àuprès des lits sont médecins eux-mêmes ou infirmiers ; ils ne donneraient pas une goutte de tisane, une cuillerée de potion au delà des doses prescrites, ni une minute avant l'heure indiquée : aussi la mortalité est-elle bien moins grande dans les hôpitaux que dans le monde, et les cas de guérisons prodigieuses, de cures inespérées, ne se troûvent-ils que dans les hôpitaux, à très-peu d'exceptions près.

Colique.

On a vu plus haut les renseignements de M. Lafargue, un de mes confrères, sur les moyens à employer pour faire cesser la *diarrhée*, signe précurseur de ces terribles maladies désignées sous les noms de *choléra, maladies jaunes, débâcles*, etc. Si la diarrhée jette quelquefois l'épouvante parmi les populations où déjà sévit un de ces redoutables fléaux, il est une autre affection à laquelle on fait ordinairement peu attention, mais qui n'en est pas moins dangereuse : c'est la colique, que je désignerai sous le nom de transes cholériques, parce qu'elle se fait sentir par des douleurs semblables aux mouvements saccadés d'un animal qui voudrait passer la tête à travers les tubes intestinaux. Et la colique peut se faire sentir des semaines, des mois entiers même, sans que la diarrhée se déclare. Il n'est donc pas moins important de combattre l'une et l'autre par des moyens prompts et rationnels. Je n'ai rien à dire sur la diarrhée ; mon honorable confrère a communiqué à ce sujet une recette à laquelle je donne tout mon assentiment. Je parlerai donc de la colique. La colique ! cette maladie qui, dans quelques heures, suffit pour mettre à bout une force herculéenne, je l'ai guérie ou tout au moins soulagée en peu d'heures par un moyen bien simple et bien peu dispendieux. Ce moyen consiste à coucher d'abord le patient sur le dos, la tête haute, et à tenir une bouteille d'eau bien chaude aux pieds; appliquer sur tout l'abdomen et sur l'estomac de fortes compresses imbibées d'eau sédative, qu'on renouvelle à chaque fois que la chaleur du mal a absorbé l'humidité des linges. Quelques heures après que le mal a cessé, on peut fort bien, si on le veut, s'administrer une petite dose d'huile de ricin ou de tout autre purgatif. Je pourrais aussi expliquer les causes ordinaires de la colique et les propriétés de l'eau sédative, et faire comprendre comment ce simple médicament peut amener en peu d'heures une guérison complète, mais je craindrais d'être trop long. D'ailleurs des hommes plus compétents que moi sur cette matière ont donné d'assez savantes dissertations sur le mal et sur le remède. Je me bornerai donc à répéter que j'ai vu les coliques les plus intenses guéries en peu d'heures par ce simple procédé ; je dis simple, car quel est le pays , si petit qu'il soit, où l'on ne puisse se procurer de l'eau sédative au prix minime de 50 centimes le litre ?

Cette préparation se conserve très-bien ; on peut toujours en avoir chez soi.

Cerfeuil.

On trouve cette plante dans tous nos jardins ; c'est une plante annuelle dont la culture est aussi utile qu'avantageuse. Peu de plantes, dit Mocquart, sont plus amies de l'estomac ; il semble convenir à tous les âges, à tous les tempéraments. Son emploi n'est pas borné à l'économie domestique ; les médecins s'en servent avec succès pour la guérison de diverses maladies. Doué d'une vertu stimulante modérée, il porte principalement son action sur les organes glanduleux, ce qui le rend fort utile dans les affections viscérales et dans les affections des voies urinaires. Il est recommandé dans les vices de l'appareil cutané par Plenck. Le professeur L. Rivière vantait son efficacité dans l'hydropisie. Biett en prescrit le suc dans les affections légères du foie, principalement dans l'ictère commençant. Pilé et appliqué sur les mamelles en forme de cataplasme, le cerfeuil est un anti-laiteux énergique, surtout si on l'unit aux feuilles d'aunes.

Préparations.

Infusion. 30 à 60 grammes par litre d'eau ou de petit lait.

Décoction. Mêmes proportions.

Suc dépuré. 50 à 100 grammes pris seul ou dans du petit lait.

Limaces.

C'est un ulcère situé entre les deux onglons du pied, et produit le plus souvent par la malpropreté des étables, ou par des graviers, ou autres corps irritants, logés entre les onglons.

La maladie commence par une inflammation de la peau qui se trouve entre les onglons, et par un gonflement dans cette partie. Bientôt cette peau blanchit, se couvre de crevasses, lorsqu'elles dégénèrent en ulcères à bords calleux, qui donnent lieu à une fièvre très-forte et à des souffrances telles, que l'animal ne peut s'appuyer sur son pied malade.

Ces ulcères sont difficiles à guérir. Il faut donc tâcher de prévenir leur formation par des cataplasmes émollients, tels que celui qu'on fera avec une décoction de deux poignées de feuilles de mauve et une poignée de farine de graine de lin. Lorsque l'inflammation est diminuée, on applique sur le mal des compresses imbibées d'extrait de saturne.

Si, malgré ces soins, la plaie arrivait à l'état d'ulcère, on la panserait avec de l'onguent égyptiac, qu'on remplacerait par des plumasseaux imbibés de teinture alcoolique d'aloès, lorsque la plaie se serait améliorée, c'est-à-dire lorsque les bords fongueux de l'ulcère et les chairs baveuses auraient été détruites par l'effet de l'onguent.

Lorsque les ulcères se sont étendus profondément, l'animal reste quelquefois boiteux après sa guérison.

Maladie des bois.

Cette maladie, que l'on nomme également *mal de brou*, est causée, à ce que l'on prétend, par les jeunes feuilles d'arbre, et particulièrement les bourgeons de chêne que les animaux broutent quelquefois au printemps.

C'est une affection très-grave ; quelle que soit sa cause, elle s'annonce par la fièvre, la constipation, la difficulté d'uriner, la rougeur des yeux, la sécheresse du mufle, l'abattement, une soif continuelle et la diminution du lait ; la rumination cesse, les excréments sont durs, glaireux et mêlés de stries sanguinolentes. Si la maladie ne s'amende pas; la dyssenterie se déclare ; l'animal peut à peine se tenir debout ; sa tête est basse, sa bouche écumante et ses yeux 'hagards. Son ventre est retroussé, sa peau froide est adhérente ; enfin il succombe du dixième ou vingtième jour.

La maladie des bois, qu'on classe parmi les gastro-entérites, peut-être prévenue en ne laissant aller les animaux aux bois que lorsqu'ils sont déjà à demi rassasiés à l'étable, en sorte qu'ils ne pourront manger avec excès les feuilles et les pousses, auxquelles on attribue généralement le mal de brou ; ensuite en les abreuvant d'eau blanche, à laquelle on ajoute une décoction de graine de lin ou de racine de guimauve, et en leur administrant des lavements adoucissants.

Si la maladie se déclare, les saignées sont indispensables, et l'on ajoute du vinaigre au breuvage n° 4. On continue les lavements émollients, et l'on tient l'animal à la diète. Un séton au poitrail devient utile lorsque la fièvre diminue et que l'état semble s'améliorer.

Le mal de brou attaque également les moutons et les chevaux, mais il sévit surtout sur l'espèce bovine.

Morsures d'animaux venimeux.

Nous allons comprendre dans cet article les morsures et les piqûres des animaux venimeux, car les piqûres même les plus microscopiques ne sont pas faites, par exemple, à l'aide d'un instrument analogue à une épingle. Les animaux qui piquent sont toujours pourvus d'un appareil plus ou moins compliqué qui rend la plaie irrégulière, ce qui serait facile à constater au moyen du microscope. Parmi les animaux, ceux qui font les piqûres les plus douloureuses sont les *abeilles*, les *guépes*, les *tarentules*, les *bourdons*, les *taons*, les *araignées de cave*, les *frelons* et les *cousins*. Voici maintenant ce qu'il y a à faire dès qu'on a été piqué par l'un d'eux :

Si l'aiguillon est dans la plaie, il faut d'abord l'extraire avec des pinces ; une loupe est nécessaire pour se diriger dans cette délicate opération. Puis on frottera les points enflammés avec un liniment composé de deux parties d'huile d'amande douce et d'une partie d'ammoniaque liquide. Si la rougeur, la douleur et l'enflure ne faisaient qu'augmenter, malgré l'application du liniment et l'extraction de l'aiguillon, il faudrait immédiatement faire procéder à la cautérisation par la pierre infernale ou le fer rouge.

La morsure du *scorpion* doit être traitée par les boissons ou potions calmantes (eau sucrée avec cinq ou six gouttes de laudanum de Sydenham), et par l'application sur la plaie de cataplasmes de graine de lin ou de mie de pain bouillie dans du lait, sur lesquels on versera de quatre à cinq gouttes d'ammoniaque liquide. Les accidents qui résultent de la morsure du scorpion cessent d'autant plus vite que les premiers soins ont été donnés plus promptement.

Les morsures des *serpents* et des *vipères* donnent lieu à de violents empoisonnements. Les crochets de ces reptiles inoculent un virus dans la plaie, et c'est ce virus qui détermine les accidents funestes dont on connaît tant d'exemples. Pour neutraliser les effets de la morsure, il faut agir à la fois à l'extérieur et à l'intérieur. Ainsi, on appliquera une ligature suffisamment serrée au-dessus de l'endroit où la morsure a été faite, afin d'empêcher le virus de pénétrer plus avant dans le corps. On fera saigner la plaie le plus possible. On pourra opérer ce dégorgement à l'aide de ventouses. Un verre à pied peut servir de ventouse. On l'applique sur la plaie de manière à interrompre toute communication entre l'air contenu dans le récipient et celui de l'extérieur. Avant l'application, on a mis le feu à de petits fragments de papier renfermés dans le verre, et c'est par leur combustion qu'il s'opère un vide qui permet au sang de sortir abondamment. Si la soustraction de sang n'est pas assez forte, on fait succéder les ventouses les unes aux autres ; et, pour la quantité à tirer, on doit se baser sur la distance qui s'est écoulée entre l'événement et le commencement du traitement. Cela fait, on cautérisera avec le fer rouge ou la pierre infernale. Voilà pour les soins extérieurs. Le traitement interne consiste à prendre des sudorifiques ; on adoptera, comme le plus simple et le plus actif de ces moyens, l'acétate d'ammoniaque, qu'on prendra à la dose d'une cuillerée à café dans un verre d'eau et de sucre. On répétera d'heure en heure cette prescription.

Choix des bœufs.

Le secret le plus sûr pour n'avoir que rarement recours à la médecine vétérinaire, c'est de choisir des animaux sains, aptes aux travaux auxquels on les destine, ou doués des propriétés qu'on est en droit d'exiger d'eux en retour du prix d'achat et des soins qu'ils coûtent. Recourir à la médecine, c'est avouer qu'il y a maladie, et la maladie est, pour les gens comme pour les bêtes, chose à éviter.

Que l'agriculteur fasse donc un bon choix.

La couleur du poil est un des principaux caractères auxquels on apprécie les qualités d'un bœuf. Un bœuf à poil noir est toujours bon, mais à la condition d'avoir quelques parties blanches, soit aux pieds, soit à la tête. Lorsqu'il est uniformément noir dans toutes les parties du corps, il est ordinairement lourd et nonchalant. Le bœuf à poil rouge ou roux est le meilleur de tous : cette couleur est l'indice d'un tempérament bilieux et ardent. On conçoit combien les qualités inhérentes à ce tempérament sont précieuses chez un animal qui par nature est, comme tout le monde sait, lent et flegmatique. Le bœuf à poil bai participe des qualités du précédent, mais à un moindre degré ; en revanche, s'il est plus lent et moins ardent au travail, il jouit ordinairement d'une plus grande longévité. Le poil moucheté, qui correspond au pommelé des chevaux, indique un tempérament mou et flegmatique, qui rend le bœuf impropre au travail ; mais il se charge de chair avec une grande facilité ; aussi est-ce celui que l'on choisit de préférence pour l'engrais. Le bœuf blanc est exclusivement propre à l'engrais. Les bœufs bruns et gris sont ceux que l'on doit le moins rechercher.

Age.

Les bœufs doivent être pris jeunes pour le labourage. Ils commencent à rendre de bons services à trois ans ; passé dix ans, ils ne sont bons qu'à l'engrais.

Choix des vaches.

Le choix d'une vache doit être subordonné à sa double destination : faire du bon lait et avoir beaucoup de veaux. Aussi les qualités qu'on recherche en elle diffèrent-elles de celles du bœuf ; c'est moins la force qu'on doit consulter que l'embonpoint et le tempérament. Voici les caractères que l'on assigne à une bonne vache laitière : elle doit avoir le corsage grand, le ventre gros, le front large, les yeux noirs et ouverts, les cornes belles, polies et brunes, les oreilles velues, les mâchoires serrées, le fanon grand, ainsi que la queue, la corne du pied petite et les jambes courtes. Mais c'est surtout à l'âge, à l'embonpoint, à l'œil, à la conformation du pis et des trayons, et à la constitution de son lait, qu'il faut apporter la plus grande attention. Elle doit être jeune ; au delà de dix ans, elle n'est bonne que pour l'engrais. Son œil doit être vif. Elle doit avoir le pis gros et grand, les trayons gros et longs. Son lait doit être épais, crémeux et pas trop blanc. Quant à son poil, il doit être court et doux. Les vaches qui ont le poil d'un noir moucheté ou tout à fait noir passent pour fournir le meilleur lait. Les blanches en donnent une plus grande quantité, mais il est moins riche en matière butyreuse. Les rouges ont plus de force, mais elles sont moins bonnes lai-tières, et plus propres au tirage.

On prendra en grande considération le pays d'où viennent les vaches. Celles des pays froids et humides sont beaucoup plus grosses que celles des pays chauds, mais, en revanche, celles-ci sont beaucoup plus fortes et plus vivaces. Les meilleures de toutes sont les vaches dites *flandrines*, venant des Indes ; elles donnent une fois plus de lait ou de beurre que les vaches communes de France. On ne les élève que dans les pays à pâturage gras et abondant, comme la Bretagne et la Normandie. Elles se distinguent des vaches communes par une taille plus élevée et moins d'embon-point. Elles sont d'autant plus recherchées, qu'en ne con-sommant pas plus de nourriture que les autres, elles don-nent un produit beaucoup plus riche.

Maladies des bêtes à cornes.

Le plus grand nombre des maladies des bêtes à cornes a pour origine l'excès de travail, ou le travail en temps inop-portun, pendant les grands froids ou les fortes chaleurs, les temps pluvieux, etc. Ces maladies se reconnaissent, en général, indépendamment des caractères propres à chacune d'elles en particulier, et que nous allons énumérer, à l'aspect triste et morne des yeux, à l'abattement, à la lenteur des mouvements et au dégoût pour les aliments.

Voici quelles sont les principales maladies dont ces animaux peuvent être atteints, et les moyens à leur opposer :

Avant-cœur ou *an-cœur*. Tumeur qui fait saillie sur le poitrail ; elle est accompagnée de tristesse, de lourdeur dans les mouvements ; les yeux sont inanimés, le cou est penché, le poil hérissé ; la bouche est pleine de salive ; dégoût, défaillance.

Le traitement consiste à piquer la tumeur à deux ou trois endroits, et à y introduire un morceau très-mince de racine d'ellébore ; frotter le mal avec du beurre frais, de l'onguent d'althæa et de l'huile de laurier. Donner à l'intérieur un verre de gros vin avec 5 grammes de thériaque.

Les vers chez les enfants.

L'aigreur du lait et la poussée des dents sont deux grandes causes des maux des enfants : il y en a une troisième, les vers, qui leur fait aussi très-souvent du mal, mais qui n'est point cependant, à beaucoup près, la cause générale de leurs maux, comme on est généralement porté à le croire, dès qu'on voit un enfant au-dessus de deux ans malade. Il y a un grand nombre de symptômes qui font juger qu'un enfant a des vers ; il n'y en a qu'un seul, c'est leur sortie par haut ou par bas, qui le démontre évidemment. Il y a d'ailleurs à cet égard beaucoup de variétés, quelques enfants ayant beaucoup de vers sans en être incommodés, d'autres étant réellement malades avec un petit nombre.

Les vers nuisent : 1° en obstruant les intestins, et en comprimant les parties voisines par leur volume ; 2° en suçant le chyle destiné à nourrir le malade, et le privant par là même de sa subsistance ; 3° en irritant les intestins et même en les rongeant.

Les signes qui font croire qu'il y en a sont de légères coliques, fréquentes et irrégulières, une abondance de salive à jeun, une odeur désagréable d'une espèce singulière dans l'haleine, surtout le matin, des démangeaisons dans les narines, qui font qu'ils les grattent souvent, quelquefois un appétit vorace, d'autres fois point du tout, des maux de cœur, des vomissements, quelquefois de la constipation, plus souvent une diarrhée de matières mal cuites, le ventre assez gros, le reste du corps maigre, une soif que la boisson ne diminue pas, souvent beaucoup de faiblesse, de la tristesse ; le visage est assez ordinairement mauvais, et change d'un quart d'heure à l'autre ; les yeux sont souvent éteints, entourés d'un cercle livide ; on en voit souvent le blanc pendant le temps du sommeil, qui est accompagné de rêves effrayants, de sursauts continuels, de grincements de dents. Quelques enfants sont dans l'impossibilité d'être un seul moment tranquilles. Les urines sont souvent blanches ; je les ai vues comme du lait. Ils ont des palpitations, des évanouissements, des convulsions, des assoupissements longs et profonds, des sueurs froides tout à coup, des fièvres qui ont des caractères de malignité, des pertes de vue et de voix qui durent longtemps, des paralysies ou des mains, ou des bras, ou des jambes, des engourdissements ; les gencives sont en mauvais état, et comme rongées ; ils ont souvent le hoquet, le pouls petit et irrégulier, des rêveries, et, ce qui est un des symptômes les moins équivoques, fréquemment une petite toux sèche, souvent une espèce de mucosité dans les selles, quelquefois de très-longues et violentes coliques, qui sont les suites de l'inflammation que les vers occasionnent dans quelques parties des intestins, qui se termine quelquefois par un abcès à l'extérieur du ventre, dont il sort des vers qui ont percé les intestins.

L'on a une foule de remèdes pour les vers. La *grenette* ou *semen-contra*, qui est un des plus ordinaires, est très-bon. Quand, malgré les remèdes, les vers subsistent, il convient de consulter quelqu'un pour en employer de plus efficaces ; ce qui est très-important, puisque, quoique peut-être la moitié des enfants ait des vers, et que plusieurs se portent très-bien, il y en a cependant que les vers tuent très-réellement, après leur avoir fait des maux cruels pendant plusieurs années.

Cette disposition à avoir des vers prouve toujours des digestions imparfaites ; ainsi il faut éviter de donner aux enfants qui sont dans ce cas des choses difficiles à digérer. Il faut surtout bien se garder de leur donner comme remède des huiles, qui, supposé même qu'elles détruisissent quelques vers d'abord, augmentent la cause qui lui en laisse reproduire de nouveaux. Un long usage de limaille de fer est ce qui détruit le mieux cette disposition vermineuse.

Ladrerie des cochons.

On s'aperçoit de la ladrerie ou lèpre du cochon quand il est lourd et pesant ; sa langue et sa gorge sont chargées de petites pustules ; la racine de ses soies est sanglante. Il faut séparer l'animal attaqué de la ladrerie des autres cochons, lui donner de bonne paille fraîche, le saigner sous la queue, le baigner souvent en eau claire, et le nourrir avec l'eau et du son mêlés avec du marc de vin.

Remède infaillible contre la faiblesse d'estomac.

Le remède le plus efficace, le remède souverain à l'aide duquel on peut combattre les faiblesses d'estomac qui ne tiennent à aucune cause inflammatoire, consiste à prendre, le matin, un œuf de poule frais, cru, délayé dans un bon verre de vin. On répète ce remède pendant plusieurs jours, et bientôt la faiblesse disparaît complétement, et l'estomac recouvre sa force et reprend ses fonctions.

Remède contre la rage.

Toute personne mordue par un animal enragé, ou soupçonné comme tel, devra, à l'instant même, presser sa blessure dans tous les sens, afin d'en faire sortir le sang et la bave.

On lavera ensuite cette blessure soit avec de l'alcali volatil étendu d'eau, soit avec de l'eau de lessive, ou de l'eau de chaux, de savon, de l'eau salée, et, à défaut, avec de l'eau pure ou même avec de l'urine.

On fera ensuite chauffer *à blanc* un morceau de fer que l'on appliquera profondément sur la blessure.

Ces moyens, bien employés, suffiront pour écarter toute espèce de danger : toutes les fois qu'ils pourront être administrés par un homme de l'art, il y aura avantage pour la personne mordue, et, dans tous les cas, il sera nécessaire d'en appeler un, même après l'emploi de ces moyens, attendu qu'il pourra seul bien apprécier la profondeur des blessures, et qu'une cautérisation qui aurait été incomplétement faite serait sans efficacité.

On ne saurait trop rappeler au public le danger qui existe dans l'usage de prétendus spécifiques que vendent et distribuent les charlatans. On ne connaît, jusqu'à ce jour, de préservatif certain contre la rage que la cautérisation suivie d'un traitement local et convenable.

Saignement de nez.

On a imaginé, pour arrêter l'écoulement du sang par le nez, quand il devient inquiétant, un grand nombre de moyens qu'on emploie avec plus ou moins de succès. Parmi tous ces moyens, un des plus efficaces consiste à élever les bras en haut et à les maintenir parallèlement dans cette position : il paraît que cette position provoque dans les muscles du cou des contractions qui diminuent l'afflux du sang dans la tête.

Indigestion.

Trop souvent, lorsqu'on est attaqué d'une indigestion, on a recours aux liqueurs spiritueuses et même à l'eau-de-vie, qui a précisément les propriétés contraires au but qu'on se propose. Le meilleur remède et, en même temps, le plus simple est de boire beaucoup d'eau tiède, pour exciter le vomissement, surtout dans le cas où l'indigestion a été causée par suite d'aliments ingérés en trop, grande quantité dans l'estomac. On peut boire ensuite du thé légèrement sucré.

Si l'indigestion est causée par une faiblesse d'estomac, il faut alors employer des moyens pour faciliter le passage des aliments jusque dans les intestins. Ici le meilleur remède consiste à boire de l'eau bouillie, — l'eau bouillie ne fait pas vomir, — dans laquelle on verse une très-petite quantité d'eau-de-vie.

Piqûre de mouche causant la mort.

Une mouche ordinaire peut donner la mort à un homme.

et cela presque instantanément, à l'époque des **fortes** chaleurs. La moindre négligence dans l'application d'un remède efficace laisse échapper tout espoir de guérison. Un terrible exemple ne le prouve que trop.

M. Gouault, ancien avoué, employé au greffe du tribunal de première instance de Bourges, rentrait un soir, après son travail, à son domicile ; chemin faisant, il fut piqué au-dessus de la lèvre supérieure ; il n'y prit pas garde ; cependant, les souffrances devenant intolérables, force fut d'envoyer chercher un médecin. Mais déjà le mal avait fait si grand chemin, qu'il était incurable lorsque les secours arrivèrent. Le lendemain, M. Gouault expirait dans d'atroces douleurs.

Nous ne saurions trop recommander de prendre des précautions, et, en cas de piqûre, de recourir vite à la science du médecin, ou, s'il est éloigné, aux remèdes du moins que l'on peut avoir sous la main ; car il en est plusieurs et de fort efficaces.

Presser la petite plaie en tous sens pour en faire sortir le virus ; laver ensuite, non avec de l'eau seulement, mais avec de l'urine d'un homme sain, si l'on n'a pas d'ammoniaque liquide ; enfin, s'il n'y a danger de laisser une cicatrice ou d'attaquer un vaisseau ou une artère, au besoin, cicatriser au fer rouge. — Si l'on n'ose par frayeur, ou maladresse, ou prudence, prendre au moins les précautions déjà indiquées, en attendant l'homme de l'art, dont la science est la vraie garantie de guérison ; mais, nous le répétons, la négligence est funeste.

Pou de porc.

Quelquefois les porcs sont couverts de poux, ce qui les force à se frotter contre les murs et à oublier même de manger pour se garantir de la démangeaison qui les tourmente; alors ils maigrissent sensiblement. Il ne faut pas attendre que l'animal soit accablé par cette vermine pour la détruire; il faut faire bouillir de la graine de staphis et en laver fortement le porc; les poux meurent, et l'animal reprend sa tranquillité.

Pou des bêtes à laine.

Faites fondre ensemble du camphre, de la fleur de soufre, de la cire; frottez-en la brebis trois ou quatre fois, et lavez-la dans l'eau nette.

La pépie.

La pépie est une maladie des poules et des oiseaux à langue pointue. — Elle se manifeste par une pellicule blanche, tirant un peu sur le jaune, qui entoure le bout de la langue. Cette pellicule empêche les poules de boire et de chanter. Elles mangent peu et avec beaucoup de peine. Il faut lever cette pellicule, et avoir la précaution, après cette opération, de leur faire avaler un peu de vin ou de cidre.

Procédé nouveau contre le croup.

La trachéotomie, ouverture faite au bistouri aux bronches, vaisseaux de la trachée-artère qui distribuent l'air aux poumons, est considérée comme seul procédé efficace. Mais, si le mal est mortel, ce remède est affreux pour les mères; le médecin lui-même peut hésiter devant l'effroi des parents, et cependant la mort saisit sa victime. Un praticien éprouvé de Montmartre, M. Loiseau, a trouvé un procédé qui peut, dans certains cas, dispenser de l'opération sanglante, et ce procédé a été l'objet d'un rapport de M. Trousseau à l'Académie de médecine, dont les conclusions ont été des remercîments à l'auteur, et le renvoi du mémoire au comité de publication.

Il consiste à introduire par la bouche dans le larynx, dont l'épiglotte est soulevée par le doigt indicateur gauche armé d'un anneau métallique, un tube laryngien en argent, de grosseur variable selon l'âge, qui permet d'introduire à l'intérieur les agents curatifs convenables, substances liquides, pulvérulentes, caustiques, etc. L'auteur a obtenu ainsi de notables succès.

Mélilot (trèfle de cheval; Merlicot).

Cette plante croît dans les prés et le long des haies; elle acquiert, en séchant, une odeur assez agréable. On a vanté son efficacité contre la colique, les vents et la dyssenterie. On a préconisé le succès de son infusion contre les douleurs de l'utérus et l'inflammation de cet organe (*Flore médicale*). L'infusion des fleurs est bonne en compresse sur les yeux contre les inflammations des paupières; appliquée en cataplasme, elle adoucit et résout les agglomérations du sang dans les douleurs locales.

Infusion : 15 à 30 grammes par litre d'eau.

Décoction : on applique le mélilot cuit en cataplasme, et l'on se sert de sa décoction en fomentations.

Eau distillée : employée pour collyre.

Les bains de mer préservent de la rage.

On ignore généralement qu'on a sous la main un remède à bien des maux. Un avantage obtenu fait oublier d'autres avantages qu'on avait obtenus dans la même voie. Voici ce que dit l'histoire :

« Il y a deux siècles, le traitement marin n'était guère employé que dans les cas d'hydrophobie. »

Vous ne songez guère à cela, aimable troupe qui vous pressez aux bains de mer! Toute autre accusaticn vous eût semblé moins inconvenante que celle-là? Et vous, homœopathes, quelle bonne fortune! jeter à l'eau pour les guérir ceux-là mêmes qui ont horreur de l'eau! — Car, soit dit pour les gens qui ne savent pas le grec, et il y en a encore quelques-uns, *hydrophobe* désigne qui a horreur de l'eau, et *homœopathe*, qui guérit la souffrance, le mal, par un mal semblable. Il est vrai que... *qui guérit* n'est pas compris dans le mot étymologique. Mais enfin voici le fait que conte le savant Thomas Burnet :

« C'est la coutume, écrivait-il en 1691, d'envoyer à la mer ceux qui ont été mordus par des chiens enragés, pour être plongés trois fois au commencement de la morsure.. » Ce qui signifie, peu de temps après avoir été mordus ; et il cite un enfant de Delpt guéri par ce moyen. Ce médecin ordinaire du roi de la Grande-Bretagne, avait, il est vrai, ajouté, par précaution, au traitement marin la scarification avec application de ventouses *à beaucoup de flammes*, dit-il.

Belmont Joann raconte aussi une expérience semblable. C'était à bord d'un navire qui fut envoyé à un mille au large ; là, fut plongé à la mer un vieillard enragé. « On l'avait attaché au bout d'une vergue ; il fut précipité une première fois dans l'eau, où on le laissa l'espace d'un *Miserere*, » puis deux autres fois « pendant l'espace d'un *Ave, Maria*. » Ce qui fait aussi trois immersions ; et le narrateur ajoute : « On le hissa à bord, où il fut couché sur le dos. Je croyois qu'il fust mort, et qu'on se mocquoit de moy ; mais d'abord qu'il fut délié, il commença à rejeter ce qu'il avoit bu, il revint aussitôt, et bien guéri de sa rage. » Est-ce que l'émotion ajouterait aux mystérieux pouvoirs de l'eau de mer?

Toujours est-il que la première maison de bains à Dieppe porta d'abord le nom de *Maison de santé*, un de ces noms modestes qui taisent la moitié de la chose. C'est maintenant un immense bâtiment, inauguré pompeusement il y a quelques années, qui, après quatre-vingts ans à peine, a succédé à l'humble asile, et qui reçoit par centaines et milliers les baigneurs d'élite, ne se doutant guère qu'ils remplacent là... des enragés. Progrès, Messieurs, n'est-ce pas vrai?

Mal aux sabots des bœufs.

Les sabots des bœufs qui marchent sans être ferrés sur des terrains pierreux s'usent et se déchirent à ce point que les feuillets de chair de la muraille et de la sole sont quelquefois mis à découvert.

Traitement. — Enlever les parties déchirées, bien laver et nettoyer les plaies, les couvrir ensuite de compresses imbibées d'eau-de-vie et maintenues par un bandage ; substituer à l'eau-de-vie la teinture d'aloès, si les plaies donnent une mauvaise suppuration.

La chute complète du sabot a lieu quelquefois en voyage ; alors il faut abattre le bœuf, car la guérison pourrait être longue.

Migraine, maux de dents, saignements de nez, panaris.

Migraine. — Êtes-vous sujet à ces désespérantes *migraines* qui résistent à tout? procurez-vous du camphre en poudre, renfermez-en une petite pincée dans un morceau de mousseline, mettez cela dans votre oreille, de chaque côté. Il est rare que la migraine résiste.

Mal de dents. — Les *dents* vous font-elles souffrir? et Dieu sait comme elles torturent quand elles s'en mêlent! eh bien, la douleur la plus cruelle cessera à l'instant, ou du moins dans le plus grand nombre de cas, si vous in-

troduisez dans votre oreille, du côté malade, un bourrelet
de coton ouaté, imbibé d'une ou deux gouttes de chloro-
forme. Je répète une ou deux gouttes, car cela produit de
la chaleur, mais une chaleur supportable.

Saignements de nez. — Êtes-vous sujet aux *saignements de nez*? trempez dans du suc d'orties une poignée
de charpie, et tenez-la fortement sous les narines ; l'hémorragie n'y résistera pas.

Les *panaris*, ces foyers de douleur, disparaissent en
moins de trois jours par le traitement suivant :

Prenez un oignon blanc, faites-le cuire au feu (sous la
cendre), coupez-le en deux, tout chaud, et entourez-en
tout le mal. Renouvelez l'opération deux fois par jour.

L'eau salée contre les vers.

Il y a plus de 150 ans que Baglivi a observé que chez
les personnes, les enfants surtout, attaqués par les vers,
ceux-ci remontaient jusque vers l'œsophage et menaçaient
d'une suffocation. Dans cet instant décisif, le meilleur remède, selon ce célèbre médecin, consiste dans l'emploi de
l'eau fortement salée. Le sel fait périr les vers, s'il les
touche, sur la terre ; de là le même effet dans le corps des
enfants.

Sel marin comme condiment pour les animaux.

Voici, selon M. Barral, les proportions du sel à donner
aux animaux comme condiment ; on le donne toujours
mélangé aux aliments :

Bœuf.	30 à 115	gram. par jour.
Porc.	6 à 16	—
Cheval.	75 à 185	—
Mouton.	6 à 7	—

Voici maintenant les proportions recommandées par
l'administration dans ses circulaires :

Bœuf de travail. . .	60 gram. par jour.
Vache laitière. . . .	60 —
Bœuf d'engrais. . .	80 à 150 —
Veau d'un an. . .	30 à 40 —
Porc d'engrais. . .	30 à 60 —
Cheval et mulet. . .	30 —
Mouton.	1 1|2 à 2 —

Disons en passant, ce que d'ailleurs tout le monde sait aussi bien que nous, que c'est au sel marin que sont dues et l'abondance des pâturages des bords de la mer, et les qualités si précieuses des fourrages des prés salés.

Eau sédative.

L'eau sédative, comme l'indique son étymologie *(sedare)*, calme les douleurs quelquefois les plus invétérées et devenues chroniques, c'est-à-dire habituelles. Rhumatismes, obstructions des vaisseaux sanguins, fièvres, inflammations, apoplexie, palpitations de cœur, enflure des membres avec rougeur, éruptions cutanées et érysipélantes, piqûre de serpents et d'insectes qui infiltrent dans le sang un poison acide, etc., trouvent dans l'eau sédative un remède radical souvent, et toujours un soulagement presque instantané.

On peut fort bien, sans être sceptique, ne pas voir dans le camphre ou l'aloès une panacée qui va guérir tous les maux depuis Cadix jusqu'à Chandernagor. Il ne faut pas non plus, parce qu'une mode avait tout exagéré, par un retour contraire, ne plus croire à l'efficacité d'une découverte sérieuse. Le vrai est souvent entre deux excès. Ainsi doit-on accueillir, avec une profonde reconnaissance pour l'inventeur, une eau qui, dans une foule de cas, ôte la douleur comme avec la main, et qui est si facile à composer, si peu coûteuse. Nous croyons donc, et nous croyons d'après expérience personnelle, être dans le vrai et mettre sur la voïe de l'utile, en indiquant ici, d'après l'auteur que nous laissons parler : 1° les formules, 2° l'application, 3° l'explication théorique de l'action de l'eau sédative.

Formules. — 1re formule, ou eau sédative ordinaire :

Ammoniaque liquide à 22° B.,	60	grammes.
Alcool camphré,	10	
Sel de cuisine (*autrement dit sel gris, sel marin*) (1),	30	grammes.
Eau ordinaire,	1	litre.

2e formule, ou eau sédative moyenne :

Ammoniaque liquide à 22° B.,	80	grammes.
Alcool camphré,	10	—
Sel de cuisine,	30	—
Eau ordinaire,	1	litre.

3e formule, ou eau sédative très-forte :

Ammoniaque liquide à 22° B.,	100	grammes.
Alcool camphré,	10	—
Sel de cuisine,	30	—
Eau ordinaire,	1	litre.

N. B. Si l'on tenait à dissimuler l'odeur de l'eau sédative, on pourrait y ajouter une quantité suffisante d'essence de rose, ou toute autre essence. Mais, en général, le malade, qui trouve excellent tout ce qui le soulage, sait se passer de cette superfluité.

Manière de préparer cette eau. — On verse, d'un côté, l'alcool camphré dans la quantité prescrite d'ammoniaque liquide ; on bouche avec soin, on agite le flacon, et on laisse reposer un instant le mélange. D'un autre côté, on fait fondre le sel de cuisine dans la quantité voulue

---

(1) Le sel, à la dose de 60 grammes, rendrait cette eau plus active, mais laisserait sur la peau une efflorescence désagréable.

d'eau ordinaire , en ayant la précaution d'y verser quelques gouttes d'ammoniaque liquide ; on laisse déposer les impuretés du sel, et quand, le sel étant entièrement fondu , l'eau est redevenue limpide, on la décante doucement, c'est-à-dire on en prend la quantité qui est claire, ou on la filtre à travers le papier joseph. On y verse vivement ensuite l'ammoniaque camphrée, on bouche et l'on agite ; l'eau est dès lors bonne à servir. On a soin de la conserver toujours bien bouchée.

Voici la manière la plus expéditive de préparer l'eau sédative ordinaire , sans avoir recours à la rigueur de la balance pour en peser les ingrédients. On laisse dissoudre et déposer une poignée de sel de cuisine dans un verre à boire ordinaire rempli d'eau. Quand cette opération est achevée, et que l'eau a repris sa limpidité , on verse deux petits verres à liqueur pleins d'ammoniaque dans une bouteille d'un litre, puis un demi-petit verre à liqueur d'alcool camphré ; on agite la bouteille après l'avoir bouchée. On y mêle ensuite le verre d'eau salée tout entier ; on agite encore et l'on achève de remplir la bouteille d'eau ordinaire.

Si l'on avait à sa disposition un vase plus grand , et qu'on voulût se faire une provision plus considérable d'eau sédative, on verserait dans ce vase un verre à boire d'eau saturée de sel de cuisine, un verre à boire plein d'ammoniaque camphrée , puis enfin seize verres d'eau ordinaire.

N. B. Quand l'eau sédative est préparée avec tous les soins de propreté indiqués ci-dessus, elle n'en laisse pas moins déposer une poudre blanche qui est une savonule de camphe et d'ammoniaque. Ce dépôt n'est point inutile, et l'on a soin de bien agiter la bouteille chaque fois que l'on veut s'en servir, afin de répartir également ce savonule dans le liquide,

Lorsqu'on a de l'eau salée toute prête à sa disposition, la confection de l'eau sédative ne dure pas une minute.

La salseparcille (laiche-sable).

Cette plante en décoction est un dépuratif très-bon pour les sangs scrofuleux et vénériens ; infusée dans du vin rouge et bue le matin à jeun, elle facilite la menstruation. (Cahagnet.) On l'emploie dans le traitement des maladies syphilitiques. Buchan affirme avoir guéri plusieurs maladies vénériennes avec la seule décoction de la salsepareille.

Préparation.

Décoction : 3 onces pour un litre et demi d'eau, réduit à un litre, que l'on fait prendre par verre dans l'espace de vingt-quatre heures.

Corps étranger absorbé par un ruminant.

Quand les récoltes de pommes de terre ont lieu, on laisse assez souvent les bœufs libres, et ils profitent de leur liberté trop souvent pour se rendre malades, n'étant pas plus sages en cela que beaucoup d'hommes affranchis pour un jour de leurs durs et ennuyeux travaux. Nous croyons devoir emprunter au *Cultivateur vétérinaire* de M. Henri Arrault l'indication des soins à donner :

« Les ruminants sont ordinairement voraces et avalent des corps volumineux, comme, par exemple, une grosse pomme de terre ou une racine crue qui, arrêtées dans l'œsophage, le distendent, compriment la trachée, interceptent l'air, et déterminent une véritable asphyxie.

» *Traitement.* — Si le corps est rond, sans aspérités et résistant, et si la respiration n'est pas complétement supprimée, on opère de bas en haut des pressions légères, modérées, pour faire remonter le corps étranger.

» S'il s'agit d'une pomme de terre ou d'une racine cuite, on cherche à l'écraser par des pressions de haut en bas. puis à la faire tomber dans l'estomac.

» Si ces moyens sont insuffisants, on cherche alors à refouler le corps étranger en exerçant une pression directe sur lui à l'aide d'une baguette flexible, ronde à son extrémité et garnie d'étoupe ou de linge, afin d'éviter le déchirement de la membrane œsophagienne.

» Enfin, si ce dernier moyen est sans succès, l'ouverture de l'œsophage est indispensable.

» Si le vétérinaire n'est pas là, et si la respiration est complétement supprimée, si la suffocation est imminente, le cultivateur ne doit pas hésiter, il doit faire lui-même l'opération.

» Il arrivera de deux choses l'une : ou l'incision sera bien réussie, et à son arrivée le vétérinaire conduira à bonne fin l'opération commencée ; ou bien encore elle aura été mal faite, et alors l'on abattra l'animal, et sa chair restera ainsi dans la condition d'une bonne vente, ce qui n'arriverait pas si l'animal périssait.

» Pour éviter ce danger aux animaux, il est prudent de ne leur donner que des racines coupées.

» Si on surprend un animal mangeant à même un tas de racines, il faut bien se garder de l'effrayer ; il faut, au contraire, le chasser doucement pour lui donner le temps de broyer la racine qu'il a dans la bouche ; autrement, la frayeur et la surprise pourraient la lui faire avaler tout entière, et conséquemment amener l'accident dont nous venons de parler. »

Tonte de chevaux.

Des hygiénistes recommandent de s'abstenir de la tonte, et ils s'appuient sur cette opinion que, si la nature, en bonne mère, a donné au cheval un poil d'hiver, c'est assurément pour le garantir du froid et le soustraire à tous ses inconvénients.

D'autres, au contraire, prétendent que cette opération est très-favorable au cheval, et nous sommes de leur avis.

Voici leurs raisons, qui nous paraissent péremptoires :

La peau étant le siége de sécrétions continuelles ayant pour objet d'entraîner au dehors des matières inutiles et même dangereuses si elles restent dans l'économie, il est donc nécessaire d'entretenir constamment ces importantes fonctions, et de maintenir entre les sécrétions internes et externes un équilibre sans lequel la santé ne peut exister.

Non-seulement l'expérience a prouvé de quelle importance était le maintien en activité des fonctions cutanées, mais elle a prouvé aussi que, si ces dernières ne pouvaient être supprimées, ni même diminuées sans danger, il ne fallait pas non plus qu'elles fussent trop abondantes, parce qu'alors elles affaiblissaient les animaux, et les rendaient par conséquent plus sensible aux causes morbifiques dont ils sont constamment entourés.

Les exciter chez les uns, les modérer chez les autres, et les tenir constamment dans un état convenable... tel est le but auquel doit tendre sans cesse le vétérinaire hygiéniste.

A cet effet, la tonte est le moyen le plus puissant qu'il ait en son pouvoir. Aussi est-elle mise en usage dans beaucoup de contrées, et notamment dans le Midi, où elle est connue de temps immémorial et pratiquée, non pas, comme le pensent quelques personnes, dans le but de rendre le pansage plus facile, mais bien dans l'intention d'éviter des accidents et de procurer aux animaux un soulagement rendu plus sensible pour quiconque veut se donner la peine d'observer. Pour ceux-ci, il n'est pas douteux que la tonte ne soit favorable à tous les chevaux, *les malades exceptés*, et qu'elle ne soit surtout d'une très-grande utilité quand elle est pratiquée sur des animaux mous, peu énergiques, transpirant facilement, et dont les poils sont longs, touffus, serrés et comme feutrés.

Manière de faire la tonte. — Soulever les poils à l'aide d'un peigne en laiton, les couper avec des ciseaux légèrement courbes ; brûler, avec une étoupe imbibée d'alcool et fixée par une baguette, les poils échappés à l'action des ciseaux, couvrir les animaux pendant les cinq ou six jours qui suivent la tonte.

Epoque où elle doit se faire. — En septembre et octobre, c'est-à-dire à l'époque où le poil d'hiver commence à se montrer.

L'avortement.

Accouchement prématuré. — Il arrive avant le onzième mois dans la jument, avant le neuvième dans la vache, et avant le sixième chez la brebis.

Les exercices violents, les chutes, les sauts, les coups sous le ventre, la mauvaise nourriture, la peur et l'effroi l'occasionnent.

La jument et la vache avortent ordinairement sans danger. Quand la sortie du fœtus est difficile, il faut saigner l'animal, s'il y a abondance de sang ; lui extraire les matières contenues dans l'intestin rectum, et lui donner quelques lavements émollients, dans la vue d'opérer le relâchement de l'orifice de la matrice. On peut aussi frictionner les reins et le ventre avec de l'eau-de-vie chaude. Lorsque la bête a mis bas, il est à propos de lui donner un peu de vin, du son humecté, du foin bien choisi et beaucoup d'eau blanche. La brebis avorte plus souvent ; elle demande d'être nourrie de la même manière, et de rester tranquille dans la bergerie pendant quatre ou cinq jours, et à l'abri de tout courant d'air ; après quoi, on la remet à la nourriture ordinaire.

Écorchures et contusions.

Les contusions et écorchures que les traits et colliers causent aux attelages surchargés de travaux, au commencement du printemps, sont des plaies douloureuses et qui peuvent s'envenimer. Pour guérir vite, il suffit de les imbiber plusieurs fois par jour avec une compresse trempée dans du fiel de porc ; plus le fiel est vieux, plus il a d'énergie. C'est un journal sérieux qui donne cette recette.

Le hoquet.

Le hoquet, par sa persistance, devient parfois très-fatigant, surtout chez les enfants. Il est un moyen simple et efficace de le combattre : ce n'est point en retenant son haleine, ni en récitant une série de mots sans reprendre haleine. La cause est à combattre et gît dans une mauvaise digestion ou dans l'absorption trop prompte d'un aliment. Aidez à la digestion en avalant deux ou trois grains de gros sel de cuisine, ou croquez un morceau de sucre. Il est rare que le hoquet résiste à l'un ou à l'autre de ces deux moyens.

Cataplasme de farine de riz contre les inflammations.

Contre toute espèce d'inflammation causée par un accident venu du dehors, tel que coup, piqûre, introduction dans le tissu cutané, dans les yeux, d'un corps étranger

ou d'une liqueur corrosive, etc., appliquez comme souverain remède, non-seulement connu par l'expérience jour-
nalière, mais approuvé par des praticiens distingués,
appliquez tiède un cataplasme de farine de riz, compacte
comme un cataplasme de farine de lin.

Pour cela, prenez une poignée de beau riz en grain, et
non pas acheté moulu. Dans celui-ci, il peut se trouver,
même à l'insu du vendeur, de la semoule, du sable blanc,
des farines avariées, du plâtre ou de la chaux. Notez bien
cela ; car il est d'usage parmi les acteurs, et surtout parmi
les actrices, de se blanchir avant d'entrer en scène. Dans
cette farine de riz dont ils se servent, et qu'on pourrait
vous remettre, il peut se trouver du blanc de plomb et
même du bleu de Prusse, c'est-à-dire des poisons. Faites
vous-même votre farine de riz en la broyant dans un
moulin à café, mais non dans un moulin à poivre ; écrasez
le riz, si vous le pouvez, dans un pilon en fer, mais non
en pierre ou sous un morceau de pierre, parce que le riz
est dur et pourrait enlever des molécules de pierre qui
blesseraient la partie malade. Passez à un tamis très-fin
la farine de riz ; broyez et passez plutôt deux fois. Que la
farine de riz mouillée soit appliquée sur l'inflammation,
après avoir été étendue sur un linge bien propre. C'est un
calmant qui ôte la douleur et prévient la suppuration ; par
conséquent, il ne devrait pas être appliqué là où la suppuration est nécessaire, comme pour un furoncle, ulcère, etc.

Maladies des organes digestifs chez les animaux. — Coliques.

Les animaux, en hiver, n'ont pas toujours des boissons
et des aliments qui leur conviennent. L'eau et froide, le
foin trop sec ou de mauvaise qualité. Il en résulte des coliques, des inflammations. Le premier de tous les remèdes
est de s'opposer au mal dès le principe.

S'il y a coliques *d'estomac* produites par une eau trop froide, faites prendre dix grammes d'éther sulfurique dans une demi-bouteille de vin.

Si les coliques sont *stercorales*, elles sont produites par un amas de matières durcies dans la courbure du colon : on peut s'en assurer.—Purgez avec l'aloès et des lavements huileux répétés jusqu'à l'expulsion du crottin. Les frictions sèches sur le dos facilitent. Si les coliques sont *dans les boyaux*, ces tranchées sont le résultat du froid ou refroidissement, de l'humidité, du développement de gaz, d'une mauvaise digestion ; les symptômes ne peuvent tromper : l'animal se débat, se couche, se relève ; les oreilles sont chaudes, les flancs haletants, et des bruits se font entendre dans le ventre ; l'animal ne peut uriner.

D'après la cause, appliquez le remède. Si c'est le froid ou une transpiration supprimée, administrez des boissons et des lavements émollients ; mettez sur votre cheval une couverture, faites des frictions sèches.

Si les coliques résultent d'une grande quantité d'aliments trop vite ingurgités, ou d'une indigestion causée par un travail forcé, faites une infusion de sauge, de menthe, chacune une poignée, infusée dans 4 litres d'eau bouillante, pendant dix minutes ; passez et donnez tiède un litre, de dix minutes en dix minutes, en quatre fois.

Il est bon d'ajouter trois ou quatre demi-lavements d'eau de son, d'heure en heure. Promenez au pas le cheval malade, sans le faire courir ni sauter : une secousse peut déchirer les parois de l'estomac et amener la mort.

Ajoutez boissons de graine de lin, de guimauve. Si les coliques ne se calment pas, vite adressez-vous au vétérinaire.

L'aloès contre les brûlures.

On peut cultiver l'aloès dans tous les jardins. Se procurer cette plante est chose facile : nos possessions d'Afrique en produisent partout ; et tel est l'usage inattendu qu'on en peut faire : M. Simon, horticulteur à Belleville, s'étant brûlé le pied avec de l'eau bouillante, prit ce qui se trouvait sous sa main, une feuille charnue d'aloès, laquelle il fendit en deux, en appliquant l'intérieur sur la partie souffrante. La douleur s'évanouit. Le suc de la plante avait passé du vert pâle au violet. M. Lemaire, professeur de botanique à Gand, a renouvelé avec succès l'expérience due au hasard, et M. Houillet, directeur des serres du Muséum, a eu recours à la même plante pour guérir un ouvrier qu'avait atteint cruellement un jet de vapeur.

La vacherie.

Le *Cultivateur vétérinaire* de M. Henri Arrault est un excellent recueil, duquel est extrait l'article suivant sur la vacherie :

Il paraît que les vaches qui vivent dans une étable chaude et humide donnent plus de lait que celles qui habitent dans un local sec et bien aéré.

Le préjugé calcule toujours mal, dit M. Parmentier : il est vrai qu'une vache, dans une étable chaude, a plus de lait que si elle était exposée au froid ; mais, *pour un peu de lait de plus, faut-il risquer de perdre la bête, qui meurt souvent étouffée,* mais *toujours phthisique ?...*

La question, dit M. Magne, est donc de savoir s'il y a plus d'avantages à avoir des vaches productives, mais peu robustes, que des vaches fortes, vivant longtemps, mais donnant moins de produits.

Vache à lait. — Les foins, les pailles, et en général les

fourrages secs , nourrissent mal la vache laitière : ils la constipent, et ils ont une action défavorable sur le lait. Pour qu'ils produisent de bons effets, il faut les mêler aux fourrages frais, varier la nourriture, et ne pas se borner au même aliment, qui finirait par dégoûter l'animal et diminuer la sécrétion du lait.

Nourriture d'été : les fanes vertes de vesce, de seigle, de luzerne, de sainfoin , de trèfle, de millet, de maïs, etc.

Nourriture d'hiver : les regains et pailles d'avoine, les mêmes pailles, les cosses des légumineuses, les siliques de colza et les racines.

Ces derniers aliments doivent être ramollis par l'eau avant de les donner.

Des soupes faites avec les *eaux grasses*, des pommes de terre, des topinambours, des panais, des courges, des choux, les résidus du petit lait, le lait de beurre, les tourteaux de colza. Quant aux boissons, elles doivent être données à discrétion.

Plantes qui activent la sécrétion du lait : la spergule, le trèfle rampant, la bistorte, l'aspérule odorante, le sainfoin de montagne.

Substances qui diminuent la sécrétion du lait : l'ellébore, le staphysaigre, la morelle noire, le colchique, les renoncules, les champignons vénéneux, l'aconit, les euphorbes, les fourrages altérés.

Les poêles trop chauffés.

En hiver, on a parfois l'habitude, dans les provinces du nord et de l'est de la France, moins toutefois qu'au delà du Rhin, de chauffer au rouge les poêles en fonte. On ne croit faire autre chose que se mettre en garde contre les froids excessifs. On s'expose d'abord à subir un effet dangereux par le passage subit du chaud au froid, dès qu'on sort, et, ne sortant pas, on reste exposé à subir des dangers fort peu soupçonnés. La fonte nouvelle contient généralement 3 0|0 de carbone. Quand on chauffe au rouge, le carbone, se dégageant, se combine avec l'oxygène de l'atmosphère, tandis que le métal se transforme en fer ou en oxyde à la surface. Cette combustion du carbone étant lente, vu la densité de la fonte, il se forme de l'oxyde de carbone, et il produit sur notre économie ce résultat : on éprouve d'abord un assoupissement, lequel, si on n'y prend garde, dégénère en anesthésie, et, par suite, en asphyxie, lorsque l'action délétère se prolonge. Cette dernière période se manifeste quand la pièce n'a pas de courant d'air.

Les poêles en fonte exposent encore à un autre danger tout à fait analogue, sans être chauffés au rouge : sous prétexte de leur donner un brillant et un poli d'acier noir, on les enduit d'une couche préparée avec ce qu'on appelle improprement mine de plomb ou plombagine (dans laquelle matière il n'entre pas une parcelle de plomb); c'est la graphite, qui est composée de 95 parties de carbone et 5 de fer pour cent, et ce carbone, facilement rendu à l'atmosphère, vicie l'air au point de le rendre malsain.

Préparation des taffetas d'Angleterre.

Mettez fondre 50 grammes de colle de poisson dans 62 grammes de vinaigre; faites bouillir jusqu'à réduction de moitié; ajoutez alors 30 gouttes d'essence de girofle : on enduit le taffetas, avec un pinceau, de trois ou quatre couches de ce mélange.

Remède contre les engelures.

Faire passer les engelures n'est point chose prudente.

Pourtant, quand elles deviennent intolérables, soit aux pieds, soit aux mains, on peut se décider à les supprimer au moins en partie, sauf à se purger après qu'elles auront presque disparu. Imprégnez à plusieurs reprises, avec de l'esprit de sel, les parties affligées, mais avant les crevasses de la peau, ou attendez que l'espèce d'ulcère soit fermée.

Taille future d'un jeune cheval.

Mesurez la hauteur des jambes de devant jusqu'à la pointe de l'épaule, puis la distance de cette pointe de l'épaule jusqu'au garot. La différence entre ces deux mesures est la hauteur dont le poulain doit encore grandir. Pourquoi? c'est que le cheval, vers la fin de ses deux premières années, a les jambes de la grandeur définitive, tandis que son corps n'a pas encore toute sa croissance. Puis la hauteur de la jambe de devant est égale, dans l'animal à sa taille, à la longueur du bas de l'épaule au sommet du garot. On recommande la recette comme infaillible.

Remède contre l'empoisonnement par le phosphore.

Les allumettes chimiques, outre les incendies nombreux, sont coupables d'une foule d'empoisonnements. Contre le phosphore introduit dans les tissus, il y a peu de remèdes; introduit dans l'estomac et les entrailles, il est mortel, sans remède connu ; aspiré en vapeur, s'il ne tue pas d'une maladie de langueur, il détruit l'intelligence, il tue l'âme, pour ainsi dire, avant le corps. Une découverte quelque peu probable de guérison serait déjà un grand bienfait. MM. Antoinelli et Borsarelli doivent à de nombreuses expériences sur des animaux ces faits acquis à la science :

« 1° Que dans l'empoisonnement par le phosphore ou par les substances qui contiennent ce métalloïde, il faut surtout éviter d'employer des matières grasses; car celles-ci, loin de s'opposer à l'action du phosphore sur les organes, en augmentent l'énergie et en facilitent la diffusion dans l'économie (à travers les organes);

» 2° Que l'emploi de la magnésie calcinée en suspension dans l'eau bouillie, et administrée en grande quantité, est le meilleur contre-poison, et en même temps le purgatif le plus convenable pour faciliter l'élimination de l'agent toxique (le rejet du poison);

» 3° Que dans les cas d'empoisonnement par le phosphore, où il se présente de la dysurie (douleur en urinant), l'emploi de l'acétate de potasse est d'une grande utilité;

» 4° Que toutes les boissons mucilagineuses (propres à adoucir) dont le malade fait usage doivent être préparées avec de l'eau bouillie, afin qu'elles contiennent la plus petite quantité d'air possible. »

Eaux pour les yeux.

Beaucoup de personnes ont de la répugnance pour les remèdes à base minérale. Nous partageons ce préjugé. Cependant nous livrons trois recettes pour les yeux. La première nous inspire le moins de confiance :

1° *Eau de zinc.* — Faites dissoudre dans un demi-litre d'eau de rivière 30 centigram. de sulfate de zinc (couperose blanche) et 1 gram. 35 centigram. de racine d'iris de Florence en poudre; laissez infuser dans une bouteille mise au frais vingt-quatre heures; passez ensuite à travers de la soie. Baignez l'œil dans un petit bassin dit œillère, rempli de cette eau.

2° *Eau de bluet*, dite *casse-lunettes*, tant elle est favorable à la vue! — Prenez fleurs et calices de bluet (ou barbeau) dans les blés ; broyez et laissez macérer vingt-quatre heures dans un litre d'eau, puis faites distiller à un feu de sable modéré.

Cette eau est souveraine contre l'inflammation des paupières, fortifie la vue et embellit le teint. On l'emploie comme l'eau de zinc.

3° *Eau balsamique contre le cerne des yeux.* — Dans de l'eau distillée en été, ou neige pure en hiver, 1 kilog. (2 litres), laissez macérer huit jours 30 gramm. de sommités de romarin ; ajoutez ensuite 30 gramm. d'eau de rose et 30 gramm. d'eau-de-vie. Cette eau ranime les yeux abattus par de longues veilles, et efface les rougeurs laissées sur le teint par la fatigue.

Manière de faire sécher les plantes médicinales.

C'est au printemps que les plantes ont le plus de vertu ; c'est au printemps, avant graine, souvent avant fleur, qu'il faut les recueillir, les mettre en réserve après les avoir séchées avec soin. C'est cette opération que nous transcrivons :

Les plantes qu'on se propose de faire sécher doivent être choisies dans leur plus grande vigueur et dans le temps où les fleurs commencent à s'épanouir, excepté la mauve, la guimauve, la pariétaire et le seneçon, qui sont plus adoucissantes et plus salutaires lorsqu'on les prend dans leur jeunesse, avant qu'elles aient poussé dans leurs tiges. Lorsque les feuilles des plantes sont les seules parties dont on fait usage, elles doivent se récolter aussi avant que les tiges ne soient poussées, parce que, plus tard, elles deviennent dures et ligneuses.

Plusieurs auteurs anciens, et même quelques modernes, prescrivent de faire sécher les plantes doucement, exposées à un courant d'air et à l'ombre, dans la crainte de faire

dissiper trop de parties volatiles, si l'on employait la chaleur du soleil ; mais l'expérience et l'observation ont appris
à connaître toute la défectuosité de cette méthode. Les
plantes, pendant cette dessiccation lente, éprouvent des
altérations qui occasionnent la perte de leur couleur et de
leur odeur ; elles jaunissent plus ou moins et prennent la
couleur des feuilles mortes, comme la scolopendre ou langue
de bœuf ; d'autres, comme la mélisse, la véronique, la bé-
tonie, la bourrache, la buglose, etc., deviennent noires au
bout de quelques jours et ressemblent à du fumier desséché ;
elles sont alors sans vertu.

Les meilleurs moyens pour faire sécher les plantes sont
la chaleur du soleil, celle d'une étuve chauffée jusqu'à 50
ou 60 degrés, ou la chaleur du dessus d'un four. Les
plantes, recueillies par un beau temps, bien nettoyées, sont
étendues sur des clayons d'osier garnis de papier gris, et
exposées à la chaleur. On remue les feuilles jusqu'à ce
qu'elles soient sèches et qu'elles se brisent en les maniant,
puis on les laisse quelque temps à l'ombre.

Le suc de géranium contre les blessures.

Il paraît que les feuilles de tous les géraniums ont la propriété de guérir promptement les coupures, écorchures et
autres plaies de ce genre. Ecrasez une ou deux feuilles, en
les pressant, par exemple, sur un linge : la feuille appliquée
s'attache fortement à la peau, rapproche les chairs et cica-
trise vite la blessure.

Remède contre la goutte.

Sans vouloir en garantir l'efficacité, nous empruntons
à la *Patrie* un remède qu'on dit merveilleux contre la
goutte : ce sont des bains de pieds avec de l'eau dans

laquelle on a fait bouillir pendant trois heures des fleurs de frêne mélangées avec des fleurs de sureau. Au bout de deux jours, quatre au plus, la goutte est guérie radicalement.

Dangers des ustensiles de cuivre.

Il est d'usage, à la campagne, de faire cuire des soupes pour les enfants, ou des conserves d'hiver, ou même de préparer des viandes dans de grands ou petits bassins qui portent divers noms, bassées, chaudrons, etc., le tout en cuivre. On s'expose journellement à un empoisonnement successif ou subit, dont la conséquence est la mort, après des douleurs atroces : beaucoup d'enfants surtout ont été les victimes de l'ignorance et de l'habitude.

Le cuivre rouge est pur ; le cuivre jaune est mélangé de zinc ou d'étain, et n'est guère moins dangereux. L'étamage est du plomb qui s'oxyde vite, et on l'absorbe sous forme de blanc de plomb, lequel donne des coliques. — Le cuivre s'oxyde, c'est-à-dire se décompose sous l'action d'une foule d'agents. Chaque jour, on prend une petite dose de poison, et l'effet ne vient que tard. Exposé à l'air humide, le cuivre rouge surtout se couvre d'une substance improprement appelée vert-de-gris. L'huile et les corps gras, ayant un principe d'eau, attaquent le cuivre et deviennent plus ou moins verts, en oxydant le cuivre. L'acide acétique, ou vinaigre, peut absorber de notables quantités de cuivre, quand on l'a fait chauffer et refroidir dans un vase de cuivre ; soyez certain que tout mets acidulé, refroidi dans du cuivre, est empoisonné. Ceci est grave, n'est-ce pas ? Et la raison : — je l'ai fait vingt fois, — n'est point une raison.

Le cuivre se dissout au contact de l'huile ; elle devient verte dans les lampes. Le vin, toujours un peu acide,

attaque les cannelles de cuivre; ainsi, préférez-leur celles
de bois. L'eau salée corrode en peu de temps les pièces
de cuivre, comme on le voit à la coque des navires. Donner aux épinards et aux cornichons une belle teinte verte,
c'est plaire aux yeux pour empoisonner l'estomac : on
obtient ce bel effet en jetant des gros sous rougis au
foyer dans le vase où l'on prépare cornichons et épinards.

Les symptômes d'un empoisonnement par le cuivre sont
de violentes douleurs dans l'estomac et les entrailles, des
nausées et la fièvre. Un centigramme et plus devient dangereux. Le contre-poison est la limaille de fer, qui sépare
le cuivre des composés dans lesquels il entre, et, ramené
ainsi à l'état métallique, le cuivre est presque sans danger
dans l'intérieur de nos organes ; mais il ne faut pas l'y
oxyder de nouveau.

L'étain est inoffensif; on s'en sert pour étamer les ustensiles de cuivre. Pour cela, on décape, c'est-à-dire on
nettoie tout à fait le cuivre; on le saupoudre de sel ammoniac ; on chauffe le cuivre en frottant avec des étoupes, de
manière à bien étaler le sel ; enfin l'on promène l'étain
fondu à la surface qu'on veut étamer. Dès qu'on distingue
la croûte rouge du cuivre, on doit étamer de nouveau , et
notez que si, au lieu d'étain , on étame avec du plomb,
c'est une cause d'empoisonnement qu'on ajoute à la première.

Ne vous étonnez pas, après cela, d'entendre si souvent
-les enfants se plaindre de coliques après avoir mangé des
confitures; ne vous étonnez pas de ces indispositions qui
suivent un grand dîner à l'enseigne la plus pompeuse. Il
y a du cuivre dans tout cela. On dit cependant que l'alliage
de plomb à l'étain peut aller jusqu'à 1/4 sans danger. On
a proposé, et c'est bien meilleur quant à la durée, l'*éta-*

mage polychrone de Riberel, fer et étain, et, depuis, un alliage de fer, nickel et étain.

Dans un aliment soupçonné, plongez une lame de couteau bien polie et bien nettoyée de tout corps gras avec de la cendre. Après quelques heures, on la retire, et cette lame porte à sa surface des traces rougeâtres de cuivre métallique.

La médecine a renoncé aux remèdes à base de cuivre, hors le sulfate ; mais l'art culinaire affirme que, sans ustensiles de cuivre, il n'y a pas de bon dîner possible.

Remède contre le croup.

Quelle est la mère qui ne serait pas effrayée en pensant que son jeune enfant qui, en ce moment, est en parfaite santé, peut lui être enlevé au bout de quelques jours, ou même de quelques heures, par la maladie appelée *croup* ? Nous nous empressons de faire connaître à tous les lecteurs du *Trésor* un remède d'une grande simplicité pour combattre cette terrible maladie.

Voici ce remède, recommandé par M. Billard, médecin dans le département de la Nièvre :

« Sitôt que l'on a découvert des plaques couenneuses dans la bouche, ou sitôt que l'on soupçonne le croup par la nature de la toux, faire prendre à l'enfant, d'heure en heure, la nuit et le jour, un blanc d'œuf battu dans un verre d'eau sucrée, une cuillerée à bouche chaque fois.

» Pour boisson, un œuf, le blanc et le jaune, dans un litre d'eau tiède, sucrée à volonté.

» Après deux ou trois jours, tous les symptômes de l'affection disparaissent. »

Falsification des vins.

La meilleure pharmacie des ménages est celle qui prévient le mal. Or, la litharge de plomb est un des poisons doucereux dont on s'est le plus servi pour fabriquer une foule de liquides vendus sous tous les noms. Quand je dis *on*, ce n'est ni vous ni moi, ni personne ici désigné ; car, si on se permettait de nommer cet *on* sans preuve suffisante, ou même après procès ayant bien constaté la chose, on serait encore exposé à être attaqué par le *on*, mécontent et froissé dans ses intérêts. Donc, n'accusez personne, pour Dieu ! Mais défiez-vous des vins frelatés, s'il en est encore. Et si vous en trouvez, prévenez l'autorité : elle fera bonne et prompte justice. Soyez bien convaincu de cet axiome :

— Il n'y a des voleurs hardis que parce qu'il y a des gens qui se laissent voler. — Il n'y aurait des empoisonneurs que parce qu'il y aurait des gens qui se laisseraient empoisonner sans mot dire. Ne soyez donc pas de ces bonnes gens ! Le tribunal est là, et l'épreuve préliminaire est facile.

Dans 60 grammes (2 onces) d'eau de pluie bien pure, mise dans une bouteille à long col, jetez 30 grammes d'orpiment mélangé avec 60 grammes de chaux vive, après que chacune de ces substances aura été pulvérisée à part. Bouchez l'ouverture de la bouteille, qui doit être fort résistante, car il y aura vapeur. Placez sur un bain de sable modérément chaud ; remuez toutes les deux heures et laissez digérer pendant vingt quatre heures. — Il est bien entendu que, si vous craignez une explosion, vous ferez faire cette manipulation par une main exercée, celle d'un distillateur ou pharmacien. — Chaque fois qu'un dépôt a lieu, tirez le liquide et mettez-le dans une autre bouteille. Ce liquide est blanc, limpide, d'une odeur désagréable. — En voulant le décanter, ne mettez pas la figure au-dessus de la bouteille que vous débouchez.

Quelques gouttes versées dans le vin frelaté par des substances à base de plomb le rendent d'abord jaune, puis brun, enfin presque noir, et en même temps il se trouble. Si le vin est naturel, il ne fera, sous l'influence de la liqueur, rien autre chose que pâlir un peu.

Désinfection des plaies.

Une communication des plus importantes pour la guérison des plaies qui sont la suite de blessures a été faite par M. le professeur Velpeau à l'Académie des sciences. Les grandes chaleurs produisent avec rapidité la décomposition des matières animales, et les plaies contractent vite un mauvais caractère, provenant de l'infection qui s'y produit. MM. Corme et Demeaux ont trouvé le moyen de détruire à l'instant même des foyers d'infection, quels qu'ils soient : un mélange de plâtre et de coaltar, dans la proportion de cent parties de plâtre pour une à trois parties de coaltar. Chacun sait ce que c'est que le plâtre ; le coaltar est le résidu bitumineux de la distillation du gaz de la houille. On mélange exactement ces deux substances en poudre. On applique celle-ci, telle qu'elle est, sur la plaie à désinfecter. La désinfection est instantanée. De plus, le plâtre étant absorbant, l'application du mélange à une plaie douce donne lieu à la formation d'une espèce de gâteau qui adhère comme un véritable pansement. Il ne produit aucune irritation, et les plaies, ajoute M. Velpeau, sont améliorées sur l'heure même.

Les expériences ont été faites à l'hôpital de la Charité, tant au lit des malades qu'à l'amphithéâtre, et elles ont été si concluantes, qu'on peut les regarder comme d'un effet irrécusable. Or, notez que ce mode de désinfection devra s'appliquer à tout corps organique en décomposition, et non pas seulement aux blessures.

Remède contre les affections gastro-intestinales.

Des affections gastro-intestinales sont causées par les chaleurs extraordinaires. Il est un moyen peu coûteux et fort simple pour guérir en quelques heures les cholérines et les dyssenteries même les plus graves, moyen emprunté à un mémoire sur le choléra, publié en 1856 par le docteur Roux.

Prenez : Ether sulfurique.   30 parties.

Soufre sublimé. . . .   1 partie.

Agitez chaque fois. Cinq ou six gouttes dans un demi-verre d'eau de Seltz ou d'eau froide, sucrée ou non sucrée, de quart d'heure en quart d'heure, jusqu'à la cessation des vomissements et de la diarrhée. Ordinairement, après quatre ou cinq heures, les cholérines cèdent à l'emploi de l'eau éthérée. Les vomissements et les diarrhées rebelles, quelle qu'en soit même la cause, s'arrêtent le plus souvent, et subissent toujours, sous son action multiple, de notables modifications.

Sirop d'escargots.

Un jeune homme, âgé de vingt-huit ans, qui avait toujours joui d'une bonne santé, se sentit tout à coup affaibli de la poitrine après un long rhume qu'il avait un peu négligé. La toux, qui ne produisait presque plus, dans les derniers temps, que des expectorations d'un blanc cendré, ne lui laissait aucun repos : une insomnie accablante en était la suite inévitable. Le malade éprouvait des étouffements continuels. Il se plaignait même de douleurs dans différentes parties du tronc, et dépérissait chaque jour. Une fièvre lente le minait.

Les médecins avaient en vain employé tous les moyens ordinaires dans ces cas-là, sans pouvoir obtenir d'amélioration dans l'état du patient. On lui dit qu'une tisane aux escargots pourrait peut-être lui être favorable et amener un changement dans son pénible état de santé.

Voici ce qu'il fit : il prenait de douze à quinze escargots qu'il nettoyait à sec, c'est-à-dire sans les laver, — escargots gris, de vigne, et non jaunes ou blancs, rayés de raies noires.—Il les laissait bouillir à petit feu pendant deux heures dans un litre d'eau, puis retirait le vase du feu et laissait déposer les effondrilles. Il décantait ensuite doucement son bouillon, puis y mettait environ de cent cinquante à deux cents grammes de sucre, ce qui faisait un sirop. Il faut dire ici que ce malade s'était couvert en même temps toute la poitrine d'emplâtre de poix résine, ordinairement appelée poix de Bourgogne. Vingt jours de ce traitement ont suffi pour le tirer du sentier qui le conduisait insensiblement aux portes du tombeau. Aujourd'hui il jouit d'une santé plus forte, plus florissante que par le passé.

Le mode d'administration de ce sirop est des plus simples : on se contente d'en avaler de temps en temps une gorgée. On doit toujours le tenir tiède.

Remède contre la dyssenterie.

Se tenir chauds les pieds, ne pas porter de cravates trop légères, se mettre sur l'estomac un morceau d'étoffe de laine, sont de bonnes précautions, et de plus on croit avoir trouvé un moyen facile et qui paraît certain, puisqu'il est employé même dans des hôpitaux et hospices. Prenez le blanc d'un œuf frais, le blanc seul, battez-le avec quelques cuillerées d'eau pure, fraîche et non tiède ; mettez ceci dans un verre d'eau ordinaire où vous aurez fait fondre du sucre à volonté, ajoutez quelques gouttes de fleur d'oranger, et faites prendre cette potion le soir ou le matin quand l'estomac est libre. Il est rare qu'il faille réitérer. La dyssenterie est coupée. Si pourtant elle résistait, il serait bon de prendre en lavement deux blancs d'œufs ainsi préparés et d'ajouter un bain de siége.

Procédé nouveau pour éteindre le feu des cheminées.

On lit dans le *Phare de la Loire* : « Il y a une quinzaine de jours, un feu de cheminée éclata dans une maison. M. Trépont, coiffeur, qui passait en ce moment, monta et arriva dans l'appartement où le feu venait d'être éteint. S'étant informé près du locataire du moyen qu'il avait employé, il apprit que celui-ci avait jeté dans la cheminée une certaine quantité d'oignons crus, et qu'aussitôt toute apparence de danger avait disparu. M. Trépont n'ajouta pas une grande foi à cet expédient. Cependant, aujourd'hui le feu se déclare dans sa propre cheminée, et il se souvient alors du moyen qui lui avait été indiqué; il en fait immédiatement l'expérience. Une quinzaine d'oignons crus sont jetés par lui dans la cendre du foyer, et à peine la peau en est-elle brûlée que le feu s'éteint comme par enchantement. »

Baromètre nouveau.

Nous trouvons dans un journal l'anecdote suivante qu'il est à propos de mettre sous les yeux des habitants de la campagne, lors même qu'elle n'aurait d'autre mérite que celui de les porter à l'esprit d'observation, en les engageant à vérifier par eux-mêmes la confiance qu'il faut attacher aux assertions que nous allons reproduire.

Un paysan vient de découvrir un baromètre d'un nouveau genre et plus infaillible que ceux qui sont fabriqués par les plus habiles opticiens. Son instrument, à la portée de tout le monde, est une toile d'araignée. Lorsqu'il doit faire de la pluie ou du vent, l'araignée raccourcit beaucoup les derniers fils auxquels sa toile est suspendue, et la laisse dans cet état tant que le temps reste variable. Si l'insecte allonge ses fils, c'est du beau temps, et l'on peut juger sa durée d'après le degré de longueur de ces mêmes fils. Si l'araignée reste inerte, c'est signe de pluie; si, au contraire, elle se remet au travail pendant la pluie, c'est que celle-ci sera de peu de durée et suivie du beau temps fixe. D'autres observations longues et patientes ont appris à ce nouveau Mathieu Laensberg que l'araignée fait des changements à sa toile toutes les vingt-quatre heures, et que si ces changements se font le soir, un peu avant le coucher du soleil, la nuit sera belle et claire.

Propriétés des feuilles de cassis.

Le cassis est un arbrisseau très-facile à faire venir : il prend de boutures en plantant une branche sans racine ; il est doué de nombreuses propriétés médicinales ; il est employé pour guérir les coupures d'instruments, quoique très-profondes.

Il est souverain pour fortifier l'estomac ; il en fait cesser la douleur, et donne grand appétit, de quelque façon qu'on le prenne pendant quelques jours ; il est spécifique pour guérir la jaunisse, les pâles couleurs et les incommodités qu'elles causent ; il désopile la rate et le foie, et empêche que l'opilation n'ait des suites fâcheuses ; il guérit les enflures du visage, de l'estomac et de l'hydropisie.

Préparation.

Décoction (feuilles) : une pincée par litre d'eau ou de vin blanc.

Pour la piqûre des bêtes venimeuses ou la morsure des chiens enragés, on pile deux bonnes poignées de feuilles, on en exprime le suc dans du vin blanc, et on fait prendre au malade cette préparation.

Pour les piqûres ou blessures venimeuses de moucherons, frelons, guêpes, abeilles, il faut faire infuser quelques feuilles sèches dans du vin blanc, et, après avoir fait saigner la plaie, appliquer les feuilles dessus.

Pour les panaris ou les tumeurs qui viennent à l'extrémité des doigts, on exprime les feuilles dessus avec la main, et on enveloppe bien les doigts couverts de ces feuilles.

Chandelle perfectionnée.

La chandelle perd chaque jour du terrain en France ; la concurrence des bougies de stéarine lui est fatale. Il est grand temps que les fabricants de chandelles de suif s'occupent du perfectionnement de leurs produits, surtout depuis l'introduction des lampes à modérateur, qui, lorsqu'elles sont d'un petit modèle, consomment peu d'huile et éclairent mieux que six chandelles.

Voici le procédé de M. Capeccioni pour donner de la dureté au suif en même temps qu'une odeur agréable :

On fait fondre 100 kilogrammes de suif avec 7 kilogrammes d'acétate de plomb, 1 kilog. d'encens et autant d'essence de térébenthine. Le mélange est maintenu en fusion pendant plusieurs heures, et on en fabrique des chandelles qui ne coulent pas et approchent des bougies stéariques.

Du coaltar employé comme peinture pour les serres.

Voici une découverte due au hasard, et qui intéresse au plus haut point l'horticulteur :

Un jardinier, ayant à repeindre les petits bois de ses

serres, et voulant mettre en pratique la théorie de l'absorption de la chaleur par la couleur noire; pour faire profiter les plantes et les arbustes d'une plus grande quantité de calorique, a employé à cet effet le coaltar, ou goudron produit par la distillation de la houille dans la fabrication du gaz d'éclairage. Cette substance, outre l'avantage de la couleur, présente une économie sur la peinture, car le kilogramme de goudron vaut 10 centimes environ, tandis que la peinture la plus commune se paye 80 centimes le kilo.

L'opération fut faite, et, après deux mois, le jardinier s'est aperçu, à son grand étonnement, que les araignées et les insectes qui peuplaient les serres avaient complétement disparu; il a remarqué, en outre, que les plantes qui dépérissaient avaient tout à coup repris de la force et de la vigueur.

Moyen de préserver les étoffes de laine des attaques de la teigne.

On donne le nom de teigne à un insecte ou chenille qui détruit et dévore les pelleteries, les étoffes de laine en tous genres, les collections d'animaux empaillés, etc. Non-seulement il se nourrit avec ces substances, mais il en forme le vêtement dans lequel il s'enveloppe. Le papillon qui provient de cette espèce de chenille apparaît dans nos climats vers le mois de mai. On le voit, surtout le soir, voltiger dans nos appartements. Après s'être accouplée, la femelle va pondre ses œufs dans les étoffes de laine ou dans les fourrures qui doivent servir d'aliment à sa postérité. Les petites chenilles naissent au bout de quinze jours, se nourrissent et se vêtissent avec ces étoffes, qu'elles parcourent en tous sens. A l'approche du froid, elles se renferment dans leur fourreau ; elles restent dans l'inaction, et se changent en nymphes au commencement du printemps. Après avoir existé sous cette forme environ vingt jours, elles apparaissent sous celle du papillon.

Nos livres sont pleins de recettes pour la préservation des étoffes contre les attaques de ces insectes destructeurs ; mais aucun de ces spécifiques, quelque prônés qu'ils aient été jusqu'à ce moment, n'a produit les résultats promis. La société d'encouragement de Paris, en offrant des prix aux personnes qui trouveraient un moyen certain de préserver les étoffes des attaques de ces insectes, n'a pu obtenir aucun spécifique assuré. On a proposé de frotter les étoffes avec de l'essence de térébenthine, ou d'en enduire les papiers dans lesquels on les enveloppe ; mais, outre que cette essence altère certaines couleurs et qu'elle répand une odeur très-désagréable qui se conserve long-temps, il serait fort embarrassant de préparer ainsi tout ce qu'on voudrait conserver. L'esprit-de-vin, qui a été pareillement indiqué, ne présente pas autant d'inconvénients ; mais cependant, comme il s'évapore avec célérité, son emploi ne peut remplir le but qu'on se propose. Les fumigations, les feuilles de tabac, celles de quelques autres plantes, le vétyver, le poivre en poudre, le cuir de Russie, le camphre et quelques autres drogues ont été donnés comme spécifiques ; mais l'expérience a démontré l'insuffisance de tous ces moyens. Ils peuvent, dans quelques circonstances, détourner pour un instant les attaques des teignes ; mais ces insectes, pressés par la faim, surmontent le premier dégoût et dévore tout ce qui se trouve à leur portée.

Le moyen que nous offrons présentera peut-être quelques difficultés dans quelques circonstances ; mais il est infaillible, ainsi que nous l'avons éprouvé. Il consiste à mettre les papillons dans l'impossibilité de déposer leurs œufs sur les fourrures, sur les laines et sur les étoffes tissues avec cette matière, après qu'on se sera assuré que les objets qu'on veut conserver ne contiennent ni œufs, ni chenilles, ni larves de teigne, ou qu'on aura pris les précautions nécessaires pour se débarrasser de celles qui pourraient s'y trouver.

On fera construire des boîtes, des coffres, ou des espèces de réservoirs plus ou moins grands, et dont la capacité sera proportionnée à la quantité d'objets ou de marchandises que l'on voudra garantir contre l'attaque des teignes. Ces boîtes et ces coffres seront faits en planches à rainure qui jointeront bien les unes dans les autres. On pratiquera sur la surface et dans tout le pourtour de leur bord supérieur une rainure ou gorge d'un à trois centimètres de profondeur sur une largeur d'un à trois centimètres, à raison de la plus ou moins grande dimension du coffre. Celui-ci aura un couvercle dont le rebord sera terminé par une languette épaisse de quatre à dix ou douze millimètres, et qui s'ajustera dans la gorge ou rainure du coffre de manière à laisser au fond de celle-ci et sur ses deux côtés un intervalle de trois à dix millimètres. La partie supérieure du rebord aura une épaisseur égale à celles des côtés du coffre. Les coffres ou boîtes seront enduits extérieurement d'une couche de couleur à l'huile, de manière que toutes les fentes ou trous qui pourraient se trouver dans le bois soient parfaitement bouchés. On conçoit que l'on peut donner à ces coffres une dimension de plusieurs pieds, pourvu que leur couvercle ne soit pas trop grand pour être posé et enlevé sans trop de peine ou d'embarras; d'ailleurs il est facile de les multiplier à volonté, toutes les fois qu'on aura une grande quantité de tissus de laine, de draps ou de fourrures à conserver.

Avant de renfermer dans ces coffres les lainages qu'on ·

veut garantir de l'attaque des teignes, on aura soin de les battre, de les brosser et de les exposer à l'air, pour les débarrasser des œufs de chenilles, des larves ou des papillons qu'ils pourraient contenir. On pourra, après cette opération, les ranger et les entasser dans les coffres ; alors on remplira aux deux tiers la rainure avec du sable fin ; le grès de Fontainebleau, dont on fait le pavé de Paris, pilé et tamissé, est très-bon pour cet objet. Puis on posera le couvercle et on le fera pénétrer dans le sable, en le secouant et le pressant de manière qu'il entre à son gros rebord. Les espaces qui se trouvent entre la rainure du coffre et les rebords du couvercle étant entièrement remplis de sable, il sera impossible aux papillons de pénétrer la digue qu'on leur oppose, et de déposer leurs œufs sur les lainages contenus dans l'intérieur du coffre. Ainsi l'on aura la certitude qu'ils ne souffriront aucun dommage de la part de ces insectes.

On pourra ouvrir et fermer ces coffres à volonté et dans toutes les saisons, soit pour visiter ou retirer les objets qu'on leur aura confiés. Il suffira de prendre garde, lorsqu'on les ouvrira, qu'il ne s'y introduise quelque papillon.

Clarification du miel.

Voici, d'après le recueil *l'Apiculteur praticien*, des renseignements sur des moyens de clarifier le miel et de préparer le sirop de miel :

« Pour que le miel puisse être employé dans certains usages où l'on se sert ordinairement du sucre, il lui faut enlever son goût caractérisé. Cadet de Vaux y est parvenu en le faisant bouillir avec du charbon concassé. Voici la recette donnée par M. Thénard : prenez miel vierge, 3 kil. ; eau, 875 grammes ; charbon pulvérisé, lavé et desséché,

150 grammes; craie réduite en poudre, 70 grammes ; trois blancs d'œufs battus dans 90 grammes d'eau. On met le miel, l'eau et la craie dans un chaudron dont la capacité doit être d'un tiers plus grande que le volume du mélange ; on fait bouiller ce mélange pendant trois minutes ; ensuite on jette le charbon dans la liqueur, on le mêle bien avec une écumoire ; après quoi on ajoute les blancs d'œufs, que l'on mêle encore, et on continue l'ébullition pendant trois autres minutes. On la retire, on la laisse refroidir pendant un quart d'heure, et on passe le sirop dans une étamine ou dans une chausse de flanelle ; on met sur l'étamine ou dans la chausse les premières portions qui filtrent, parce qu'elles ont entraîné avec elles un peu de charbon. Cette liqueur, ainsi filtrée, est le sirop convenablement cuit. Ce produit, dit Bosc, ne diffère point du sucre par ses résultats dans les préparations des confitures sèches ou liquides, des ratafias et autres compositions officinales, ainsi qu'il a été personnellement à même de s'en assurer. »

Nous trouvons aussi, dans un recueil périodique, une nouvelle manière de clarifier le miel, que nous croyons devoir reproduire ici :

« Jusqu'à présent, dit l'auteur du procédé, on s'est servi de la pâte de papier, du charbon en poudre, de l'albumine ou du tanin pour clarifier le miel ; les trois premiers agents opèrent mécaniquement, mais le tanin paraît agir chimiquement, et son action est due à la gélatine, que le miel contient en plus grande proportion, suivant M. Hoffmann. Le précipité qui se forme ainsi enveloppe les matières étrangères et les entraîne avec lui. Mais la clarification du miel ne réussit pas toujours par ce moyen, et l'auteur croit que cette circonstance est due à ce que la proportion de gélatine n'est pas constante, et manque même assez souvent dans cette substance ; en conséquence, il propose de l'y ajouter en opérant comme il suit :

« On prend 15 kilogrammes de miel qu'on dissout dans le double de son poids d'eau ; on chauffe jusqu'à ébullition ; on ajoute à la liqueur troublé 12 grammes de gélatine (colle de poisson), dissouté dans 250 grammes d'eau ; on mélange et on y verse une solution de 4 grammes de tanin dans 125 grammes d'eau, où une infusion de 8 gr. de noix de galle. Après avoir agité, on entretient encore la chaleur pendant une heure ; toutes les impuretés qui troublent la solution se précipitent de manière à pouvoir décanter 7|8 de miel pur. Le reste est filtré à la chausse, et, au besoin, sur de la pâte à papier.

» On conserve le sirop de miel dans des bouteilles bien bouchées mises dans un lieu sec. Il faut le faire bouillir au bout de quatre ou cinq mois, si on veut le conserver plus longtemps. »

Faire d'un cadran solaire un cadran lunaire.

Si quelqu'un désire savoir, ou par nécessité ou par curiosité, quelle heure il est à la lune, il peut en faire le calcul au moyen de la projection de l'ombre de cet astre sur le cadran solaire ; il faut seulement savoir l'âge de la lune, qu'on peut trouver dans l'almanach. Si la nouvelle lune a lieu le matin, on comptera du jour actuel ; mais, si elle a lieu dans l'après-midi, on comptera du jour suivant. On multipliera l'âge de la lune par 4, et on en divisera le produit par cinq ; on devra ajouter au quotient de cette division les heures que l'ombre indique sur le cadran solaire, et la somme totale donnera l'heure cherchée ; ou bien on retranchera du quotient l'heure indiquée par la lune sur le cadran solaire, et le reste donnera également l'heure cherchée. La première méthode sera mise en usage quand l'ombre tombe sur une heure de l'après-midi, et la dernière quand elle tombe sur une heure de l'avant-midi. L'exemple suivant servira à éclaircir cette règle.

1° Supposons qu'un habitant de la campagne revienne chez lui le soir, que la lune soit âgée de dix jours, et qu'il trouve que l'ombre que la lune projette sur le cadran solaire marque deux heures et demie, ou que l'ombre jetée par la lune se trouve à la place où serait l'ombre du soleil à deux heures et demie ; la question se réduit à savoir quelle heure il est réellement quand le paysan revient chez lui. Voici la réponse d'après les calculs ci-après :

L'âge de la lune étant 10 multipliés par 4 = quarante, qui, divisés par 5, donnent pour quotient 8 ; le temps où la lune était dans le méridien est donc 8, et 8 plus 2 1[2 = 10 1[2 ; dix heures et demie est l'heure cherchée.

2° Supposons que la lune soit âgée de dix-huit jours, et que l'ombre jetée sur le cadran solaire marque onze heures. Ce temps sera soustrait de l'heure où la lune était dans le méridien ; ainsi, l'âge de la lune étant de 18 jours × 4 = 72, qui, divisés par 5, donnent 14 2[5, ou deux heures vingt-quatre minutes après minuit, temps auquel la lune était dans le méridien ce jour-là, et duquel temps l'heure marquée par l'ombre doit être déduite ; l'ombre se projetant sur onze heures du matin, c'est-à-dire une heure avant midi, on doit la déduire des deux heures vingt-quatre minutes, résultat de l'opération. Cette soustraction ne laissera plus qu'une différence d'une heure vingt-quatre minutes, qui est la véritable solution de la question proposée.

Avec 300 grammes environ de tiges d'héliante, un pharmacien d'Amiens a opéré de la manière suivante :

Les tiges, après avoir été coupées avec un couteau à racines et divisées dans un mortier en marbre, ont été abandonnées à la macération avec 400 grammes d'eau froide. Au bout de douze heures, le tout a été exprimé à travers une toile. On a obtenu, par cette première opération, 300 grammes d'une liqueur sucrée qui marque 6 degrés au pèse-sirop (densité 1,065). On a versé ensuite 300 grammes d'eau froide sur la pulpe, et, après douze heures de macération, on a exprimé de nouveau, et on a eu 300 grammes d'une seconde liqueur sucrée marquant 5 degrés. On aurait pu obtenir une troisième liqueur, car la pulpe n'était pas épuisée.

Ces deux liqueurs, additionnées séparément d'un peu de levûre, ont éprouvé bientôt la fermentation alcoolique, qui a duré plus de quarante-huit heures. Alors les liqueurs ont été filtrées : la première, qui portait 9 degrés au pèse-sirop avant la fermentation, n'en marquait que 5, et la seconde était descendue de 5 à 2 degrés. Ces liqueurs, surtout la première, possèdent une saveur vineuse légèrement sucrée et agréable ; la seconde a la couleur du vin de Madère ; l'autre, une teinte un peu rougeâtre.

Il résulte de cette petite expérience qu'avec 50 kilogrammes de topinambours, on peut obtenir 1 hectolitre de liqueur aussi spiritueuse que le cidre le plus fort.

Procédé simple et économique pour avoir toujours d'excellent café,
soit au lait, soit à l'eau.

Prenez 4 onces de bon café grillé convenablement et moulu, délayez-le dans deux verres d'eau froide avec

une cuiller, et laissez-le tremper toute la nuit, en ayant
soin de couvrir le vase qui le renferme. Le lendemain,
versez cette bouillie avec précaution sur un linge fin placé
dans un entonnoir de verre sur une bouteille. Vous aurez
une infusion extrêmement chargée, dont une seule cuillerée, versée dans une tasse de lait bouillant, suffit pour lui
donner tout le parfum désirable. Un tiers de cette infusion et deux tiers d'eau pure, mis à chauffer jusqu'à l'ébullition, donnent un café à l'eau d'une couleur superbe et
d'un goût parfait. L'expérience a prouvé largement que le
procédé à l'eau froide l'emporte sur celui à l'eau chaude.

Soudure de l'acier au fer.

Un procédé fort simple a été expérimenté pour souder
le fer à l'acier fondu ou le fer à la fonte par le seul secours
de la chaux vive. Trempez de la chaux en pierre dans de
l'eau ; lorsqu'elle commencera à siffler, retirez et laissez-
la tomber dans un vase que vous tenez à proximité de la
forge. Il faut chauffer le fer au degré d'usage pour la soudure, et faire tomber avec soin, au marteau ou à la grosse
lime, l'espèce de grosse croûte produite par le chauffage ;
chauffez en même temps l'acier, mais toujours un peu
moins que le fer. Dès que l'acier est retiré de la forge,
on le plonge dans le vase qui contient la chaux en poudre,
et, pendant qu'il y séjourne bien recouvert, garnissez et
frottez de la même chaux le fer rouge sur toutes ses faces.
Les deux morceaux ainsi lestement apprêtés et encore suffisamment chauds, posez l'acier sur l'enclume, le fer par-
dessus, et assemblez les deux pièces par le moyen de
quelques coups de marteau. Remettez ensuite à la forge et
chauffez modérément ; mais, pendant le chauffage, jetez
sur les deux morceaux réunis à la forge de la chaux en
poudre, et, au moment où vous retirez de la forge, avant

et pendant le battage, saupoudrez encore la soudure de cette chaux pulvérulente. Cette méthode économique est parfaite pour souder des pièces de petite et moyenne dimension.

Repassage des instruments tranchants.

On a reconnu qu'un moyen facile de repasser les rasoirs consistait à les tremper une demi-heure dans une eau mélangée d'un cinquième d'acide muriatique , ou d'un vingtième d'huile de vitriol ; après cette immersion, en les essuyant, les laissant sécher pendant quelques heures, et les passant sur la pierre à rasoir, ils prennent d'autant plus vite leur tranchant que l'acide , ayant mordu également sur toute la surface de la lame, a fait l'office de la meule, et qu'il n'est plus alors question que d'obtenir le douci sur la pierre. Cette opération simple, qui n'a jamais altéré la qualité des bonnes lames de rasoirs, a quelquefois, au contraire, amélioré de mauvaises trempes, sans qu'on ait cherché à en approfondir la cause. Les ouvriers, pendant les heures du repas, et le soir pour le lendemain, passent sur les lames de leurs outils un peu de l'eau mordante indiquée ci-dessus, et, par ce moyen, sont dispensés des repassages fréquents, beaucoup plus coûteux et plus capables d'altérer la durée de leurs outils. — C'est surtout aux moissonneurs pour leurs faucilles, aux faucheurs, aux scieurs de bois et de pierres, que s'adresse cet avis, que nous recommandons aussi aux autres ouvriers faisant usage d'outils tranchants.

Remède simple contre les tranchées, coliques des chevaux et des bêtes à cornes.

Aussitôt qu'on s'aperçoit que l'animal est malade, on fait bouillir une chaudronnée d'eau, dans laquelle on fait tremper un grand sac ou un gros drap ployé en sac. On porte la chaudronnée auprès de l'animal, on en tire le sac ou le drap, qu'on lui applique en long sur les reins et sur l'échine, que l'on recouvre encore d'une couverture de laine ployée en deux : il faut que l'animal soit dans un endroit bien chaud et bien fermé. La guérison doit être opérée dans un demi-quart d'heure au plus. Avant ce terme, l'animal doit uriner, ce qui est une marque certaine de l'effet du remède.

Pain de pommes de terre gelées.

Les pommes de terre gelées sont comprimées lors de leur premier ramollissement. Dans cet état, on les lave à plusieurs eaux, on les laisse en infusion une nuit dans la dernière eau ; on les comprime le lendemain, on les étale dans un grenier, où elles se sèchent parfaitement sans aucun autre soin. Au bout d'un certain temps , on les écrase dans un mortier et on les tamise. Le parenchyme et la fécule passent à travers le tamis ; ce sont ces substances qui, mélangées avec la farine de froment à poids égal, donnent à la cuisson un pain salubre et nourrissant et qui est très-économique.

Excellente recette pour préparer les cerises à l'eau-de-vie.

On prend 8 livres de cerises précoces et bien mûres ; on les écrase après en avoir ôté la queue, et on concasse les noyaux ; on les met dans une bassine de cuivre avec 2 livres de sucre blanc ; on fait bouillir doucement jusqu'à réduction du tiers et jusqu'à la consistance d'un sirop qu'on verse dans un pot de faïence, et auquel on ajoute 4 pintes d'eau-de-vie à 22 degrés, 4 onces d'œillet à ratafia ou une douzaine de clous de girofle concassés, plus un gros de cannelle ; on bouche hermétiquement le vase, et on l'expose au soleil pendant quinze jours ou trois semaines. Lors de la maturité des cerises de Montmorency, on passe l'infusion à travers un linge en exprimant le marc ; on filtre ensuite à la chausse ou au papier gris, et c'est dans ce ratafia limpide que l'on met les cerise, avec l'attention de leur couper la queue et de les piquer avec une aiguille. On remet le bocal au soleil pendant trois semaines ou un mois, en ayant soin de bien boucher le bocal. Ces cerises s'imprègnent du ratafia aromatisé, conservent leur volume, leur couleur, tout en aquérant une saveur agréable.

Avis culinaires.

Le poisson ne doit jamais être cuit dans du fer ou dans des vases de fonte ou de fer-blanc, ni coupé avec un instrument d'acier lorsqu'il est cuit. — Une viande marinée doit être placée dans de la faïence ou de l'argent, et non pas dans un vase de cuivre rouge étamé ou en fer-blanc. — Les oiseaux doivent, pour être conservés, avoir les yeux, la peau du bec et de la gorge arrachés. On doit avoir grand soin de reboucher avec du papier gris toutes les ouvertures naturelles ou celles qui auraient été faites pour vider l'animal. On doit employer les mêmes précautions pour toute espèce de gibier.

Entorses.

Il faut plonger immédiatement le membre dans un vase rempli d'eau froide avec de l'extrait de saturne, et le laisser ainsi pendant plusieurs heures, puis l'entourer avec des compresses imbibées du même liquide, et le placer de manière qu'il soit plus élevé que le reste du corps. Si le gonflement et les douleurs continuent, l'application des sangsues et des cataplasmes tièdes peut devenir nécessaire ; on fera bien alors d'avoir l'avis du médecin.

Ivresse.

On peut la dissiper en quelques instants, en faisant avaler au malade un verre d'eau sucrée contenant 25 à 30 gouttes d'acétate d'ammoniaque ; si cette dose ne suffit pas, on en donne une autre avec 40 à 45 gouttes d'acétate ; on réitère, si le malade vomit. Si l'on craint une attaque d'apoplexie, on emploie les affusions d'eau froide, les bains de pieds, les lavements salés ou vinaigrés et les sangsues.

Brûlures.

Dans toutes les brûlures, il faut d'abord plonger la partie malade dans une eau très-froide, à laquelle on aura ajouté de l'extrait de saturne, et l'y laisser plongée le plus longtemps possible ; on peut encore la recouvrir de linges arrosés continuellement avec cette eau. Les raclures de carottes, de pommes, de pommes de terre, le duvet du typha, la ouate, l'encre, la confiture de groseilles, le cérat saturné, sont de bons moyens lorsqu'on peut se les procurer immédiatement. Lorsque l'épiderme est déchiré et que la peau est à vif, il faut la recouvrir de linges fins enduits de **cérat.**

Piqûres des abeilles, guêpes, bourdons et autres insectes.

Enlever d'abord avec de petites pinces ou à l'aide d'une aiguille, les aiguillons restés dans les plaies, puis les laver avec de l'eau de savon ou de l'eau contenant quelques gouttes d'ammoniaque (alcali volatil) ; on les couvre ensuite de cataplasmes de farine de riz arrosés d'extrait de saturne.

Procédé pour faire cailler le lait à la minute.

Lorsqu'on veut faire à l'instant un fromage, au lieu d'avoir recours à la pressure, dont le mélange avec le lait est dégoûtant, on se sert de serpolet et de thym sauvage, dont on frotte le vase bien propre qui doit le contenir ; on verse aussitôt le lait, qui caillera à l'instant.

Moyen facile de connaitre si le lait contient de l'eau.

Il suffit de peser une sorte de lait qu'on a fait traire, en sa présence, du pis de la vache, contre un autre suspect, par égale mesure ; celui où il y a de l'eau pèse plus que l'autre : plus le lait est naturel, plus il est léger.

Moyen de faire voyager les poissons sans le secours de l'eau.

Prenez de la mie de pain et trempez-la dans de bonne eau-de-vie de 20 à 23 degrés, emplissez la gueule du poisson avec cette pâte, et versez par-dessus une petite quantité de la même eau-de-vie ; enveloppez ensuite le poisson dans une suffisante quantité de paille, en ayant bien soin de ne pas le blesser. On peut, à l'aide de ce moyen si simple, le conserver en vie pendant dix à douze jours ; il suffit de le mettre dans de l'eau fraîche, pour que l'état de torpeur dans lequel il a été plongé par le liquide spiritueux se dissipe, et, dans l'espace de quelques heures, on lui voit reprendre sa première agilité.

Bière économique avec des cosses de pois verts.

On met une certaine quantité de cosses dans un chaudron, en y versant assez d'eau pour les recouvrir d'un demi-pouce ; on les expose ensuite au feu pendant trois heures. On filtre la liqueur en y ajoutant une quantité suffisante de sauge ou de houblon pour lui donner un goût amer, et on la laisse fermenter comme le moût de bière. En ajoutant une seconde quantité de cosses dans la liqueur de la première cuisson, avant qu'elle soit refroidie, on obtiendra une boisson aussi forte que la bière anglaise.

Conservation des pommes de terre.

On les place à la cave sur une couche de poussier de charbon ; elles ne germent pas, et conservent jusqu'à la fin du printemps leur saveur.

Beurre.

On le conserve frais très-longtemps en l'enveloppant avec soin dans un linge imbibé d'eau vinaigrée, qu'on remplace de manière à ne pas le laisser sécher.

Graisse pour essieu et propre à diminuer le frottement de toutes les machines.

Cette composition offre l'avantage d'adoucir beaucoup les frottements et, par conséquent, de diminuer les chances d'usure, déjà si nombreuses dans tous les cas où deux corps frottent l'un sur l'autre. Son prix n'est pas, comparativement, plus élevé que celui des substances employées jusqu'à ce jour. Mise entre deux corps, elle les empêche, pour ainsi dire, de se toucher, et, par conséquent, de s'user, et elle ne change pas d'état par la chaleur, ce qui l'empêche de se liquéfier et de sortir des places où elle est introduite.

Préparation.

Plombagine pulvérisée. . . .	40 kilog.
Saindoux.	40
Savon vert.	40
Mercure (vif argent).	4

Amalgamez d'abord parfaitement ensemble le saindoux et le mercure ; ajoutez, toujours en mêlant, la plombagine ; enfin introduisez le savon vert, et tâchez de faire du tout un mélange parfait. On peut ensuite l'employer pour les usages auxquels on destine la graisse.

Blanchissage du lin, du chanvre.

On leur donne un très-beau blanc en les faisant bouillir d'abord avec de la cendre tamisée, pour en séparer la substance mucilagineuse. Après les avoir fait sécher, on les fait bouillir de nouveau avec du charbon en poudre dans les proportions de 90 grammes par écheveau (1,400 aunes de fil).

Rendre à la soie son brillant.

Lorsqu'après avoir mouillé une étoffe de soie, on veut lui rendre son brillant, on la trempe dans une dissolution de gomme adragant, et on la repasse avec un fer chaud.

Les rubans se lustrent avec de la colle de poisson très-légère.

Pâte pour faire couper les rasoirs.

On prend 125 grammes de rouge d'orfévre, 8 grammes d'essence de citron et un quantité suffisante de graisse de cochon, le tout mêlé ensemble; on en fait une pâte dure que l'on met en bâtons. On en met un peu sur le cuir à repasser les rasoirs, que l'on passe quinze ou vingt fois sur ledit cuir.

Pommade de Dupuytren contre la chute des cheveux.

Faites liquéfier ensemble 120 grammes de moelle de bœuf purifiée, 60 grammes de baume nerval et 30 grammes d'huile d'amandes douces; passez au travers d'un linge fin dans un mortier de porcelaine, et ajoutez-y 60 grammes de baume noir du Pérou et une dissolution de 80 centigrammes d'extrait alcoolique de cantarides dans 4 grammes d'alcool; mettez en pots et conservez pour l'usage. — Frictions tous les soirs sur les endroits dégarnis de cheveux.

Poudre à fusil.

10 onces de nitre, 2 onces de charbon de noisettes, une once et demie de soufre ; les trois objets séparément bien pilés et tamisés, on les réunit parfaitement, et on en fait une pâte dure avec de l'eau ; après, on la râpe avec une fine râpe, et on la fait sécher.

Eau-de-vie à la minute et sans distillation.

Faites dissoudre dans de bon vin du sel de Glauber privé de son eau de cristallisation. Ce sel, en cristallisant, s'empare de la partie non spiritueuse ; en réitérant deux ou trois fois cette opération sur le même vin, on obtient une eau-de-vie très-inflammable et très-pure.

Café de châtaignes.

M. Raviel, de Paris, avait pris le brevet suivant pour la fabrication du café de châtaignes. Voici la teneur de son brevet :

Le café obtenu par l'infusion de châtaignes, combiné avec le café moka et mélangé avec du lait, est préférable au café moka pur par la couleur, l'odeur et le goût ; il est très-salutaire à la santé, et diminue la force du café, que les personnes d'une santé délicate ne peuvent supporter pur ; on peut même l'employer seul avec une grande économie.

Sa composition est fort simple : on emploie des châtaignes sèches, que l'on torréfie dans un brûloir au point convenable pour le café, puis on les réduit en poudre, après les avoir concassées, et on se sert de cette poudre comme de celle du café ordinaire, en la mélangeant au café véritable. Ce café est plus agréable et d'une digestion plus facile que le mélange du café-chicorée.

Chocolat-châtaigne.

Les châtaignes sont torréfiées dans un brûloir à très-petit feu, et doivent y rester longtemps, afin que leur enveloppe puisse s'enlever aisément sans qu'elles soient endommagées. Elles sont ensuite épluchées avec le plus grand soin, car la plus petite partie de leur pellicule nuirait au goût et à la qualité du chocolat. Ainsi dégagées de leur enveloppe, on les place dans des étuves, après les avoir préalablement concassées, afin que leur réduction en poudre ou fécule soit facile en les pilant dans un mortier. Cette fécule, tamisée au tamis le plus fin, est·ajoutée dans la proportion d'un cinquième ou d'un sixième avec les matières premières qui composent le chocolat, telles que cacao et sucre raffiné.

Lorsque le mélange est opéré, on broie le chocolat comme à l'ordinaire sur la pierre à chocolat. Il n'est pas nécessaire d'obtenir la coloration rousse des châtaignes. Une dessiccation complète obtenue par la vapeur donne une fécule supérieure pour la bonne qualité du chocolat. Ce chocolat est un aliment substantiel qui peut offrir quelques ressources aux personnes affaiblies dont l'estomac digère facilement.

FIN DES RECETTES.

TABLE

DES MATIÈRES.

E

N

O

FIN DE LA TABLE DES MATIÈRES.

Poitiers. — Typ. de A. Dupré.

www.ingramcontent.com/pod-product-compliance
Lightning Source LLC
Chambersburg PA
CBHW051250060726
47596CB00001B/61